Kubernetes
源码剖析

郑东旭 / 著

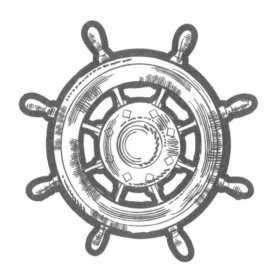

电子工业出版社
Publishing House of Electronics Industry
北京·BEIJING

内 容 简 介

本书主要分析了 Kubernetes 核心功能的实现原理，是一本帮助读者了解 Kubernetes 架构设计及内部原理实现的书。由于 Kubernetes 代码量较大，源码不容易理解，所以本书将梳理相关知识点，帮助读者快速学习。

本书共分为 8 章，第 1 章简要介绍了 Kubernetes 架构的核心组件，以及每个核心组件在架构中的作用；第 2 章主要介绍了 Kubernetes 构建过程中的源码实现；第 3 章主要介绍了 Kubernetes 的核心数据结构定义及围绕资源展开的核心功能；第 4 章主要介绍了 kubectl 命令行交互工具的实现机制；第 5 章主要介绍了 client-go 编程式交互工具的实现机制；第 6 章主要介绍了 Etcd 存储的核心实现；第 7 章主要介绍了 kube-apiserver 组件的核心实现；第 8 章主要介绍了 kube-scheduler 组件的核心实现。

本书适合云计算领域的相关技术人员、Kubernetes 开发者、Go 语言开发者等阅读。

未经许可，不得以任何方式复制或抄袭本书之部分或全部内容。
版权所有，侵权必究。

图书在版编目（CIP）数据

Kubernetes 源码剖析 / 郑东旭著. — 北京：电子工业出版社，2020.6
ISBN 978-7-121-38914-6

I. ①K… II. ①郑… III. ①Linux 操作系统－程序设计 IV. ①TP316.85

中国版本图书馆 CIP 数据核字(2020)第 051917 号

责任编辑：付　睿
印　　刷：北京虎彩文化传播有限公司
装　　订：北京虎彩文化传播有限公司
出版发行：电子工业出版社
　　　　　北京市海淀区万寿路 173 信箱　邮编：100036
开　　本：787×980　1/16　印张：23.5　字数：432 千字　彩插：1
版　　次：2020 年 6 月第 1 版
印　　次：2024 年 1 月第 7 次印刷
定　　价：89.00 元

凡所购买电子工业出版社图书有缺损问题，请向购买书店调换。若书店售缺，请与本社发行部联系，联系及邮购电话：(010) 88254888，88258888。
质量投诉请发邮件至 zlts@phei.com.cn，盗版侵权举报请发邮件至 dbqq@phei.com.cn。
本书咨询联系方式：(010) 51260888-819，faq@phei.com.cn。

前言

近几年，容器技术越来越普及。据 Gartner 预估，到 2022 年，全球将有 75%的公司使用容器技术，而在 2017 年，这个比例还不到 20%，这说明容器技术的发展非常迅速。容器技术的火热引发了容器编排技术的发展，目前最受欢迎的容器编排系统是 Kubernetes，其引领着技术潮流，用于应对生产环境中编排容器所需的额外复杂度及成本。Kubernetes 系统帮助企业加快了容器编排的速度，并实现了对多容器集群的大规模管理。它允许持续集成和交付、网络处理、服务发现及存储服务等，并具有在多云环境下进行操作的能力。

很多人都在说掌控了 Kubernetes 等于掌控了云计算的未来，这是为什么呢？在过去的几年里，Kubernetes 发展飞速，社区也随之壮大，截至本书截稿时，Kubernetes 项目在 GitHub 上已有接近 6 万个 Star，拥有 8 万多次提交量。

Kubernetes 系统已经越来越成熟，很多企业对它的应用从试水阶段逐步走向大规模落地阶段，但随着 Kubernetes 系统越来越稳定、成熟，代码的迭代能力逐渐变弱了。底层代码的成熟和健壮能够支撑更大的上层应用，这便让更多优秀的生态应用围绕着 Kubernetes 系统各自发展。这得益于 Kubernetes 系统的高扩展性，Kubernetes 越来越像一个系统核心，对外提供通用接口，实现了众多标准化。另外，Kubernetes 得到了许多云服务提供商（Cloud Provider）的支持，例如 Google、Cisco、VMware、Microsoft、Amazon 及许多其他大型公司。

建议读者在阅读 Kubernetes 源码的过程中，学习一些关于设计模式（Design Pattern）的知识，这样有助于大家理解源码的实现原理，而非只是泛泛地看代码。例如，在 Go 语言中常用 NewXXX 函数来实例化相关类，在设计模式中，其被称为简单工厂模式，该设计模式在 Go 语言中替代了其他语言中的构造函数功能。不同语言的设计模式原理基本相同，只是在语法实现方式上有所不同。对于 Go 语言的设计模式，大家可以参考 *Go Design Pattern*（参见链接[1]）。

学习 Kubernetes 代码库并不容易，它拥有大量的源码，学习过程会比较枯燥，但通过对源码的学习，我们一定会收益良多。本书将基于 Kubernetes 1.14.0 版本来深入研究和分析 Kubernetes 源码的关键部分，希望能对读者有所帮助。建议读者在阅读本书的同时参考 Kubernetes 源码文件，这样学习效果更佳。

最后，谨以此书献给我的爱人和我刚出世的女儿。

联系作者

由于作者时间与水平有限，因此书中难免出现遗漏或错误，如果读者发现相关问题，请及时与我联系，联系方式为 shanhu5739@gmail.com。非常希望与大家共同学习和交流。

本书涉及的链接说明

为了保证书中涉及的相关链接可以实时更新，特地将"链接地址"文档放于博文视点官方网站，如书中标有"参见链接[1]""参见链接[2]"等字样时，可在该文档中查询相关链接。读者可在 http://www.broadview.com.cn/38914 页面下载或通过"读者服务"中提供的方式获取"链接地址"文档。

读者服务

扫码回复：38914
- 获取博文视点学院 20 元付费内容抵扣券
- 加入读者交流群，与更多读者互动
- 获取本书配套下载文件（"链接地址"文档）
- 获取免费增值资源

目录

第 1 章 Kubernetes 架构 1
1.1 Kubernetes 的发展历史 1
1.2 Kubernetes 架构图 2
1.3 Kubernetes 各组件的功能 4
1.3.1 kubectl 5
1.3.2 client-go 5
1.3.3 kube-apiserver 5
1.3.4 kube-controller-manager 6
1.3.5 kube-scheduler 7
1.3.6 kubelet 7
1.3.7 kube-proxy 8
1.4 Kubernetes Project Layout 设计 9

第 2 章 Kubernetes 构建过程 13
2.1 构建方式 13
2.2 本地环境构建 15
2.2.1 一切都始于 Makefile 16
2.2.2 本地构建过程 17
2.3 容器环境构建 18
2.4 Bazel 环境构建 22
2.4.1 使用 Bazel 构建和测试 Kubernetes 源码 23
2.4.2 Bazel 的工作原理 25
2.5 代码生成器 26
2.5.1 Tags 27
2.5.2 deepcopy-gen 代码生成器 29

2.5.3　defaulter-gen 代码生成器 ... 30
2.5.4　conversion-gen 代码生成器 ... 32
2.5.5　openapi-gen 代码生成器 ... 34
2.5.6　go-bindata 代码生成器 ... 36
2.6　代码生成过程 ... 37
2.7　gengo 代码生成核心实现 ... 40
2.7.1　代码生成逻辑与编译器原理 ... 41
2.7.2　收集 Go 包信息 ... 42
2.7.3　代码解析 ... 45
2.7.4　类型系统 ... 48
2.7.5　代码生成 ... 51

第3章　Kubernetes 核心数据结构 ... 57

3.1　Group、Version、Resource 核心数据结构 ... 57
3.2　ResourceList ... 59
3.3　Group ... 62
3.4　Version ... 63
3.5　Resource ... 65
　　3.5.1　资源外部版本与内部版本 ... 66
　　3.5.2　资源代码定义 ... 68
　　3.5.3　将资源注册到资源注册表中 ... 71
　　3.5.4　资源首选版本 ... 71
　　3.5.5　资源操作方法 ... 72
　　3.5.6　资源与命名空间 ... 75
　　3.5.7　自定义资源 ... 77
　　3.5.8　资源对象描述文件定义 ... 78
3.6　Kubernetes 内置资源全图 ... 79
3.7　runtime.Object 类型基石 ... 83
3.8　Unstructured 数据 ... 85
3.9　Scheme 资源注册表 ... 87
　　3.9.1　Scheme 资源注册表数据结构 ... 87
　　3.9.2　资源注册表注册方法 ... 91

3.9.3　资源注册表查询方法 92
　3.10　Codec 编解码器 92
　　　3.10.1　Codec 编解码实例化 94
　　　3.10.2　jsonSerializer 与 yamlSerializer 序列化器 95
　　　3.10.3　protobufSerializer 序列化器 98
　3.11　Converter 资源版本转换器 100
　　　3.11.1　Converter 转换器数据结构 101
　　　3.11.2　Converter 注册转换函数 102
　　　3.11.3　Converter 资源版本转换原理 104

第 4 章　kubectl 命令行交互 111
　4.1　kubectl 命令行参数详解 111
　4.2　Cobra 命令行参数解析 114
　4.3　创建资源对象的过程 119
　　　4.3.1　编写资源对象描述文件 120
　　　4.3.2　实例化 Factory 接口 120
　　　4.3.3　Builder 构建资源对象 121
　　　4.3.4　Visitor 多层匿名函数嵌套 122

第 5 章　client-go 编程式交互 128
　5.1　client-go 源码结构 128
　5.2　Client 客户端对象 129
　　　5.2.1　kubeconfig 配置管理 130
　　　5.2.2　RESTClient 客户端 134
　　　5.2.3　ClientSet 客户端 137
　　　5.2.4　DynamicClient 客户端 139
　　　5.2.5　DiscoveryClient 客户端 141
　5.3　Informer 机制 144
　　　5.3.1　Informer 机制架构设计 145
　　　5.3.2　Reflector 149
　　　5.3.3　DeltaFIFO 154
　　　5.3.4　Indexer 158

5.4 WorkQueue 162
    5.4.1 FIFO 队列 163
    5.4.2 延迟队列 165
    5.4.3 限速队列 166
5.5 EventBroadcaster 事件管理器 170
5.6 代码生成器 176
    5.6.1 client-gen 代码生成器 176
    5.6.2 lister-gen 代码生成器 180
    5.6.3 informer-gen 代码生成器 182
5.7 其他客户端 185

第 6 章 Etcd 存储核心实现 187
6.1 Etcd 存储架构设计 187
6.2 RESTStorage 存储服务通用接口 189
6.3 RegistryStore 存储服务通用操作 190
6.4 Storage.Interface 通用存储接口 192
6.5 CacherStorage 缓存层 194
    6.5.1 CacherStorage 缓存层设计 195
    6.5.2 ResourceVersion 资源版本号 199
    6.5.3 watchCache 缓存滑动窗口 201
6.6 UnderlyingStorage 底层存储对象 204
6.7 Codec 编解码数据 206
6.8 Strategy 预处理 209
    6.8.1 创建资源对象时的预处理操作 209
    6.8.2 更新资源对象时的预处理操作 211
    6.8.3 删除资源对象时的预处理操作 212
    6.8.4 导出资源对象时的预处理操作 213

第 7 章 kube-apiserver 核心实现 214
7.1 热身概念 215
    7.1.1 go-restful 核心原理 215
    7.1.2 一次 HTTP 请求的完整生命周期 218

- 7.1.3 OpenAPI/Swagger 核心原理 ... 219
- 7.1.4 HTTPS 核心原理 ... 222
- 7.1.5 gRPC 核心原理 ... 224
- 7.1.6 go-to-protobuf 代码生成器 ... 225
- 7.2 kube-apiserver 命令行参数详解 ... 231
- 7.3 kube-apiserver 架构设计详解 ... 243
- 7.4 kube-apiserver 启动流程 ... 244
  - 7.4.1 资源注册 ... 245
  - 7.4.2 Cobra 命令行参数解析 ... 248
  - 7.4.3 创建 APIServer 通用配置 ... 249
  - 7.4.4 创建 APIExtensionsServer ... 257
  - 7.4.5 创建 KubeAPIServer ... 261
  - 7.4.6 创建 AggregatorServer ... 266
  - 7.4.7 创建 GenericAPIServer ... 269
  - 7.4.8 启动 HTTP 服务 ... 270
  - 7.4.9 启动 HTTPS 服务 ... 272
- 7.5 权限控制 ... 272
- 7.6 认证 ... 273
  - 7.6.1 BasicAuth 认证 ... 276
  - 7.6.2 ClientCA 认证 ... 277
  - 7.6.3 TokenAuth 认证 ... 278
  - 7.6.4 BootstrapToken 认证 ... 279
  - 7.6.5 RequestHeader 认证 ... 281
  - 7.6.6 WebhookTokenAuth 认证 ... 282
  - 7.6.7 Anonymous 认证 ... 284
  - 7.6.8 OIDC 认证 ... 285
  - 7.6.9 ServiceAccountAuth 认证 ... 288
- 7.7 授权 ... 291
  - 7.7.1 AlwaysAllow 授权 ... 295
  - 7.7.2 AlwaysDeny 授权 ... 296
  - 7.7.3 ABAC 授权 ... 297

7.7.4 Webhook 授权 298
7.7.5 RBAC 授权 300
7.7.6 Node 授权 309
7.8 准入控制器 310
7.8.1 AlwaysPullImages 准入控制器 315
7.8.2 PodNodeSelector 准入控制器 316
7.9 进程信号处理机制 318
7.9.1 常驻进程实现 318
7.9.2 进程的优雅关闭 319
7.9.3 向 systemd 报告进程状态 320

第 8 章 kube-scheduler 核心实现 321
8.1 kube-scheduler 命令行参数详解 321
8.2 kube-scheduler 架构设计详解 324
8.3 kube-scheduler 组件的启动流程 326
8.3.1 内置调度算法的注册 327
8.3.2 Cobra 命令行参数解析 328
8.3.3 实例化 Scheduler 对象 329
8.3.4 运行 EventBroadcaster 事件管理器 331
8.3.5 运行 HTTP 或 HTTPS 服务 331
8.3.6 运行 Informer 同步资源 332
8.3.7 领导者选举实例化 332
8.3.8 运行 sched.Run 调度器 333
8.4 优先级与抢占机制 333
8.5 亲和性调度 335
8.5.1 NodeAffinity 336
8.5.2 PodAffinity 337
8.5.3 PodAntiAffinity 338
8.6 内置调度算法 339
8.6.1 预选调度算法 339
8.6.2 优选调度算法 340
8.7 调度器核心实现 342

		8.7.1 调度器运行流程 342
		8.7.2 调度过程 343
		8.7.3 Preempt 抢占机制 351
		8.7.4 bind 绑定机制 356
	8.8	领导者选举机制 357
		8.8.1 资源锁 358
		8.8.2 领导者选举过程 360

第 1 章
Kubernetes 架构

Kubernetes 是 Google 公司开源的一个容器（Container）编排与调度管理框架，该项目最初是 Google 内部面向容器的集群管理系统，而现在是由 Cloud Native Computing Foundation（CNCF，云原生计算基金会）托管的开源平台，由 Google、AWS、Microsoft、IBM、Intel、Cisco 和 Red Hat 等主要参与者支持，其目标是通过创建一组新的通用容器技术来推进云原生技术和服务的开发。作为领先的容器编排引擎，Kubernetes 提供了一个抽象层，使其可以在物理或虚拟环境中部署容器应用程序，提供以容器为中心的基础架构。

Kubernetes 系统拥有一个庞大而活跃的开发人员社区，这使其成为历史上增长最快的开源项目之一。它是 GitHub 上排名前 10 的项目，也是 Go 语言最大的开源项目之一，Kubernetes 也被称为 K8s，是通过将 8 个字母 ubernete 替换为 8 而形成的缩写。

Kubernetes 系统具有如下特点。

- **可移植**：支持公有云、私有云、混合云、多重云（Multi-cloud）。
- **可扩展**：模块化、插件化、可挂载、可组合。
- **自动化**：自动部署、自动重启、自动复制、自动伸缩/扩展。

1.1 Kubernetes 的发展历史

2003—2004 年，Google 发布了 Borg 系统，它最初是一个小规模项目，约有 3~4 人合作开发。而现在，Borg 是一个大规模的内部集群管理系统，它在数千个不同的应用程序中运行数十万个作业，跨越许多集群，每个集群拥有数万台计算机。

2013 年左右，Google 继 Borg 系统之后发布了 Omega 集群管理系统，这是一个适用于大型计算集群的灵活、可扩展的调度程序。

2014 年左右，Google 发布了 Kubernetes，其是作为 Borg 的开源版本发布的。同年，Microsoft、Red Hat、IBM、Docker 等加入 Kubernetes 社区。

2015 年左右，Google 在美国波特兰的 OSCON 2015 大会上宣布并正式发布 Kubernetes 1.0。Google 与 Linux 基金会合作组建了云原生计算基金会（CNCF）。CNCF 旨在为云原生软件构建可持续发展的生态系统，并围绕一系列高质量开源项目建立社区，整合这些开源技术来让编排容器成为微服务架构的一部分。CNCF 自创立以来已经拥有非常多的高质量项目，其中包括 Kubernetes、Prometheus、gRPC、CoreDNS 等。

2016 年左右，Kubernetes 成为主流。在 CloudNativeCon 2016 大会上，来自世界各地的约 1000 名贡献者和开发者齐聚一堂，交流有关 Fluentd、Kubernetes、Prometheus、OpenTracing 和其他云原生技术的内容。

2017 年左右，互联网巨头纷纷表示支持 Kubernetes。在这一年，Google 和 IBM 发布微服务框架 Istio，其提供了一种无缝连接、管理和保护不同微服务网格的方法。Amazon 宣布为 Kubernetes 提供弹性容器服务，用户可以在 AWS 上使用 Kubernetes 部署、管理和扩展容器化应用程序。同年年底，Kubernetes 1.9 发布。

2018 年左右，无人不知 Kubernetes。在 KubeCon + CloudNativeCon Europe 2018 峰会上，有超过 4300 名开发者聚集在一起讨论 Kubernetes 生态技术。同年，Kubernetes 1.10 发布。KubeCon 第一次在中国举办。

1.2　Kubernetes 架构图

Kubernetes 系统用于管理分布式节点集群中的微服务或容器化应用程序，并且其提供了零停机时间部署、自动回滚、缩放和容器的自愈（其中包括自动配置、自动重启、自动复制的高弹性基础设施，以及容器的自动缩放等）等功能。

Kubernetes 系统最重要的设计因素之一是能够横向扩展，即调整应用程序的副本数以提高可用性。设计一套大型系统，且保证其运行时健壮、可扩展、可移植和非常具有挑战性，尤其是在系统复杂度增加时，系统的体系结构会直接影响其运行方式、对环境的依赖程度及相关组件的耦合程度。

微服务是一种软件设计模式，适用于集群上的可扩展部署。开发人员使用这一模式能够创建小型、可组合的应用程序，通过定义良好的 HTTP REST API 接口进行通信。Kubernetes 也是遵循微服务架构模式的程序，具有弹性、可观察性和管理功能，可以适应云平台的需求。

Kubernetes 的系统架构设计与 Borg 的系统架构设计理念非常相似，如 Scheduler 调度器、Pod 资源对象管理等。Kubernetes 总架构图如图 1-1 所示。

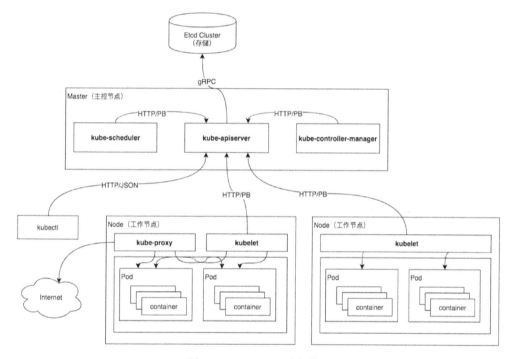

图 1-1　Kubernetes 总架构图

Kubernetes 系统架构遵循客户端/服务端（C/S）架构，系统架构分为 Master 和 Node 两部分，Master 作为服务端，Node 作为客户端。Kubernetes 系统具有多个 Master 服务端，可以实现高可用。在默认的情况下，一个 Master 服务端即可完成所有工作。

Master 服务端也被称为主控节点，它在集群中主要负责如下任务。

（1）集群的"大脑"，负责管理所有节点（Node）。

（2）负责调度 Pod 在哪些节点上运行。

（3）负责控制集群运行过程中的所有状态。

Node 客户端也被称为工作节点，它在集群中主要负责如下任务。

（1）负责管理所有容器（Container）。

（2）负责监控/上报所有 Pod 的运行状态。

Master 服务端（主控节点）主要负责管理和控制整个 Kubernetes 集群，对集群做出全局性决策，相当于整个集群的"大脑"。集群所执行的所有控制命令都由 Master 服务端接收并处理。Master 服务端主要包含如下组件。

- **kube-apiserver** 组件：集群的 HTTP REST API 接口，是集群控制的入口。
- **kube-controller-manager** 组件：集群中所有资源对象的自动化控制中心。
- **kube-scheduler** 组件：集群中 Pod 资源对象的调度服务。

Node 客户端（工作节点）是 Kubernetes 集群中的工作节点，Node 节点上的工作由 Master 服务端进行分配，比如当某个 Node 节点宕机时，Master 节点会将其上面的工作转移到其他 Node 节点上。Node 节点主要包含如下组件。

- **kubelet** 组件：负责管理节点上容器的创建、删除、启停等任务，与 Master 节点进行通信。
- **kube-proxy** 组件：负责 Kubernetes 服务的通信及负载均衡服务。
- **container** 组件：负责容器的基础管理服务，接收 kubelet 组件的指令。

下面让我们深入了解每个节点上运行的组件。

1.3　Kubernetes 各组件的功能

Kubernetes 总架构图如图 1-1 所示。架构中主要的组件有 kubectl、kube-apiserver、kube-controller-manager、kube-scheduler、kubelet、kube-proxy 和 container 等。另外，作为开发者，还需要深入了解 client-go 库。不同组件之间是松耦合架构，各组件之间各司其职，保证整个集群的稳定运行。下面对各组件进行更细化的架构分析和功能阐述。

1.3.1　kubectl

kubectl 是 Kubernetes 官方提供的命令行工具（CLI），用户可以通过 kubectl 以命令行交互的方式对 Kubernetes API Server 进行操作，通信协议使用 HTTP/JSON。

kubectl 发送相应的 HTTP 请求，请求由 Kubernetes API Server 接收、处理并将结果反馈给 kubectl。kubectl 接收到响应并展示结果。至此，kubectl 与 kube-apiserver 的一次请求周期结束。

1.3.2　client-go

kubectl 是通过命令行交互的方式与 Kubernetes API Server 进行交互的，Kubernetes 还提供了通过编程的方式与 Kubernetes API Server 进行通信。client-go 是从 Kubernetes 的代码中单独抽离出来的包，并作为官方提供的 Go 语言的客户端发挥作用。client-go 简单、易用，Kubernetes 系统的其他组件与 Kubernetes API Server 通信的方式也基于 client-go 实现。

在大部分基于 Kubernetes 做二次开发的程序中，建议通过 client-go 来实现与 Kubernetes API Server 的交互过程。这是因为 client-go 在 Kubernetes 系统上做了大量的优化，Kubernetes 核心组件（如 kube-scheduler、kube-controller-manager 等）都通过 client-go 与 Kubernetes API Server 进行交互。

> 提示：熟练使用并掌握 client-go 是每个 Kubernetes 开发者必备的技能。

1.3.3　kube-apiserver

kube-apiserver 组件，也被称为 Kubernetes API Server。它负责将 Kubernetes "资源组/资源版本/资源" 以 RESTful 风格的形式对外暴露并提供服务。Kubernetes 集群中的所有组件都通过 kube-apiserver 组件操作资源对象。kube-apiserver 组件也是集群中唯一与 Etcd 集群进行交互的核心组件。例如，开发者通过 kubectl 创建了一个 Pod 资源对象，请求通过 kube-apiserver 的 HTTP 接口将 Pod 资源对象存储至 Etcd 集群中。

Etcd 集群是分布式键值存储集群，其提供了可靠的强一致性服务发现。Etcd 集群存储 Kubernetes 系统集群的状态和元数据，其中包括所有 Kubernetes 资源对象信息、集群节点信息等。Kubernetes 将所有数据存储至 Etcd 集群中前缀为/registry 的目录下。

kube-apiserver 属于核心组件，对于整个集群至关重要，它具有以下重要特性。

- 将 Kubernetes 系统中的所有资源对象都封装成 RESTful 风格的 API 接口进行管理。
- 可进行集群状态管理和数据管理，是唯一与 Etcd 集群交互的组件。
- 拥有丰富的集群安全访问机制，以及认证、授权及准入控制器。
- 提供了集群各组件的通信和交互功能。

1.3.4　kube-controller-manager

kube-controller-manager 组件，也被称为 Controller Manager（管理控制器），它负责管理 Kubernetes 集群中的节点（Node）、Pod 副本、服务、端点（Endpoint）、命名空间（Namespace）、服务账户（ServiceAccount）、资源定额（ResourceQuota）等。例如，当某个节点意外宕机时，Controller Manager 会及时发现并执行自动化修复流程，确保集群始终处于预期的工作状态。

Controller Manager 负责确保 Kubernetes 系统的实际状态收敛到所需状态，其默认提供了一些控制器（Controller），例如 DeploymentControllers 控制器、StatefulSet 控制器、Namespace 控制器及 PersistentVolume 控制器等，每个控制器通过 kube-apiserver 组件提供的接口实时监控整个集群每个资源对象的当前状态，当因发生各种故障而导致系统状态出现变化时，会尝试将系统状态修复到"期望状态"。

Controller Manager 具备高可用性（即多实例同时运行），即基于 Etcd 集群上的分布式锁实现领导者选举机制，多实例同时运行，通过 kube-apiserver 提供的资源锁进行选举竞争。抢先获取锁的实例被称为 Leader 节点（即领导者节点），并运行 kube-controller-manager 组件的主逻辑；而未获取锁的实例被称为 Candidate 节点（即候选节点），运行时处于阻塞状态。在 Leader 节点因某些原因退出后，Candidate 节点则通过领导者选举机制参与竞选，成为 Leader 节点后接替 kube-controller-manager 的工作。

1.3.5　kube-scheduler

kube-scheduler 组件，也被称为调度器，目前是 Kubernetes 集群的默认调度器。它负责在 Kubernetes 集群中为一个 Pod 资源对象找到合适的节点并在该节点上运行。调度器每次只调度一个 Pod 资源对象，为每一个 Pod 资源对象寻找合适节点的过程是一个调度周期。

kube-scheduler 组件监控整个集群的 Pod 资源对象和 Node 资源对象，当监控到新的 Pod 资源对象时，会通过调度算法为其选择最优节点。调度算法分为两种，分别为预选调度算法和优选调度算法。除调度策略外，Kubernetes 还支持优先级调度、抢占机制及亲和性调度等功能。

kube-scheduler 组件支持高可用性（即多实例同时运行），即基于 Etcd 集群上的分布式锁实现领导者选举机制，多实例同时运行，通过 kube-apiserver 提供的资源锁进行选举竞争。抢先获取锁的实例被称为 Leader 节点（即领导者节点），并运行 kube-scheduler 组件的主逻辑；而未获取锁的实例被称为 Candidate 节点（即候选节点），运行时处于阻塞状态。在 Leader 节点因某些原因退出后，Candidate 节点则通过领导者选举机制参与竞选，成为 Leader 节点后接替 kube-scheduler 的工作。

1.3.6　kubelet

kubelet 组件，用于管理节点，运行在每个 Kubernetes 节点上。kubelet 组件用来接收、处理、上报 kube-apiserver 组件下发的任务。kubelet 进程启动时会向 kube-apiserver 注册节点自身信息。它主要负责所在节点（Node）上的 Pod 资源对象的管理，例如 Pod 资源对象的创建、修改、监控、删除、驱逐及 Pod 生命周期管理等。

kubelet 组件会定期监控所在节点的资源使用状态并上报给 kube-apiserver 组件，这些资源数据可以帮助 kube-scheduler 调度器为 Pod 资源对象预选节点。kubelet 也会对所在节点的镜像和容器做清理工作，保证节点上的镜像不会占满磁盘空间、删除的容器释放相关资源。

kubelet 组件实现了 3 种开放接口，如图 1-2 所示。

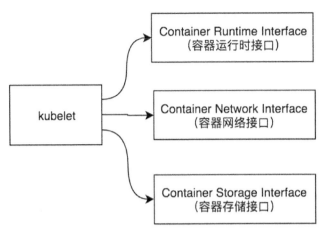

图 1-2　kubelet 开放接口

- **Container Runtime Interface**：简称 CRI（容器运行时接口），提供容器运行时通用插件接口服务。CRI 定义了容器和镜像服务的接口。CRI 将 kubelet 组件与容器运行时进行解耦，将原来完全面向 Pod 级别的内部接口拆分成面向 Sandbox 和 Container 的 gRPC 接口，并将镜像管理和容器管理分离给不同的服务。
- **Container Network Interface**：简称 CNI（容器网络接口），提供网络通用插件接口服务。CNI 定义了 Kubernetes 网络插件的基础，容器创建时通过 CNI 插件配置网络。
- **Container Storage Interface**：简称 CSI（容器存储接口），提供存储通用插件接口服务。CSI 定义了容器存储卷标准规范，容器创建时通过 CSI 插件配置存储卷。

1.3.7　kube-proxy

kube-proxy 组件，作为节点上的网络代理，运行在每个 Kubernetes 节点上。它监控 kube-apiserver 的服务和端点资源变化，并通过 iptables/ipvs 等配置负载均衡器，为一组 Pod 提供统一的 TCP/UDP 流量转发和负载均衡功能。

kube-proxy 组件是参与管理 Pod-to-Service 和 External-to-Service 网络的最重要的节点组件之一。kube-proxy 组件相当于代理模型，对于某个 IP:Port 的请求，负责将其转发给专用网络上的相应服务或应用程序。但是，kube-proxy 组件与其他负载均衡服务的区别在于，kube-proxy 代理只向 Kubernetes 服务及其后端 Pod 发出请求。

1.4 Kubernetes Project Layout 设计

Kubernetes 项目由 Go 语言编写。Go 语言官方对项目的结构设计没有强制要求，早期的 Go 语言开发者都喜欢将包文件代码放置在项目的 src/目录下，如 nsqio 开源项目，开发者喜欢将入口文件放入 apps/目录。不同开发者的喜好不同，这导致开源项目的结构设计没有统一标准。

后来 Go 语言社区提出 Standard Go Project Layout 方案，以对 Go 语言项目目录结构进行划分。目前该标准已经成为众多 Go 语言开源项目的选择。

根据 Standard Go Project Layout 方案，我们对标一下 Kubernetes 的 Project Layout 设计，Kubernetes Project Layout 结构说明如表 1-1 所示。

表 1-1 Kubernetes Project Layout 结构说明

源码目录	说明
cmd/	存放可执行文件的入口代码，每个可执行文件都会对应一个 main 函数
pkg/	存放核心库代码，可被项目内部或外部直接引用
vendor/	存放项目依赖的库代码，一般为第三方库代码
api/	存放 OpenAPI/Swagger 的 spec 文件，包括 JSON、Protocol 的定义等
build/	存放与构建相关的脚本
test/	存放测试工具及测试数据
docs/	存放设计或用户使用文档
hack/	存放与构建、测试等相关的脚本
third_party/	存放第三方工具、代码或其他组件
plugin/	存放 Kubernetes 插件代码目录，例如认证、授权等相关插件
staging/	存放部分核心库的暂存目录
translations/	存放 i18n（国际化）语言包的相关文件，可以在不修改内部代码的情况下支持不同语言及地区

由于 Kubernetes 项目全球开发者众多，这导致早期的代码包较多，尤其是 kube-apiserver 项目，其内部所引用的代码包特别多。随着 Kubernetes 系统版本的迭代，逐渐将部分包进行了合并，其中 staging/目录为核心包暂存目录，该目录下的核心包多以软连接的方式链接到 vendor/k8s.io 目录。

Kubernetes 系统组件较多，各组件的代码入口 main 结构设计风格高度一致，我们以核心组件为例，命令示例如下：

```
$ tree cmd/ -L 2
cmd/
├── BUILD
├── OWNERS
├── kube-apiserver
│   ├── BUILD
│   ├── OWNERS
│   ├── apiserver.go
│   └── app
├── kube-controller-manager
│   ├── BUILD
│   ├── OWNERS
│   ├── app
│   └── controller-manager.go
├── kube-proxy
│   ├── BUILD
│   ├── app
│   └── proxy.go
├── kube-scheduler
│   ├── BUILD
│   ├── OWNERS
│   ├── app
│   └── scheduler.go
├── kubectl
│   ├── BUILD
│   ├── OWNERS
│   └── kubectl.go
└── kubelet
    ├── BUILD
    ├── OWNERS
    ├── app
    └── kubelet.go
```

从代码入口 main 结构来看，各组件的目录结构、文件命名都保持高度一致。假设需要新增一个组件，我们甚至可以复制原有的组件代码，只需简单修改一下就可以将其运行起来。每个组件的初始化过程也非常类似，初始化过程示意图如图 1-3 所示。

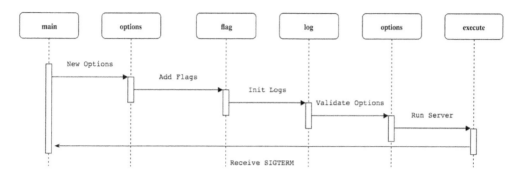

图 1-3　初始化过程示意图

main 结构中定义了进程运行的周期，包括从进程启动、运行到退出的过程。以 kube-apiserver 组件为例，kube-apiserver 初始化过程如图 1-4 所示。

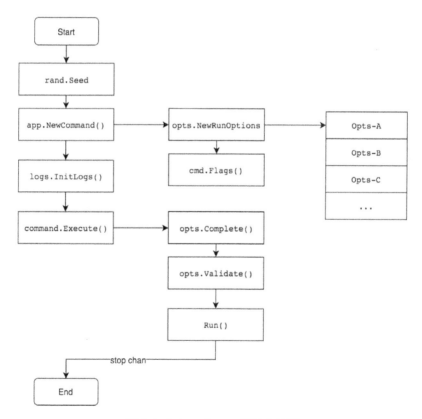

图 1-4　kube-apiserver 初始化过程

（1）**rand.Seed**：组件中的全局随机数生成对象。

（2）**app.NewCommand**：实例化命令行参数。通过 flags 对命令行参数进行解析并存储至 Options 对象中。

（3）**logs.InitLogs**：实例化日志对象，用于日志管理。

（4）**command.Execute**：组件进程运行的逻辑。运行前通过 Complete 函数填充默认参数，通过 Validate 函数验证所有参数，最后通过 Run 函数持久运行。只有当进程收到退出信号时，进程才会退出。

Kubernetes 其他组件的 cmd 设计与之类似，故不再重复描述，后续章节会针对每个组件详细描述其启动过程。

第 2 章
Kubernetes 构建过程

构建过程是指"编译器"读取 Go 语言代码文件，经过大量的处理流程，最终产生一个二进制文件的过程；也就是将人类可读的代码转化成计算机可执行的二进制代码的过程。

手动构建 Kubernetes 二进制文件是一件非常麻烦的事情，尤其是对于较为复杂的 Kubernetes 大型程序来说。Kubernetes 官方专门提供了一套编译工具，使构建过程变得更容易。

2.1 构建方式

Kubernetes 构建方式可以分为 3 种，分别是本地环境构建、容器环境构建、Bazel 环境构建，如图 2-1 所示。

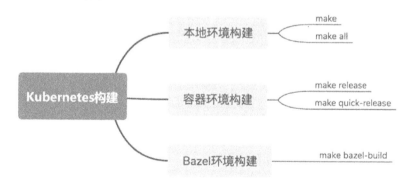

图 2-1　Kubernetes 构建方式

首先，将 Kubernetes 源码通过 Go 语言工具下载下来，并切换至 Kubernetes 1.14 代码版本，命令示例如下：

```
$ go get -d k8s.io/kubernetes
$ cd $GOPATH/src/k8s.io/kubernetes
$ git checkout -b release-1.14 remotes/origin/release-1.14
```

> **注意**：构建 Kubernetes 1.14 版本，需要使用 Go 1.12 或更高版本。不同的 Kubernetes 版本对应的 Go 语言版本也不同。

下面通过 cloc 代码统计工具查看 Kubernetes 源码。cloc 是一个由 Perl 语言开发的开源代码统计工具，支持多平台使用、多语言识别，能够计算指定目标文件或文件夹中的文件数（files）、空白行数（blank）、注释行数（comment）和代码行数（code）。cloc 命令示例如下：

```
$ cloc $GOPATH/src/k8s.io/kubernetes
    18643 text files.
    17786 unique files.
     4794 files ignored.

github.com/AlDanial/cloc v 1.82  T=29.38 s (472.9 files/s, 163070.5 lines/s)
-------------------------------------------------------------------------------
Language                     files          blank        comment           code
-------------------------------------------------------------------------------
Go                           11967         413872         647367        3037958
JSON                            90              6              0         273607
C                                6          14286          65219         126040
YAML                           635            939           1118          34591
Bourne Shell                   348           5868          11203          28215
Markdown                       409           8279              0          22732
PO File                         11           1459           2006          16390
Protocol Buffers               106           5082          15505          10048
Assembly                        84           1613           2041           8905
Python                          17            873            865           3306
C/C++ Header                     4            705          13388           2835
make                            77            533           1146           1659

SVG                              7              7              7           1508
PowerShell                       6            237            761           1499
Perl                             8            142            131            855
Starlark                        15             80            367            723
Dockerfile                      70            270            999            628
yacc                             1             47            110            527
Lua                              1             30             26            453
sed                              4              4             32            387
```

```
Bourne Again Shell       13         72         28         370
TOML                      9        127        131         223
reStructuredText          1         24          0          66
INI                       2          4          0          20
HTML                      2          0          0           2
-------------------------------------------------------------------
SUM:                  13893     454559     762450     3573547
```

从 cloc 代码统计命令的输出可以看到，Kubernetes 1.14 拥有大约 357 万行代码，其中 Go 语言代码占 303 万行，这是非常庞大的代码量。当然，其中也包含通过代码生成器生成的 Go 语言代码文件。

> 提示：本书中所有的源码文件路径，都以 Kubernetes 源码根目录作为代码路径（即$GOPATH/src/k8s.io/kubernetes）。

2.2 本地环境构建

使用本地环境构建时，如果读者使用的是 macOS 系统，其中可能会附带过时的 BSD 工具。Kubernetes 官方的建议是安装 macOS GNU 工具，详情见官方 Kubernetes 开发指南。执行构建操作的命令示例如下：

```
$ make all
+++ [0327 15:12:03] Building go targets for darwin/amd64:
    ./vendor/k8s.io/code-generator/cmd/deepcopy-gen
+++ [0327 15:12:32] Building go targets for darwin/amd64:
    ./vendor/k8s.io/code-generator/cmd/defaulter-gen
+++ [0327 15:12:49] Building go targets for darwin/amd64:
    ./vendor/k8s.io/code-generator/cmd/conversion-gen
+++ [0327 15:13:13] Building go targets for darwin/amd64:
    ./vendor/k8s.io/kube-openapi/cmd/openapi-gen
+++ [0327 15:13:38] Building go targets for darwin/amd64:
    ./vendor/github.com/jteeuwen/go-bindata/go-bindata
+++ [0327 15:13:42] Building go targets for darwin/amd64:
    cmd/kube-proxy
    cmd/kube-apiserver
    cmd/kube-controller-manager
    cmd/cloud-controller-manager
    cmd/kubelet
    cmd/kubeadm
    cmd/hyperkube
    cmd/kube-scheduler
    vendor/k8s.io/apiextensions-apiserver
```

```
cluster/gce/gci/mounter
cmd/kubectl
cmd/gendocs
cmd/genkubedocs
cmd/genman
cmd/genyaml
cmd/genswaggertypedocs
cmd/linkcheck
vendor/github.com/onsi/ginkgo/ginkgo
test/e2e/e2e.test
cmd/kubemark
vendor/github.com/onsi/ginkgo/ginkgo
```

执行 make 或 make all 命令，会编译 Kubernetes 的所有组件，组件二进制文件输出的相对路径是 _output/bin/。如果我们需要对 Makefile 的执行过程进行调试，可以在 make 命令后面加 -n 参数，输出但不执行所有执行命令，这样可以展示更详细的构建过程。假设我们想单独构建某一个组件，如 kubectl 组件，则需要指定 WHAT 参数，命令示例如下：

```
$ make WHAT=cmd/kubectl
```

2.2.1 一切都始于 Makefile

Go 语言开发者习惯于手动执行 go build（构建）和 go test（单元测试）命令，因为 Go 语言为开发者提供了便捷的工具。但在一些生产环境或复杂的大型项目中，这是一种不好的开发习惯，而在实际的 Go 语言开发项目中使用 Makefile 是好的约束规范。

Makefile 是一个非常有用的自动化工具，可以用来构建和测试 Go 语言应用程序。Makefile 还适用于大多数编程语言，如 C++等。在 Kubernetes 的源码根目录中，有两个与 Makefile 相关的文件，分别介绍如下。

- **Makefile**：顶层 Makefile 文件，描述了整个项目所有代码文件的编译顺序、编译规则及编译后的二进制输出等。
- **Makefile.generated_files**：描述了代码生成的逻辑。

通过 make help 命令，可以展示出所有可用的构建选项，从构建到测试的选项都有。首先，看一下 make all 命令在 Makefile 中的定义，代码示例如下：

```
define ALL_HELP_INFO
# Build code.
#
# Args:
#   WHAT: Directory names to build.  If any of these directories has a 'main'
#       package, the build will produce executable files under $(OUT_DIR)/go/bin.
#       If not specified, "everything" will be built.
#   GOFLAGS: Extra flags to pass to 'go' when building.
#   GOLDFLAGS: Extra linking flags passed to 'go' when building.
#   GOGCFLAGS: Additional go compile flags passed to 'go' when building.
#
# Example:
#   make
#   make all
#   make all WHAT=cmd/kubelet GOFLAGS=-v
#   make all GOGCFLAGS="-N -l"
#     Note: Use the -N -l options to disable compiler optimizations an inlining.
#           Using these build options allows you to subsequently use source
#           debugging tools like delve.
endef
.PHONY: all
ifeq ($(PRINT_HELP),y)
all:
    @echo "$$ALL_HELP_INFO"
else
all: generated_files
    hack/make-rules/build.sh $(WHAT)
endif
```

若要在 Kubernetes 的 Makefile 文件中定义，其步骤为：第 1 步，执行 generated_files 命令（在 Makefile 中称其为目标），用于代码生成（Code Generation）；第 2 步，通过调用 hack/make-rules/build.sh 脚本开始执行构建操作，其中的$(WHAT)参数表示要指定构建的 Kubernetes 组件名称，不指定该参数则默认构建 Kubernetes 的所有组件。

2.2.2 本地构建过程

通过调用 hack/make-rules/build.sh 脚本开始构建组件，传入要构建的组件名称，不指定组件名称则构建所有组件。hack/make-rules/build.sh 代码示例如下：

```
kube::golang::build_binaries "$@"
```

build_binaries 接收构建的组件名称，设置构建所需的环境及一些编译时所需的 Go flags 选项，然后通过 go install 构建组件：

```
go install "${build_args[@]}" "$@"
```

在 go install 命令执行完成后，二进制输出的目录为 _output/bin/。通过 make all 命令构建所有组件，二进制输出如下（只展示了核心组件）：

```
$ tree _output/bin/
_output/bin/
├── conversion-gen
├── deepcopy-gen
├── defaulter-gen
├── go-bindata
├── openapi-gen
├── kube-apiserver
├── kube-controller-manager
├── kubectl
├── kubelet
├── kube-proxy
└── kube-scheduler
```

最后，可以使用 make clean 命令来清理构建环境。

2.3　容器环境构建

通过容器（Docker）进行 Kubernetes 构建也非常简单，Kubernetes 提供了两种容器环境下的构建方式：make release 和 make quick-release，它们之间的区别如下。

- **make release**：构建所有的目标平台（Darwin、Linux、Windows），构建过程会比较久，并同时执行单元测试过程。
- **make quick-release**：快速构建，只构建当前平台，并略过单元测试过程。

make quick-release 在 Makefile 中的定义如下：

```
define RELEASE_SKIP_TESTS_HELP_INFO
# Build a release, but skip tests
#
# Args:
#   KUBE_RELEASE_RUN_TESTS: Whether to run tests. Set to 'y' to run tests anyways.
```

```
#   KUBE_FASTBUILD: Whether to cross-compile for other architectures.
Set to 'false' to do so.
#
# Example:
#   make release-skip-tests
#   make quick-release
endef
.PHONY: release-skip-tests quick-release
ifeq ($(PRINT_HELP),y)
release-skip-tests quick-release:
    @echo "$$RELEASE_SKIP_TESTS_HELP_INFO"
else
release-skip-tests quick-release: KUBE_RELEASE_RUN_TESTS = n
release-skip-tests quick-release: KUBE_FASTBUILD = true
release-skip-tests quick-release:
    build/release.sh
endif
```

make quick-release 与 make release 相比多了两个变量，即 KUBE_RELEASE_RUN_TESTS 和 KUBE_FASTBUILD。KUBE_RELEASE_RUN_TESTS 变量，将其设为 n 则跳过运行单元测试；KUBE_FASTBUILD 变量，将其设为 true 则跳过跨平台交叉编译。通过这两个变量可以实现快速构建，最终执行 build/release.sh 脚本，运行容器环境构建。Kubernetes 容器环境构建过程如图 2-2 所示。

图 2-2　Kubernetes 容器环境构建过程

在容器环境构建过程中，有多个容器镜像参与其中，分别介绍如下。

- **build 容器（kube-cross）**：即构建容器，在该容器中会对代码文件执行构建操作，完成后其会被删除。
- **data 容器**：即存储容器，用于存放构建过程中所需的所有文件。
- **rsync 容器**：即同步容器，用于在容器和主机之间传输数据，完成后其会被删除。

下面介绍一下 Kubernetes 容器环境构建过程。

1. kube::build::verify_prereqs

进行构建环境的配置及验证。该过程会检查本机是否安装了 Docker 容器环境，而对于 Darwin 平台，该过程会检查本机是否安装了 docker-machine 环境。

2. kube::build::build_image

根据 Dockerfile 文件构建容器镜像。Dockerfile 文件来源于 build/build-image/Dockerfile，代码示例如下：

代码路径：**build/common.sh**

```
function kube::build::build_image() {
  mkdir -p "${LOCAL_OUTPUT_BUILD_CONTEXT}"
  ...
  cp "${KUBE_ROOT}/build/build-image/Dockerfile" "${LOCAL_OUTPUT_BUILD_CONTEXT}/Dockerfile"
  cp "${KUBE_ROOT}/build/build-image/rsyncd.sh" "${LOCAL_OUTPUT_BUILD_CONTEXT}/"
  ...
  kube::build::docker_build "${KUBE_BUILD_IMAGE}" "${LOCAL_OUTPUT_BUILD_CONTEXT}" 'false'
  ...
  kube::build::ensure_data_container
  kube::build::sync_to_container
}
```

构建容器镜像的流程如下。

- 通过 mkdir 命令创建构建镜像的文件夹（即_output/images/…）。
- 通过 cp 命令复制构建镜像所需的相关文件，如 Dockerfile 文件和 rsyncd 同步脚本等。
- 通过 kube::build::docker_build 函数，构建容器镜像。

- 通过 kube::build::ensure_data_container 函数，运行存储容器并挂载 Volume。
- 通过 kube::build::sync_to_container 函数，运行同步容器并挂载存储容器的 Volume，然后通过 rsync 命令同步 Kubernetes 源码到存储容器的 Volume。

3. kube::build::run_build_command make cross

此时，容器构建环境已经准备好，下面开始运行构建容器并在构建容器内部执行构建 Kubernetes 源码的操作，代码示例如下：

代码路径：**build/common.sh**

```
function kube::build::run_build_command_ex() {
  ...
  local -ra docker_cmd=(
    "${DOCKER[@]}" run "${docker_run_opts[@]}" "${KUBE_BUILD_IMAGE}")
  ...
  "${docker_cmd[@]}" "${cmd[@]}"
  if [[ "${detach}" == false ]]; then
    kube::build::destroy_container "${container_name}"
  fi
}
```

在 kube::build::run_build_command_ex 函数中，通过 ${docker_cmd[@]}""$ {cmd[@]} 命令执行构建操作（即在容器内执行 make cross 命令）。容器内的构建过程与本地环境下的构建过程相同，故不再赘述。

其中，构建的平台由 KUBE_SUPPORTED_SERVER_PLATFORMS 变量控制，代码示例如下：

代码路径：**hack/lib/golang.sh**

```
readonly KUBE_SUPPORTED_SERVER_PLATFORMS=(
  linux/amd64
  linux/arm
  linux/arm64
  linux/s390x
  linux/ppc64le
)
KUBE_SERVER_PLATFORMS=("${KUBE_SUPPORTED_SERVER_PLATFORMS[@]}")
```

构建的组件由 KUBE_SERVER_TARGETS 变量控制，代码示例如下：

代码路径：hack/lib/golang.sh

```
kube::golang::server_targets(){
  local targets=(
    cmd/kube-proxy
    cmd/kube-apiserver
    cmd/kube-controller-manager
    cmd/cloud-controller-manager
    cmd/kubelet
    cmd/kubeadm
    cmd/hyperkube
    cmd/kube-scheduler
    vendor/k8s.io/apiextensions-apiserver
    cluster/gce/gci/mounter
  )
  echo "${targets[@]}"
}

IFS=" " read -ra KUBE_SERVER_TARGETS <<< "$(kube::golang::server_targets)"
```

4. kube::build::copy_output

使用同步容器，将编译后的代码文件复制到主机上。

5. kube::release::package_tarballs

进行打包，将二进制文件打包到_output目录中。

最终，代码文件以 tar.gz 压缩包的形式输出至 _output/release-tars 文件夹。

2.4 Bazel 环境构建

Kubernetes 本地环境构建和容器环境构建实际在内部使用的都是 Go 语言自带的构建工具 go install 命令来进行代码构建的。除了使用官方构建工具，Kubernetes 还支持 Bazel 构建，下面介绍一下 Bazel 构建工具。

Bazel 是 Google 公司开源的一个自动化软件构建和测试工具。Bazel 使用分布式缓存和增量构建方法，使构建更加快速。其支持构建任务，包括运行编译器和链接器以生成可执行程序和库。Bazel 与 Make、Gradle 及 Maven 等构建工具类似，但 Bazel 在构建速度、可扩展性、灵活性及跨语言和对不同平台的支持上更加出色。Bazel 具有如下特性。

- **支持多语言**：Bazel 支持 Java、Objective-C 和 C++等主流语言，并可以扩展支持任意的其他编程语言。
- **高级别的构建语言**：项目以 BUILD 语言进行描述。BUILD 是一种简洁的文本格式，可描述多个小而互相关联的库、二进制程序和测试程序组成的项目。
- **支持多平台**：相同的工具和 BUILD 文件可以为不同架构或平台构建软件。
- **再现性**：在 BUILD 文件中，必须明确为每个库、测试程序、二进制文件指定其直接依赖。在修改源码文件后，Bazel 使用这个依赖信息就可以知道哪些东西必须重新构建，哪些任务可以并行执行。这意味着所有的构建都是以增量的形式构建的并能够每次都生成相同的结果。
- **可扩展性强**：Bazel 可以处理大型程序的构建；在 Google 公司内，一个二进制程序通常有超过 100KB 的源码文件，在代码文件没有被改动的情况下，构建过程大约需要 200ms。
- **构建速度快**：支持增量编译。对依赖关系进行了优化，从而支持并发执行。

但是如此优秀的 Bazel 为什么在开源软件中流行不起来，只能在 Google 内部大量使用呢？一方面是因为接入 Bazel 较为复杂；另一方面在于 Google 内部的代码库非常庞大（约有数百万行），Bazel 支持多语言的构建系统为所有项目构建代码，将源码统一存放，使用统一的持续集成来运行所有的单元测试，因此在构建过程中性能问题是最关键的问题，而大部分公司很少遇到像 Google 这样进行大规模编译的性能问题。

比较有趣的是，在 Go 语言社区内有时也会争论 Go 语言项目是否应该使用 go build/install 或 bazel build。目前 Kubernetes 已经支持使用 Bazel 进行构建和测试了，但尚未将 Bazel 作为默认的构建工具。

2.4.1 使用 Bazel 构建和测试 Kubernetes 源码

下面介绍使用 Bazel 构建和测试 Kubernetes 源码的内容。

1. Bazel 安装

读者可根据自身平台选择不同的安装方式，推荐安装 Bazel 0.22.0 版本。安装过程较为简单,可直接参考 Bazel 的官方文档。

2. make bazel 常用操作

- **make bazel-build**:构建所有二进制文件。
- **make bazel-test**:运行所有单元测试。
- **make bazel-test-integration**:运行所有集成测试。
- **make bazel-release**:在容器中进行构建。

3. 单独构建 kubectl

除根据 Makefile 中定义的 make bazel 操作外,我们也可以直接使用 bazel 命令,来对单独组件进行构建,代码示例如下:

```
$ bazel build //cmd/kubectl/...
Starting local Bazel server and connecting to it...
INFO: Invocation ID: 2e296dc1-93a7-4969-a6df-365a0b08fa9f
INFO: Analysed 4 targets (546 packages loaded, 10248 targets
configured).
INFO: Found 4 targets...
INFO: Elapsed time: 8.184s, Critical Path: 2.48s
INFO: 0 processes.
INFO: Build completed successfully, 1 total action
```

上述代码中的//cmd/kubectl/…在 Bazel 中被称为标记,用于指定需要构建的包名。若执行构建命令后输出如上信息,则表示构建成功,Bazel 将构建后的二进制文件输出到根目录下的 bazel-bin 目录中。kubectl 二进制文件的相对路径为 bazel-bin/cmd/kubectl/。

> **注意**:Bazel 目前不支持 CGO 的交叉编译。

4. 更新 BUILD 文件

每当开发者对 Kubernetes 代码进行更新迭代、添加或删除 Go 语言文件代码,以及更改 Go import 时,都必须更新各个包下的 BUILD 和 BUILD.bazel 文件,更新操作可通过运行 hack/update-bazel.sh 脚本自动完成:

```
$ ./hack/update-bazel.sh
```

2.4.2 Bazel 的工作原理

Kubernetes 源码的根目录下有一个 WORKSPACE（工作区）文件，用于指定当前目录是 Bazel 的一个工作区域，该文件一般存放在项目根目录下。另外，项目中包含一个或多个 BUILD 文件，用于告诉 Bazel 如何进行构建。Bazel 工作原理如图 2-3 所示。

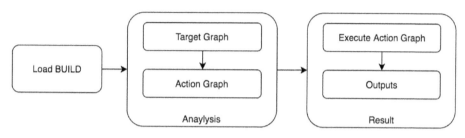

图 2-3　Bazel 工作原理

Bazel 工作原理大致分为 3 部分。

（1）加载与 Target 相关的 BUILD 文件。

（2）分析 BUILD 文件的内容，生成 Action Graph。

（3）执行 Action Graph，最后产出 Outputs。

以 ABAC 资源的 BUILD 文件为例，该文件定义在 pkg/apis/abac/v1beta1/BUILD 中：

```
load(
    "@io_bazel_rules_go//go:def.bzl",
    "go_library",
    "go_test",
)

go_library(
    name = "go_default_library",
    srcs = [
        "conversion.go",
        "doc.go",
        "register.go",
        "types.go",
        "zz_generated.conversion.go",
        "zz_generated.deepcopy.go",
        "zz_generated.defaults.go",
```

```
        ],
        importpath = "k8s.io/kubernetes/pkg/apis/abac/v1beta1",
        deps = [
            "//pkg/apis/abac:go_default_library",
            "//staging/src/k8s.io/apimachinery/pkg/apis/meta/v1:go_default_library",
            "//staging/src/k8s.io/apimachinery/pkg/conversion:go_default_library",
            "//staging/src/k8s.io/apimachinery/pkg/runtime:go_default_library",
            "//staging/src/k8s.io/apimachinery/pkg/runtime/schema:go_default_library",
        ],
    )
```

ABAC 资源的 BUILD 文件内容如下。

- **load**：需要使用哪个 .bzl 规则来编译当前 Target。
- **go_library**：设置构建规则。
    - **name**：当前 Target 构建后的名称。
    - **src**：当前 Target 下被构建的源码文件。
    - **deps**：当前 Target 构建时依赖的静态库名称。

在 Kubernetes 项目代码中，BUILD 文件可通过执行 hack/update-bazel.sh 脚本来自动生成。Bazel 第一次构建时须生成 Bazel Cache，时间较长，再次构建时无须再生成 Bazel Cache，Bazel Cache 有利于大大提高构建速度。

> 注意：Bazel 目前并非完全支持 Kubernetes 代码生成器，当前只有 openapi-gen 和 go-bindata 是支持的。

2.5 代码生成器

顶层 Makefile 中定义了 generated_files 命令，该命令用于构建代码生成器，下面看一下 generated_files 在 Makefile.generated_files 中的定义：

```
.PHONY: generated_files
generated_files: gen_deepcopy gen_defaulter gen_conversion gen_openapi gen_bindata
```

generated_files 中定义了 5 个代码生成器，执行 make all 命令后，这些二进制文件被输出至_output/bin/目录，如下面的输出内容所示。如果二进制文件不存在，也可以通过 make generated_files 命令单独构建代码生成器的二进制工具。下面分别介绍这些代码生成器，如表 2-1 所示。

```
$ tree _output/bin/
_output/bin/
├── conversion-gen
├── deepcopy-gen
├── defaulter-gen
├── go-bindata
└── openapi-gen
```

表 2-1 代码生成器说明

代码生成器	说明
conversion-gen	自动生成 Convert 函数的代码生成器，用于资源对象的版本转换函数
deepcopy-gen	自动生成 DeepCopy 函数的代码生成器，用于资源对象的深复制函数
defaulter-gen	自动生成 Defaulter 函数的代码生成器，用于资源对象的默认值函数
go-bindata	是一个第三方工具。它能够将静态资源文件嵌入 Go 语言中，例如在 Web 开发中将静态的 HTML、JavaScript 等静态资源文件嵌入 Go 语言代码文件中并提供一些操作方法
openapi-gen	自动生成 OpenAPI 定义文件（OpenAPI Definition File）的代码生成器

除了以上 5 个代码生成器，Kubernetes 实际上还支持更多的代码生成器，例如 client-gen、lister-gen、informer-gen 等代码生成器。这些代码生成器会在后面的章节中进行介绍，本节提及的这 5 个代码生成器是构建 Kubernetes 源码过程中所需要的。

2.5.1 Tags

代码生成器通过 Tags（标签）来识别一个包是否需要生成代码及确定生成代码的方式，Kubernetes 提供的 Tags 可以分为如下两种。

- **全局 Tags**：定义在每个包的 doc.go 文件中，对整个包中的类型自动生成代码。
- **局部 Tags**：定义在 Go 语言的类型声明上方，只对指定的类型自动生成代码。

Tags 的定义规则通常为// +tag-name 或// +tag-name=value，它们被定义在注释中。

1. 全局 Tags

全局 Tags 定义在 pkg/apis/<group>/<version>/doc.go 中，代码示例如下：

```
// +k8s:deepcopy-gen=package
```

```
// +groupName=example.com
package v1
```

全局 Tags 告诉 deepcopy-gen 代码生成器为该包中的每个类型自动生成 DeepCopy 函数。其中的 // +groupName 定义了资源组名称，资源组名称一般使用域名形式命名。

2. 局部 Tags

局部 Tags 定义在 Go 语言的类型声明上方，代码示例如下：

代码路径：pkg/apis/core/types.go

```
// +genclient
// +k8s:deepcopy-gen:interfaces=k8s.io/apimachinery/pkg/runtime.Object

// Pod is a collection of containers, used as either input (create,
update) or as output (list, get).
type Pod struct {
  metav1.TypeMeta
  // +optional
  metav1.ObjectMeta

  // +optional
  Spec PodSpec

  // +optional
  Status PodStatus
}
```

局部 Tags 定义在 Pod 资源类型的上方，它定义了该类型有两个代码生成器，分别为 genclient（即 client-gen）和 deepcopy-gen。其中 genclient 代码生成器为这个资源类型自动生成对应的客户端代码，deepcopy-gen 代码生成器为这个资源类型自动生成 DeepCopy 函数。

> **注意**：关于 Tags 的位置，局部 Tags 一般定义在类型声明的上方，但如果该类型有注释信息，则局部 Tags 的定义需要与类型声明的注释信息之间至少有一个空行。例如：

```
    // +tag

    // comment-block
    type Foo struct {
        ...
    }
```

这是因为 Kubernetes 的 API 文档生成器会根据类型声明的注释信息（comment-block）生成文档。为了避免 Tags 信息出现在文档中，故将 Tags 定义在注释的上方并空一行。

2.5.2 deepcopy-gen 代码生成器

deepcopy-gen 是一个自动生成 DeepCopy 函数的代码生成器。给定一个包的目录路径作为输入源，它可以为其生成 DeepCopy 相关函数，这些函数可以有效地执行每种类型的深复制操作。

为整个包生成 DeepCopy 相关函数时，其 Tags 形式如下：

```
    // +k8s:deepcopy-gen=package
```

为单个类型生成 DeepCopy 相关函数时，其 Tags 形式如下：

```
    // +k8s:deepcopy-gen=true
```

为整个包生成 DeepCopy 相关函数时，可以忽略单个类型，其 Tags 形式如下：

```
    // +k8s:deepcopy-gen=false
```

有时在 Kubernetes 源码里会看到 deepcopy-gen 的 Tags 被定义成 runtime.Object，这时 deepcopy-gen 会为该类型生成返回值为 runtime.Obejct 类型的 DeepCopyObject 函数，代码示例如下：

```
// +k8s:deepcopy-gen:interfaces=k8s.io/apimachinery/pkg/runtime.Object

// Policy contains a single ABAC policy rule
type Policy struct {
  metav1.TypeMeta `json:",inline"`

  Spec PolicySpec `json:"spec"`
}
```

生成如下代码：

```go
func (in *Policy) DeepCopyObject() runtime.Object {
  if c := in.DeepCopy(); c != nil {
    return c
  }
  return nil
}
```

下面介绍 deepcopy-gen 的使用示例和生成规则。

1. deepcopy-gen 的使用示例

```
$ hack/make-rules/build.sh ./vendor/k8s.io/code-generator/cmd/deepcopy-gen

$ ./_output/bin/deepcopy-gen                              \
--v 1                                                      \
--logtostderr                                              \
-i "k8s.io/kubernetes/pkg/apis/abac/v1beta1"              \
--bounding-dirs k8s.io/kubernetes,"k8s.io/api"            \
-O zz_generated.deepcopy
```

构建 deepcopy-gen 二进制文件，并执行 deepcopy-gen 代码生成器，为 k8s.io/kubernetes/pkg/apis/abac/v1beta1 包生成 zz_generated.deepcopy.go 代码文件。

2. deepcopy-gen 的生成规则

代码路径：**vendor/k8s.io/gengo/examples/deepcopy-gen/generators/deepcopy.go**

```go
func copyableType(t *types.Type) bool {
  ...
  if t.Kind != types.Struct {
    return false
  }

  return true
}
```

deepcopy-gen 会遍历包中的所有类型，若类型为 types.Struct，则会为该类型生成深复制函数。

2.5.3 defaulter-gen 代码生成器

defaulter-gen 是一个自动生成 Defaulter 函数的代码生成器。给定一个包的目录路径作为输入源，它可以为其生成 Defaulter 相关函数，这些函数可以为资源对象生成默认值。

为拥有 TypeMeta 属性的类型生成 Defaulter 相关函数时，其 Tags 形式如下：

```
// +k8s:defaulter-gen=TypeMeta
```

为拥有 ListMeta 属性的类型生成 Defaulter 相关函数时，其 Tags 形式如下：

```
// +k8s:defaulter-gen=ListMeta
```

为拥有 ObjectMeta 属性的类型生成 Defaulter 相关函数时，其 Tags 形式如下：

```
// +k8s:defaulter-gen=ObjectMeta
```

defaulter-gen 的 Tags 都属于全局 Tags，没有局部 Tags。其值可以为 TypeMeta、ListMeta、ObjectMeta，最常用的是 TypeMeta。有时在 Kubernetes 源码里会看到 defaulter-gen-input，这说明当前包会依赖于指定的路径包，代码示例如下：

```
// +k8s:defaulter-gen-input=../../../../vendor/k8s.io/api/rbac/v1
```

下面介绍 defaulter-gen 的使用示例和生成规则。

1. defaulter-gen 的使用示例

```
$ hack/make-rules/build.sh ./vendor/k8s.io/code-generator/cmd/defaulter-gen

$./hack/run-in-gopath.sh _output/bin/defaulter-gen    \
--v 1                                                 \
--logtostderr                                         \
-i k8s.io/kubernetes/pkg/apis/rbac/v1                 \
--extra-peer-dirs k8s.io/kubernetes/pkg/apis/rbac/v1  \
-O zz_generated.defaults
```

构建 defaulter-gen 二进制文件，并执行 defaulter-gen 代码生成器，为 k8s.io/kubernetes/pkg/apis/rbac/v1 包生成 zz_generated.defaults.go 代码文件。

2. defaulter-gen 的生成规则

代码路径：k8s.io/gengo/examples/defaulter-gen/generators/defaulter.go

```go
if t.Kind == types.Struct && len(typesWith) > 0 {
    for _, field := range t.Members {
        for _, s := range typesWith {
            if field.Name == s {
                return true
            }
        }
    }
}
```

defaulter-gen 会遍历包中的所有类型，若类型属性拥有特定类型（如 TypeMeta、ListMeta、ObjectMeta），则为该类型生成 Defaulter 函数，并为其生成 RegisterDefaults 注册函数，代码示例如下：

代码路径：pkg/apis/rbac/v1/defaults.go

```go
func SetDefaults_ClusterRoleBinding(obj *rbacv1.ClusterRoleBinding) {
    ...
}
```

生成的 Defaults 函数如下：

代码路径：pkg/apis/rbac/v1/zz_generated.defaults.go

```go
func SetObjectDefaults_ClusterRoleBinding(in *v1.ClusterRoleBinding) {
    ...
}
```

在 defaults.go 中定义了 rbacv1.ClusterRoleBinding 类型，该类型拥有 TypeMeta 属性，并为该属性生成 SetObjectDefaults_ClusterRoleBinding 函数。

2.5.4　conversion-gen 代码生成器

conversion-gen 是一个自动生成 Convert 函数的代码生成器。给定一个包的目录路径作为输入源，它可以为其生成 Convert 相关函数，这些函数可以为对象在内部和外部类型之间提供转换函数。

为整个包生成 Convert 相关函数时，其 Tags 形式如下：

```
// +k8s:conversion-gen=<peer-pkg>
```

其中的<peer-pkg>用于定义包的导入路径，例如 k8s.io/kubernetes/pkg/apis/abac。

为整个包生成 Convert 相关函数且依赖其他包时，其 Tags 形式如下：

```
// +k8s:conversion-gen-external-types=<type-pkg>
```

其中的<type-pkg>用于定义其他包的路径，例如 k8s.io/api/autoscaling/v1。

在排除某个属性后生成 Convert 相关函数时，其 Tags 形式如下：

```
// +k8s:conversion-gen=false
```

下面介绍 conversion-gen 的使用示例和生成规则。

1. conversion-gen 的使用示例

```
$ hack/make-rules/build.sh ./vendor/k8s.io/code-generator/cmd/conversion-gen

$./hack/run-in-gopath.sh _output/bin/conversion-gen    \
--v 1                                                  \
--logtostderr                                          \
-i k8s.io/kubernetes/pkg/apis/abac/v1beta1             \
--extra-peer-dirs
k8s.io/kubernetes/pkg/apis/core,k8s.io/kubernetes/pkg/apis/core/v1,k8s.io/api/core/v1 \
-O zz_generated.conversion
```

构建 conversion-gen 二进制文件，并执行 conversion-gen 代码生成器，为 k8s.io/kubernetes/pkg/apis/abac/v1beta1 包生成 zz_generated.conversion.go 代码文件。

2. conversion-gen 的生成规则

代码路径：**vendor/k8s.io/code-generator/cmd/conversion-gen/generators/conversion.go**

```go
func (g *genConversion) convertibleOnlyWithinPackage(inType, outType *types.Type) bool {
    ...
    if t.Kind != types.Struct {
      return false
    }
    if namer.IsPrivateGoName(other.Name.Name) {
      return false
    }
    return true
}
```

conversion-gen 会遍历包中的所有类型，若类型为 types.Struct 且过滤掉了私有的 Struct 类型，则为该类型生成 Convert 函数，并为该类型同时生成 RegisterConversions 注册函数，代码示例如下：

代码路径：**pkg/apis/abac/v1beta1/types.go**

```go
type Policy struct {
  metav1.TypeMeta `json:",inline"`
  Spec PolicySpec `json:"spec"`
}
```

生成的 Convert 函数如下：

代码路径：**pkg/apis/abac/v1beta1/zz_generated.conversion.go**

```
func Convert_v1beta1_Policy_To_abac_Policy(in *Policy, out
*abac.Policy, s conversion.Scope) error {
  return autoConvert_v1beta1_Policy_To_abac_Policy(in, out, s)
}

func Convert_abac_Policy_To_v1beta1_Policy(in *abac.Policy, out
*Policy, s conversion.Scope) error {
  return autoConvert_abac_Policy_To_v1beta1_Policy(in, out, s)
}
```

在 types.go 中定义了 Policy 类型，conversion-gen 为该类型生成了 Convert 函数，例如从 v1beta1 转换为 internal 内部版本，从 internal 内部版本转换为 v1 版本，代码示例如下：

```
old := &v1beta1.Policy{Spec: v1beta1.PolicySpec{User: "bob"}}
internal := &abac.Policy{}

abac.Scheme.Convert(old, internal, nil)
```

定义 old 变量为 v1beta1 资源版本，通过 Convert 函数将 v1beta1 版本转换为内部版本（即 internal 变量）。

2.5.5　openapi-gen 代码生成器

openapi-gen 是一个自动生成 OpenAPI 定义文件（OpenAPI Definition File）的代码生成器，给定一个包的目录路径作为输入源，它可以为其生成 OpenAPI 定义文件，该文件用于 kube-apiserver 服务上的 OpenAPI 规范的生成。更多关于 OpenAPI 规范的内容，详情请参考 7.1.3 节 "OpenAPI/Swagger 核心原理"。

为特定类型或包生成 OpenAPI 定义文件时，其 Tags 形式如下：

```
// +k8s:openapi-gen=true
```

排除为特定类型或包生成 OpenAPI 定义文件时，其 Tags 形式如下：

```
// +k8s:openapi-gen=false
```

下面介绍 openapi-gen 的使用示例和生成规则。

1. openapi-gen 的使用示例

```
$ hack/make-rules/build.sh ./vendor/k8s.io/kube-openapi/cmd/openapi-gen

$./hack/run-in-gopath.sh _output/bin/openapi-gen        \
--v 1                                                   \
--logtostderr                                           \
-i k8s.io/kubernetes/vendor/k8s.io/apiextensions-apiserver/pkg/apis/apiextensions/v1beta1   \
-p k8s.io/kubernetes/pkg/generated/openapi              \
-O zz_generated.openapi                                 \
-h vendor/k8s.io/code-generator/hack/boilerplate.go.txt \
-r _output/violations.report
```

构建 openapi-gen 二进制文件，并执行 openapi-gen 代码生成器，为 k8s.io/kubernetes/vendor/k8s.io/apiextensions-apiserver/pkg/apis/apiextensions/v1beta1 包生成 zz_generated.openapi.go 代码文件，该代码文件存放在 k8s.io/kubernetes/pkg/generated/openapi 目录下。

2. openapi-gen 的生成规则

代码路径：**vendor/k8s.io/kube-openapi/pkg/generators/openapi.go**

```go
func (g openAPITypeWriter) generate(t *types.Type) error {
  switch t.Kind {
  case types.Struct:
    if hasOpenAPIDefinitionMethod(t) {
      return nil
    }
    ...
  }
  return nil
}
```

openapi-gen 会遍历包中的所有类型，若类型为 types.Struct 并忽略其他类型，则为 types.Struct 类型生成 OpenAPI 定义文件。例如：

代码路径：**vendor/k8s.io/apiextensions-apiserver/pkg/apis/apiextensions/v1beta1/types.go**

```go
type CustomResourceDefinitionSpec struct {
  Group string `json:"group" protobuf:"bytes,1,opt,name=group"`
  Version string `json:"version,omitempty" protobuf:"bytes,2,opt,name=version"`
  ...
}
```

生成的 OpenAPIDefinition 如下：

代码路径：**pkg/generated/openapi/zz_generated.openapi.go**

```
func GetOpenAPIDefinitions(ref common.ReferenceCallback)
map[string]common.OpenAPIDefinition {
    return map[string]common.OpenAPIDefinition{
      ...
"k8s.io/apiextensions-apiserver/pkg/apis/apiextensions/v1beta1.Custom
ResourceDefinitionSpec":
schema_pkg_apis_apiextensions_v1beta1_CustomResourceDefinitionSpec(re
f),
      ...
    }
}
```

在 types.go 中定义了 CustomResourceDefinitionSpec 类型，openapi-gen 为该类型生成了 OpenAPIDefinition。

2.5.6　go-bindata 代码生成器

go-bindata 是一个第三方工具，它能够将静态资源文件嵌入 Go 语言中，例如在 Web 开发中，它可以将静态的 HTML、JavaScript 等静态资源文件嵌入 Go 语言代码文件中并提供一些操作方法。给定一个静态资源目录路径作为输入源，go-bindata 可以为其生成 go 文件。go-bindata 使用示例如下：

```
$ hack/make-rules/build.sh ./vendor/github.com/jteeuwen/go-bindata
/go-bindata

$ ./hack/run-in-gopath.sh hack/generate-bindata.sh
```

generate-bindata.sh 脚本重点执行如下代码：

```
go-bindata -nometadata -nocompress -o
pkg/kubectl/generated/bindata.go.tmp -pkg generated -ignore .jpg
-ignore .png -ignore .md -ignore 'BUILD(\.bazel)?' translations/...
```

构建 go-bindata 二进制文件，并执行 go-bindata 代码生成器，为 translations 静态资源目录生成 pkg/kubectl/generated/bindata.go.tmp 文件。translations 目录存放的是与 i18n（国际化）语言包相关的文件，在不修改内部代码的情况下支持不同语言及地区。例如，Zh 语言包的二进制数据在 Go 语言中的存储内容如下：

代码路径：pkg/kubectl/generated/bindata.go

```
    var _translationsKubectlZh_cnLc_messagesK8sMo =
[]byte("\xde\x12\x04\x95\x00\x00\x00\x00\xea\x00\x00\x00\x1c\x00\x00\
x001\a\x00\x009\x01\x00\x00\xbc\x0e\x00\x00\x00\x00\x00\x00\xa0\x13\x
00\x00\xdc\x00\x00\x00\xa1\x13\x00\x00\xb6\x00\x00\x00~\x14\x00\x00\v
\x02\x00\x005\x15\x00\x00\x1f\x01\x00\x00A\x17\x00\x00z\x00\x00\x00a\
x18\x00\x00_\x02\x00\x00\xdc\x18\x00\x00|\x01\x00\x00<\x1b\x00\x00\x8
f\x01\x00\x00\xb9\x1c\x00\x00k\x01\x00\x00I\x1e\x00\x00>\x01\x00\x00\
xb5\x1f\x00\x00\x03\x02\x00\x00\xf4
\x00\x00o\x01\x00\x00\xf8\"\x00\x00H\x05\x00\x00h$\x00\x00g\x02\x00\x
00\xb1)\x00\x00\x1b\x02\x00\x00\x19
    ...
    )
```

2.6 代码生成过程

Kubernetes 代码生成器包括 deepcopy-gen、defaulter-gen、conversion-gen、openapi-gen、go-bindata 等，代码生成过程如图 2-4 所示。

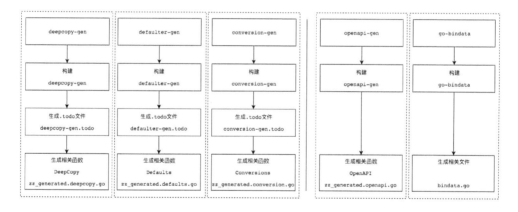

图 2-4　代码生成过程

deepcopy-gen、defaulter-gen、conversion-gen、openapi-gen、go-bindata 等代码生成器生成代码的流程基本相同，以 deepcopy-gen 代码生成器为例，生成过程可分为如下 3 步。

（1）构建 deepcopy-gen 二进制文件。

（2）生成 .todo 文件。

(3)生成 DeepCopy(深复制)相关函数。

1. 构建 deepcopy-gen 二进制文件

为方便读者理解 Makefile.generated_files 的代码生成过程,下面将 Makefile.generated_files 中的代码及"重要的调试信息"一并展示,使用"--------"符号进行分隔,代码示例如下:

```
$(DEEPCOPY_GEN): $(k8s.io/kubernetes/vendor/k8s.io/code-generator/
cmd/deepcopy-gen)
    KUBE_BUILD_PLATFORMS=""hack/make-rules/build.sh ./vendor/k8s.io/
code-generator/cmd/deepcopy-gen
    touch $@

--------- 重要的调试信息 ---------

    KUBE_BUILD_PLATFORMS="" hack/make-rules/build.sh ./vendor/k8s.io/
code-generator/cmd/deepcopy-gen
    touch _output/bin/deepcopy-gen
```

hack/make-rules/build.sh 构建脚本根据传入的代码生成器的 main 入口文件路径,构建二进制文件。

touch $@ 则更新 deepcopy-gen 代码生成器二进制文件的 atime/mtime/ctime 时间戳。

2. 生成 .todo 文件

.todo 文件相当于临时文件,用来存放被 Tags 标记过的包。通过 shell 的 grep 命令可以将所有代码包中被 Tags 标记过的包目录记录在 .todo 文件中,这样可方便记录哪些包需要使用代码生成功能,代码示例如下:

```
ALL_K8S_TAG_FILES := $(shell                                    \
    find $(ALL_GO_DIRS) -maxdepth 1 -type f -name \*.go         \
        | xargs grep --color=never -l '^// *+k8s:'              \
)

DEEPCOPY_DIRS := $(shell                                        \
    grep --color=never -l '+k8s:deepcopy-gen=' $(ALL_K8S_TAG_FILES) \
        | xargs -n1 dirname                                     \
        | LC_ALL=C sort -u                                      \
)

$(DEEPCOPY_FILES): $(DEEPCOPY_GEN)
    if [[ "$(DBG_CODEGEN)" == 1 ]]; then                        \
```

```
            echo "DBG: deepcopy needed $(@D): $?";        \
            ls -lf --full-time $@ $? || true;             \
        fi
        echo $(PRJ_SRC_PATH)/$(@D) >> $(META_DIR)/$(DEEPCOPY_GEN).todo

--------- 重要的调试信息 ---------

echo k8s.io/kubernetes/cmd/cloud-controller-manager/app/apis/
config >> .make/_output/bin/deepcopy-gen.todo
```

Makefile.generated_files 中定义了 ALL_K8S_TAG_FILES 变量，其用于获取 Kubernetes 代码中被"/+k8s:"标签标记过的包；也定义了 DEEPCOPY_DIRS 变量，其用于从 ALL_K8S_TAG_FILES 中筛选出被"+k8s:deepcopy-gen"标签标记过的包。最终将筛选出的包目录路径输出到.todo 文件中。下面列出 deepcopy-gen.todo 文件中的部分内容：

```
$ head .make/_output/bin/deepcopy-gen.todo
k8s.io/kubernetes/cmd/cloud-controller-manager/app/apis/config
k8s.io/kubernetes/cmd/cloud-controller-manager/app/apis/config/v1a
lpha1
k8s.io/kubernetes/cmd/kubeadm/app/apis/kubeadm
k8s.io/kubernetes/cmd/kubeadm/app/apis/kubeadm/v1beta1
k8s.io/kubernetes/pkg/apis/abac
k8s.io/kubernetes/pkg/apis/abac/v0
k8s.io/kubernetes/pkg/apis/abac/v1beta1
k8s.io/kubernetes/pkg/apis/admission
k8s.io/kubernetes/pkg/apis/admissionregistration
k8s.io/kubernetes/pkg/apis/apps
...
```

3. 生成与深复制相关的函数

```
.PHONY: gen_deepcopy
gen_deepcopy: $(DEEPCOPY_GEN) $(META_DIR)/$(DEEPCOPY_GEN).todo
    if [[ -s $(META_DIR)/$(DEEPCOPY_GEN).todo ]]; then             \
      pkgs=$$(cat $(META_DIR)/$(DEEPCOPY_GEN).todo | paste -sd, -); \
      if [[ "$(DBG_CODEGEN)" == 1 ]]; then                          \
        echo "DBG: running $(DEEPCOPY_GEN) for $$pkgs";             \
      fi;                                                            \
      ./hack/run-in-gopath.sh $(DEEPCOPY_GEN)                        \
          --v $(KUBE_VERBOSE)                                        \
          --logtostderr                                              \
          -i "$$pkgs"                                                \
          --bounding-dirs $(PRJ_SRC_PATH),"k8s.io/api"               \
          -O $(DEEPCOPY_BASENAME)                                    \
          "$$@";                                                     \
```

```
fi                                                          \

--------- 重要的调试信息 ---------

./hack/run-in-gopath.sh _output/bin/deepcopy-gen            \
    --v 1                                                   \
    --logtostderr                                           \
    -i "$pkgs"                                              \
    --bounding-dirs k8s.io/kubernetes,"k8s.io/api"          \
    -O zz_generated.deepcopy                                \
```

其中 ./hack/run-in-gopath.sh 脚本用于设置临时 Kubernetes GOPATH 环境并在该临时环境下运行命令。

deepcopy-gen 参数说明如下。

- **--v**：指定日志级别。
- **--logtostderr**：日志输出到"标准错误输出"。
- **-i, --input-dirs**：输入源，即 .todo 文件中的目录列表，以逗号分隔。
- **--bounding-dirs**：依赖的包并为其生成深复制的类型。
- **-O, --output-file-base**：输出文件的名字。

deepcopy-gen 代码生成器将 .todo 文件的内容作为输入源，对不同输入源生成 DeepCopy 相关函数，并输出至 zz_generated.deepcopy.go 文件。以 k8s.io/kubernetes/pkg/apis/abac/v1beta1 作为输入源手动进行测试，执行命令如下：

```
./hack/run-in-gopath.sh _output/bin/deepcopy-gen            \
    --v 1                                                   \
    --logtostderr                                           \
    -i "k8s.io/kubernetes/pkg/apis/abac/v1beta1"            \
    --bounding-dirs k8s.io/kubernetes,"k8s.io/api"          \
    -O zz_generated.deepcopy                                \
```

最终，我们在 pkg/apis/abac/v1beta1/ 目录下得到了新生成的 zz_generated.deepcopy.go 代码文件。

2.7 gengo 代码生成核心实现

Kubernetes 的代码生成器都是在 k8s.io/gengo 包的基础上实现的。我们在前面介绍了 deepcopy-gen、defaulter-gen、conversion-gen、openapi-gen、go-bindata 等代码生

成器的用法。代码生成器都会通过一个输入包路径（--input-dirs）参数，根据 gengo 的词法分析、抽象语法树等操作，最终生成代码并输出（--output-file-base）。gengo 代码目录结构如下。

```
$ tree vendor/k8s.io/gengo/ -L 1
vendor/k8s.io/gengo/
├── args
├── examples
├── generator
├── namer
├── parser
└── types
```

gengo 代码目录结构说明如下。

- **args**：代码生成器的通用 flags 参数。
- **examples**：包含 deepcopy-gen、defaulter-gen、import-boss、set-gen 等代码生成器的生成逻辑。
- **generator**：代码生成器通用接口 Generator。
- **namer**：命名管理，支持创建不同类型的名称。例如，根据类型生成名称，定义 type foo string，能够生成 func FooPrinter(f * foo){Print(string(* f))}。
- **parser**：代码解析器，用来构造抽象语法树。
- **types**：类型系统，用于数据类型的定义及类型检查算法的实现。

2.7.1 代码生成逻辑与编译器原理

gengo 的代码生成逻辑与编译器原理非常类似，大致可分为如下几个过程，gengo 代码生成原理如图 2-5 所示。

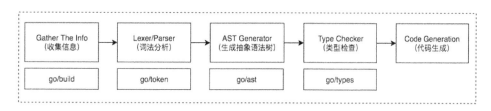

图 2-5　gengo 代码生成原理

gengo 代码生成原理的流程如下。

（1）**Gather The Info**：收集 Go 语言源码文件信息及内容。

（2）**Lexer/Parser**：通过 Lexer 词法分析器进行一系列词法分析。

（3）**AST Generator**：生成抽象语法树。

（4）**Type Checker**：对抽象语法树进行类型检查。

（5）**Code Generation**：生成代码，将抽象语法树转换为机器代码。

2.7.2 收集 Go 包信息

Go 语言没有用预处理器、宏定义或 #define 声明来控制指定平台，相反，Go 语言标准库提供了 go/build 工具，该工具支持 Go 语言的构建标签（Build Tag）机制来构建约束条件（Build Constraint）。我们在看 Kubernetes 源码时经常会看到类似于 // +build linux darwin 的包注释信息，这就是 Go 语言编译时的约束条件，其也被称为条件编译。

Go 语言的条件编译有两种定义方法，分别介绍如下。

- **构建标签**：在源码里添加注释信息，比如 // +build linux，该标签决定了源码文件只在 Linux 平台上才会被编译。
- **文件后缀**：改变 Go 语言代码文件的后缀，比如 foo_linux.go，该后缀决定了源码文件只在 Linux 平台上才会被编译。

另外，go/build 工具有几个重要的类型和方法，其中 Context 类型指定构建上下文环境，例如 GOARCH、GOOS、GOROOT、GOPATH 等；Package 类型用于描述 Go 包信息；Import 方法导入指定的包，返回该包的 Package 指针类型，用于收集有关 Go 包的信息。它们用于处理 Go 项目目录结构、源码、语法、基本操作等。

gengo 收集 Go 包信息可分为两步：第 1 步，为生成的代码文件设置构建标签；第 2 步，收集 Go 包信息并读取源码内容。详细过程如下。

1. 为生成的代码文件设置构建标签

代码路径：vendor/k8s.io/gengo/args/args.go

```go
func Default() *GeneratorArgs {
    return &GeneratorArgs{
        ...
        GeneratedBuildTag:           "ignore_autogenerated",
    }
```

```go
func (g *GeneratorArgs) NewBuilder() (*parser.Builder, error) {
    b := parser.New()
    // Ignore all auto-generated files.
    b.AddBuildTags(g.GeneratedBuildTag)
    ...
}
```

在 Default 函数中定义了默认的 GeneratedBuildTag 字符串，在每次构建时，代码生成器会将 GeneratedBuildTag 作为构建标签打入生成的代码文件中。每个代码生成器都会通过 Packages 功能执行该操作，以 deepcopy-gen 代码生成器为例，代码示例如下：

代码路径：vendor/k8s.io/gengo/examples/deepcopy-gen/generators/deepcopy.go

```go
func Packages(context *generator.Context, arguments
*args.GeneratorArgs) generator.Packages {
    ...
    header := append([]byte(fmt.Sprintf("// +build !%s\n\n",
arguments.GeneratedBuildTag)), boilerplate...)
    ...
}
```

deepcopy-gen 代码生成器中的 Packages 函数将 GeneratedBuildTag 字段进行拼接，每一个通过 deepcopy-gen 代码生成器生成的代码文件（如 zz_generated.deepcopy.go），第 1 行总是构建标签。最后生成代码的构建标签如下：

```
$ head -n 1 pkg/apis/abac/v1beta1/zz_generated.deepcopy.go
// +build !ignore_autogenerated
```

!ignore_autogenerated 在 Kubernetes 中表示该文件是由代码生成器自动生成的，不需要人工干预或人工编辑该文件。

2. 收集 Go 包信息并读取源码内容

代码路径：vendor/k8s.io/gengo/args/args.go

```go
func (g *GeneratorArgs) NewBuilder() (*parser.Builder, error) {
    ...
    for _, d := range g.InputDirs {
        var err error
        if strings.HasSuffix(d, "/...") {
            err = b.AddDirRecursive(strings.TrimSuffix(d, "/..."))
```

```
        } else {
            err = b.AddDir(d)
        }
        if err != nil {
            return nil, fmt.Errorf("unable to add directory %q: %v", d, err)
        }
    }
    return b, nil
}
```

代码生成器通过--input-dirs 参数指定传入的 Go 包路径，通过 build.Import 方法收集 Go 包的信息，build.Import 支持多种模式，其中 build.ImportComment 用于解析 import 语句后的注释信息；build.FindOnly 用于查找包所在的目录，不读取其中的源码内容。代码函数层级为 b.AddDir→b.importPackage→b.addDir。代码示例如下：

代码路径：vendor/k8s.io/gengo/parser/parse.go

```
func (b *Builder) importBuildPackage(dir string) (*build.Package, error) {
    ...
    buildPkg, err := b.importWithMode(dir, build.ImportComment)
    if err != nil {
        if _, ok := err.(*build.NoGoError); !ok {
            return nil, fmt.Errorf("unable to import %q: %v", dir, err)
        }
    }
    if buildPkg == nil {
        buildPkg, err = b.importWithMode(dir, build.FindOnly)
        if err != nil {
            return nil, err
        }
    }
    ...
}
```

通过 build.Import 方法获得 Go 包信息以后，就可以得到包下面的所有源码文件的路径了，将所有 Go 源码内容读入内存中，等待 Lexer 词法解析器的下一步处理，代码示例如下：

```
func (b *Builder) addDir(dir string, userRequested bool) error {
    ...
    for _, n := range buildPkg.GoFiles {
        if !strings.HasSuffix(n, ".go") {
            continue
        }
```

```
    absPath := filepath.Join(buildPkg.Dir, n)
    data, err := ioutil.ReadFile(absPath)
    if err != nil {
        return fmt.Errorf("while loading %q: %v", absPath, err)
    }
    err = b.addFile(pkgPath, absPath, data, userRequested)
    if err != nil {
        return fmt.Errorf("while parsing %q: %v", absPath, err)
    }
}
return nil
```

2.7.3 代码解析

Go 语言的优势在于它是一个静态类型语言，语法很简单，与动态类型语言相比更简单一些。幸运的是，Go 语言标准库支持代码解析功能，而 Kubernetes 在该基础上进行了功能封装。代码解析流程可分为 3 步，gengo 代码解析流程如图 2-6 所示。

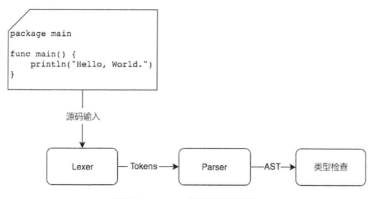

图 2-6　gengo 代码解析流程

代码解析流程：第 1 步，通过标准库 go/tokens 提供的 Lexer 词法分析器对代码文本进行词法分析，最终得到 Tokens；第 2 步，通过标准库 go/parser 和 go/ast 将 Tokens 构建为抽象语法树（AST）；第 3 步，通过标准库 go/types 下的 Check 方法进行抽象语法树类型检查，完成代码解析过程。

1. Lexer 词法分析器

Go 语言标准库提供了 go/tokens 词法分析器（Lexical Analyzer，简称 Lexer，也被称为扫描器）。词法分析是将字符序列转换为 Tokens（或称 Token 序列、单词序列）

的过程。其工作原理是对输入的代码文本进行词法分析，将一个个字符以从左到右的顺序读入，根据构词规则识别单词，最终得到 Token（单词）。Token 是语言中的最小单位，它可以是变量、函数、运算符或数字。

例如 "x * i + 1" 文本表达式，通过 Lexer 词法分析器处理后得到 Token 序列。Lexer 词法分析器示例如图 2-7 所示。

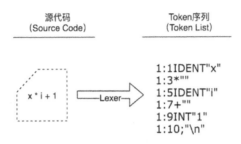

图 2-7　Lexer 词法分析器示例

2. Parse 解析器

通过 Lexer 词法分析器得到 Token 序列以后，它将被传递给 Parser 解析器。解析器是编译器的一个阶段，它将 Token 序列转换为抽象语法树（AST，Abstract Syntax Tree）。抽象语法树也被称为语法树（Syntax Tree），是编程语言源码的抽象语法结构的树状表现形式，树上的每个节点都表示源码中的一种结构。

抽象语法树是源码的结构化表示。在抽象语法树中，我们能够看到程序结构，例如函数和常量声明。可通过 Go 语言标准库 go/ast 打印出完整的抽象语法树结构。Parse 解析器示例如图 2-8 所示。

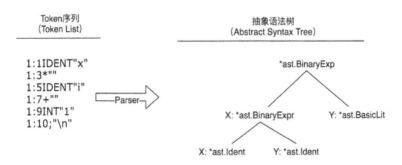

图 2-8　Parse 解析器示例

3. Type-Checking 类型检查

通过 Parser 解析器得到抽象语法树之后，需要对抽象语法树中定义和使用的类型进行检查。对每一个抽象语法树节点进行遍历，在每个节点上对当前子树的类型进行验证，进而保证不会出现类型错误。通过 Go 语言标准库 go/types 下的 Check 方法进行抽象语法树检查。

另外，抽象语法树一般有多种遍历方式，比如深度优先搜索（DFS）遍历和广度优先搜索（BFS）遍历等。

4. 代码解析过程实现

通过上面的内容，可以知道实现代码解析需要通过 Lexer 词法分析器、Parser 解析器和 Type-Checking 类型检查。理解上面的内容后，下面来看看 gengo 的代码解析实现，代码示例如下：

代码路径：vendor/k8s.io/gengo/parser/parse.go

```go
func New() *Builder {
    c := build.Default
    ...
    return &Builder{
        context:              &c,
        fset:                 token.NewFileSet(),
        ...
    }
}

func (b *Builder) addFile(pkgPath importPathString, path string, src
[]byte, userRequested bool) error {
    ...
    klog.V(6).Infof("addFile %s %s", pkgPath, path)
    p, err := parser.ParseFile(b.fset, path, src,
parser.DeclarationErrors|parser.ParseComments)
    if err != nil {
        return err
    }
    ...
}
```

首先，通过 token.NewFileSet 实例化得到 token.FileSet 对象，该对象用于记录文件中的偏移量、类型、原始字面量及词法分析的数据结构和方法等，如图 2-7 所示的 Lexer 词法分析器示例中，可以看到 Token 序列数据。得到 Tokens 后，在 addFile 函数中，使用 parser.ParseFile 解析器对 Tokens 数据进行处理，Parser 解析器将传入两种标识，其中 parser.DeclarationErrors 表示报告声明错误，parser.ParseComments 表示解析代码中的注释并将它们添加到抽象语法树中。最终得到抽象语法树结构。

得到抽象语法树结构后，就可以对其进行类型检查了，通过 Go 语言标准库 go/types 下的 Check 方法进行检查，会对检查过程进行一些优化，使程序执行得更快，代码示例如下：

```go
func (b *Builder) typeCheckPackage(pkgPath importPathString)
(*tc.Package, error) {
    ...
    c := tc.Config{
        IgnoreFuncBodies: true,
        Importer: importAdapter{b},
        Error: func(err error) {
            klog.V(2).Infof("type checker: %v\n", err)
        },
    }
    pkg, err := c.Check(string(pkgPath), b.fset, files, nil)
    b.typeCheckedPackages[pkgPath] = pkg
    return pkg, err
}
```

2.7.4 类型系统

gengo 的类型系统（Type System）在 Go 语言本身的类型系统之上归类并添加了几种类型。gengo 的类型系统在 Go 语言标准库 go/types 的基础上进行了封装。

> 提示：go/types 是 Go 语言程序的类型检查器，由 Robert Griesemer 设计。在 Go 语言 1.5 版本中，它成为 Go 语言标准库的一部分。它也是 Go 语言标准库中最复杂的包之一，完全掌握并使用它需要深入了解 Go 语言程序的结构。

gengo 类型系统提供如下类型：

代码路径：vendor/k8s.io/gengo/types/types.go

```go
const (
    Builtin Kind = "Builtin"
    Struct  Kind = "Struct"
    Map     Kind = "Map"
    Slice   Kind = "Slice"
```

```
        Pointer    Kind = "Pointer"

        Alias      Kind = "Alias"

        Interface  Kind = "Interface"

        Array Kind = "Array"
        Chan  Kind = "Chan"
        Func  Kind = "Func"

        DeclarationOf Kind = "DeclarationOf"
        Unknown       Kind = ""
        Unsupported   Kind = "Unsupported"

        Protobuf Kind = "Protobuf"
)
type Signature struct {
        Receiver    *Type
        Parameters  []*Type
        Results     []*Type

        Variadic bool

        CommentLines []string
}
```

所有的类型都通过 vendor/k8s.io/gengo/parser/parse.go 的 walkType 方法进行识别。gengo 类型系统中的 Struct、Map、Pointer、Interface 等，与 Go 语言提供的类型并无差别。下面介绍一下 gengo 与 Go 语言不同的类型，例如 Builtin、Alias、DeclarationOf、Unknown、Unsupported 及 Protobuf。另外，Signature 并非是一个类型，它依赖于 Func 函数类型，用来描述 Func 函数的接收参数信息和返回值信息等。

1. Builtin（内置类型）

Builtin 将多种 Base 类型归类成一种类型，以下几种类型在 gengo 中统称为 Builtin 类型。

- 内置字符串类型——string。
- 内置布尔类型——bool。
- 内置数字类型——int、float、complex64 等。

2. Alias（别名类型）

Alias 类型是 Go 1.9 版本中支持的特性，代码示例如下：

```
type T1 struct{}
type T2 = T1
```

代码第 2 行，通过等于（=）符号，基于一个类型创建了一个别名。这里的 T2 相当于 T1 的别名。但在 Go 语言标准库的 reflect（反射）包识别 T2 的原始类型时，会将它识别为 Struct 类型，而无法将它识别为 Alias 类型。原因在于，Alias 类型在运行时是不可见的，详情请参考 Go 语言官方提议（参见链接[2]）。

如何让 Alias 类型在运行时可被识别呢？答案是因为 gengo 依赖于 go/types 的 Named 类型，所以要让 Alias 类型在运行时可被识别，在声明时将 TypeName 对象绑定到 Named 类型即可。

3. DeclarationOf（声明类型）

DeclarationOf 并不是严格意义上的类型，它是声明过的函数、全局变量或常量，但并未被引用过，代码示例如下：

代码路径：pkg/apis/abac/v1beta1/register.go

```
AddToScheme = localSchemeBuilder.AddToScheme
```

例如，在 register.go 中，AddToScheme 变量在声明后未被其他对象引用过，则可以认为它是 DeclarationOf 类型的。

4. Unknown（未知类型）

当对象匹配不到以上所有类型的时候，它就是 Unknown 类型的。

5. Unsupported（未支持类型）

当对象属于 Unknown 类型时，则会设置该对象为 Unsupported 类型，并在其使用过程中报错。

6. Protobuf（Protobuf 类型）

由 go-to-protobuf 代码生成器单独处理的类型。

2.7.5 代码生成

编译器生成的代码一般是二进制代码,而 Kubernetes 的代码生成器生成的是 Go 语言代码。下面了解一下 gengo 的 Generator 接口,接口定义如下:

代码路径:vendor/k8s.io/gengo/generator/generator.go

```go
type Generator interface {
    Name() string
    Filter(*Context, *types.Type) bool
    Namers(*Context) namer.NameSystems
    Init(*Context, io.Writer) error
    Finalize(*Context, io.Writer) error
    PackageVars(*Context) []string
    PackageConsts(*Context) []string
    GenerateType(*Context, *types.Type, io.Writer) error
    Imports(*Context) []string
    Filename() string
    FileType() string
}
```

Generator 接口字段说明如下。

- **Name**:代码生成器的名称,返回值为生成的目标代码文件名的前缀,例如 deepcopy-gen 代码生成器的目标代码文件名的前缀为 zz_generated.deepcopy。
- **Filter**:类型过滤器,过滤掉不符合当前代码生成器所需的类型。
- **Namers**:命名管理器,支持创建不同类型的名称。例如,根据类型生成名称。
- **Init**:代码生成器生成代码之前的初始化操作。
- **Finalize**:代码生成器生成代码之后的收尾操作。
- **PackageVars**:生成全局变量代码块,例如 var(…)。
- **PackageConsts**:生成常量代码块,例如 consts(…)。
- **GenerateType**:生成代码块。根据传入的类型生成代码。
- **Imports**:获得需要生成的 import 代码块。通过该方法生成 Go 语言的 import 代码块,例如 import(…)。
- **Filename**:生成的目标代码文件的全名,例如 deepcopy-gen 代码生成器的目标代码文件名为 zz_generated.deepcopy.go。
- **FileType**:生成代码文件的类型,一般为 golang,也有 protoidl、api-violation

等代码文件类型。

Kubernetes 目前提供的每个代码生成器都可以实现以上方法。如果代码生成器没有实现某些方法，则继承默认代码生成器（DefaultGen）的方法，DefaultGen 定义于 vendor/k8s.io/gengo/generator/default_generator.go 中。

下面以 deepcopy-gen 代码生成器为例，详细讲解其代码生成原理，执行命令如下：

```
$ hack/make-rules/build.sh ./vendor/k8s.io/code-generator/cmd/deepcopy-gen

$ ./_output/bin/deepcopy-gen                              \
--v 1                                                     \
--logtostderr                                             \
-i "k8s.io/kubernetes/pkg/apis/abac/v1beta1"              \
--bounding-dirs k8s.io/kubernetes,"k8s.io/api"            \
-O zz_generated.deepcopy                                  \
```

首先通过 build.sh 脚本，手动构建 deepcopy-gen 代码生成器二进制文件，然后将需要生成的包 k8s.io/kubernetes/pkg/apis/abac/v1beta1 作为 deepcopy-gen 的输入源，并在内部进行一系列解析，最终通过 -O 参数生成名为 zz_generated.deepcopy.go 的代码文件。代码生成流程如图 2-9 所示。

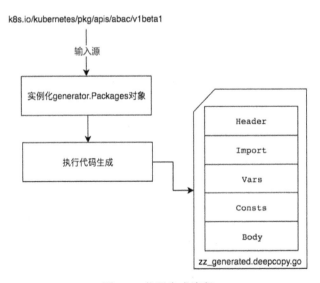

图 2-9　代码生成流程

下面对代码生成流程进行详解。

1. 实例化 generator.Packages 对象

deepcopy-gen 代码生成器根据输入的包的目录路径（即输入源），实例化 generator.Packages 对象，根据 generator.Packages 结构生成代码，代码示例如下：

代码路径：**vendor/k8s.io/gengo/examples/deepcopy-gen/generators/deepcopy.go**

```go
packages = append(packages,
    &generator.DefaultPackage{
        PackageName: strings.Split(filepath.Base(pkg.Path), ".")[0],
        PackagePath: path,
        HeaderText: header,
        GeneratorFunc: func(c *generator.Context) (generators
[]generator.Generator) {
            return []generator.Generator{
                NewGenDeepCopy(arguments.OutputFileBaseName, pkg.Path,
boundingDirs, (ptagValue == tagValuePackage), ptagRegister),
            }
        },
        FilterFunc: func(c *generator.Context, t *types.Type) bool {
            return t.Name.Package == pkg.Path
        },
    })
```

在 deepcopy-gen 代码生成器的 Packages 函数中，实例化 generator.Packages 对象并返回该对象。根据输入源信息，实例化当前 Packages 对象的结构：PackageName 字段为 v1beta1，PackagePath 字段为 k8s.io/kubernetes/pkg/apis/abac/v1beta1。其中，最主要的是 GeneratorFunc 定义了 Generator 接口的实现（即 NewGenDeepCopy 实现了 Generator 接口方法）。

2. 执行代码生成

在 gengo 中，generator 定义代码生成器通用接口 Generator。通过 ExecutePackage 函数，调用不同代码生成器（如 deepcopy-gen）的 Generator 接口方法，并生成代码。代码示例如下：

代码路径：**vendor/k8s.io/gengo/generator/execute.go**

```go
func (c *Context) ExecutePackage(outDir string, p Package) error {
    for _, g := range p.Generators(packageContext) {
        genContext := packageContext.filteredBy(g.Filter)
        ...
        f := files[g.Filename()]
        if f == nil {
```

```go
    f = &File{
      Name:        g.Filename(),
      FileType:    fileType,
      PackageName: p.Name(),
      Header:      p.Header(g.Filename()),
      Imports:     map[string]struct{}{},
    }
    files[f.Name] = f
  } else {
    ...
  }

  if vars := g.PackageVars(genContext); len(vars) > 0 {
    ...
  }
  if consts := g.PackageConsts(genContext); len(consts) > 0 {
    ...
  }
  if err := genContext.executeBody(&f.Body, g); err != nil {
    return err
  }
  if imports := g.Imports(genContext); len(imports) > 0 {
    ...
  }
}
...
  err = assembler.AssembleFile(f, finalPath)
...
  return nil
}
```

ExecutePackage 代码生成执行流程：生成 Header 代码块→生成 Imports 代码块→生成 Vars 全局变量代码块→生成 Consts 常量代码块→生成 Body 代码块。最后，调用 assembler.AssembleFile 函数，将生成的代码块信息写入 zz_generated.deepcopy.go 文件，生成 pkg/apis/abac/v1beta1/zz_generated.deepcopy.go 代码结构，代码结构如图 2-10 所示。

图 2-10　代码结构

deepcopy-gen 代码生成器最终生成了代码文件 zz_generated.deepcopy.go，该文件的整体结构可分为如下部分。

（1）Header 代码块信息，包括 build tag 和 license boilerplate 文件（存放开源软件作者及开源协议等信息），其中 license boilerplate 文件可以从 hack/boilerplate/boilerplate.go.txt 中获取。

（2）Imports 代码块信息，引入外部包。

（3）Vars 全局变量代码块信息，当前代码文件未使用 Vars。

（4）Consts 常量代码块信息，当前代码文件未使用 Consts。

（5）Body 代码块信息，生成 DeepCopy 深复制函数。

在生成代码的过程中，Filter 函数和 GenerateType 函数非常重要。首先介绍一下 Filter 函数，deepcopy-gen 代码生成器根据 Filter 类型过滤器筛选需要生成哪些结构，deepcopy-gen 的 Filter 类型过滤器实现如下：

代码路径：vendor/k8s.io/gengo/examples/deepcopy-gen/generators/deepcopy.go

```
func copyableType(t *types.Type) bool {
    ...
```

```go
    if t.Kind != types.Struct {
        return false
    }
    return true
}
```

可以看到 Filter→copyableType 的实现，deepcopy-gen 代码生成器只筛选出了类型为 Struct 结构的数据（即只为 Struct 结构的数据生成 DeepCopy 函数）。

然后介绍 GenerateType 函数，其根据传入的类型生成 Body 代码块信息。内部通过 Go 语言标准库 text/template 模板语言渲染出生成的 Body 代码块信息。代码示例如下：

```go
func (g *genDeepCopy) GenerateType(c *generator.Context, t *types.Type, w io.Writer) error {
    ...
    sw := generator.NewSnippetWriter(w, c, "$", "$")
    args := argsFromType(t)
    ...
    if deepCopyMethodOrDie(t) == nil {
        sw.Do("// DeepCopy is an autogenerated deepcopy function, copying the receiver, creating a new $.type|raw$.\n", args)
        if isReference(t) {
            sw.Do("func (in $.type|raw$) DeepCopy() $.type|raw$ {\n", args)
        } else {
            sw.Do("func (in *$.type|raw$) DeepCopy() *$.type|raw$ {\n", args)
        }
        sw.Do("if in == nil { return nil }\n", nil)
        ...
    }
    return sw.Error()
}
```

generator.NewSnippetWriter 内部封装了 text/template 模板语言，通过将模板应用于数据结构来执行模板。SnippetWriter 对象在实例化时传入模板指令的标识符（即指令开始为$，指令结束为$，有时候也会使用{{ }}作为模板指令的标识符）。例如：

```go
sw.Do("func (in $.type|raw$) DeepCopy() $.type|raw$ {\n", args)
```

SnippetWriter 通过 Do 函数加载模板字符串，并执行渲染模板。模板指令中的点（"."）表示引用 args 参数传递到模板指令中。模板指令中的（"|"）表示管道符，即把左边的值传递给右边。

第 3 章
Kubernetes 核心数据结构

理解 Kubernetes 核心数据结构，在阅读源码时可以事半功倍并能够深刻理解 Kubernetes 核心设计。Kubernetes 核心数据结构非常关键，建议读者在阅读 Kubernetes 核心组件的相关内容之前优先阅读本章。

Kubernetes 是一个完全以资源为中心的系统，所以本章围绕资源展开，详解 Kubernetes 核心数据结构。

3.1 Group、Version、Resource 核心数据结构

在整个 Kubernetes 体系架构中，资源是 Kubernetes 最重要的概念，可以说 Kubernetes 的生态系统都围绕着资源运作。Kubernetes 系统虽然有相当复杂和众多的功能，但它本质上是一个资源控制系统——注册、管理、调度资源并维护资源的状态。

在 Kubernetes 庞大而复杂的系统中，只有资源是远远不够的，Kubernetes 将资源再次分组和版本化，形成 Group（资源组）、Version（资源版本）、Resource（资源）。Group、Version、Resource 核心数据结构如图 3-1 所示。

- **Group**：被称为资源组，在 Kubernetes API Server 中也可称其为 APIGroup。
- **Version**：被称为资源版本，在 Kubernetes API Server 中也可称其为 APIVersions。
- **Resource**：被称为资源，在 Kubernetes API Server 中也可称其为 APIResource。
- **Kind**：资源种类，描述 Resource 的种类，与 Resource 为同一级别。

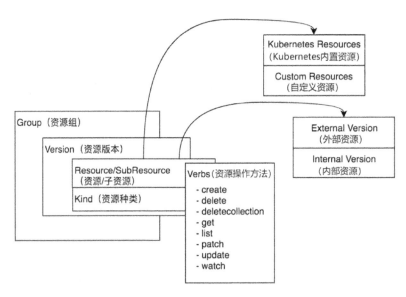

图 3-1 Group、Version、Resource 核心数据结构

Kubernetes 系统支持多个 Group，每个 Group 支持多个 Version，每个 Version 支持多个 Resource，其中部分资源同时会拥有自己的子资源（即 SubResource）。例如，Deployment 资源拥有 Status 子资源。

资源组、资源版本、资源、子资源的完整表现形式为<group>/<version>/<resource>/<subresource>。以常用的 Deployment 资源为例，其完整表现形式为 apps/v1/deployments/ status。

另外，资源对象（Resource Object）在本书中也是一个常用概念，由"资源组+资源版本+资源种类"组成，并在实例化后表达一个资源对象，例如 Deployment 资源实例化后拥有资源组、资源版本及资源种类，其表现形式为<group>/<version>,Kind=<kind>，例如 apps/v1, Kind=Deployment。

每一个资源都拥有一定数量的资源操作方法（即 Verbs），资源操作方法用于 Etcd 集群存储中对资源对象的增、删、改、查操作。目前 Kubernetes 系统支持 8 种资源操作方法，分别是 create、delete、deletecollection、get、list、patch、update、watch 操作方法。

每一个资源都至少有两个版本，分别是外部版本（External Version）和内部版本（Internal Version）。外部版本用于对外暴露给用户请求的接口所使用的资源对象。内部版本不对外暴露，仅在 Kubernetes API Server 内部使用。

> **注意**：资源版本与资源外部版本/内部版本属于不同的概念，请参考 3.5.1 节"资源外部版本与内部版本"。

Kubernetes 资源也可分为两种，分别是 Kubernetes Resource（Kubernetes 内置资源）和 Custom Resource（自定义资源）。开发者通过 CRD（即 Custom Resource Definitions）可实现自定义资源，它允许用户将自己定义的资源添加到 Kubernetes 系统中，并像使用 Kubernetes 内置资源一样使用它们。

更多关于 Kubernetes 资源组、资源版本、资源（资源种类）的内容，请参考 3.6 节"Kubernetes 内置资源全图"。

3.2 ResourceList

Kubernetes Group、Version、Resource 等核心数据结构存放在 vendor/k8s.io/apimachinery/pkg/apis/meta/v1 目录中。它包含了 Kubernetes 集群中所有组件使用的通用核心数据结构，例如 APIGroup、APIVersions、APIResource 等。其中，我们可以通过 APIResourceList 数据结构描述所有 Group、Version、Resource 的结构，以最常用的 Pod、Service、Deployment 资源为例，APIResourceList Example 代码示例如下：

```go
resourceList := []*metav1.APIResourceList{
    {
        GroupVersion: "v1",
        APIResources: []metav1.APIResource{
            {
                Name:       "pods",
                Namespaced: true,
                Kind:       "Pod",
                Verbs:      []string{"get", "list", "delete", "deletecollection", "create", "update", "patch", "watch"},
            },
            {
                Name:       "services",
                Namespaced: true,
                Kind:       "Service",
                Verbs:      []string{"get", "list", "delete", "deletecollection", "create", "update"},
            },
```

```
            },
        },
        {
            GroupVersion: "apps/v1",
            APIResources: []metav1.APIResource{
                {
                    Name:       "deployments",
                    Namespaced: true,
                    Kind:       "Deployment",
                    Verbs:      []string{"get", "list", "delete",
"deletecollection", "create", "update"},
                },
            },
        },
    }
```

Kubernetes 的每个资源可使用 metav1.APIResource 结构进行描述,它描述资源的基本信息,例如资源名称(即 Name 字段)、资源所属的命名空间(即 Namespaced 字段)、资源种类(即 Kind 字段)、资源可操作的方法列表(即 Verbs 字段)。

每一个资源都属于一个或多个资源版本,资源所属的版本通过 metav1.APIVersions 结构描述,一个或多个资源版本通过 Versions []string 字符串数组进行存储。

在 APIResourceList Example 代码示例中,通过 GroupVersion 字段来描述资源组和资源版本,它是一个字符串,当资源同时存在资源组和资源版本时,它被设置为 <group>/<version>;当资源不存在资源组(Core Group)时,它被设置为/<version>。可以看到 Pod、Service 资源属于 v1 版本,而 Deployment 资源属于 apps 资源组下的 v1 版本。

另外,可以通过 Group、Version、Resource 结构来明确标识一个资源的资源组名称、资源版本及资源名称。Group、Version、Resource 简称 GVR,在 Kubernetes 源码中该数据结构被大量使用,它被定义在 vendor/k8s.io/apimachinery/pkg/runtime/schema 中。代码示例如下:

代码路径:vendor/k8s.io/apimachinery/pkg/runtime/schema/group_version.go

```
type GroupVersionResource struct {
    Group    string
    Version  string
    Resource string
}
```

以 Deployment 资源为例,资源信息描述如下:

```
schema.GroupVersionResource{
    Group: "apps",
    Version: "v1",
    Resource: "deployments"}
```

在 vendor/k8s.io/apimachinery/pkg/runtime/schema 包中定义了常用的资源数据结构,如表 3-1 所示。

表 3-1 常用的资源数据结构说明

结构名称	简称	说明
GroupVersionResource	GVR	描述资源组、资源版本、资源
GroupVersion	GV	描述资源组、资源版本
GroupResource	GR	描述资源组、资源
GroupVersionKind	GVK	描述资源组、资源版本、资源种类
GroupVersion	GV	描述资源组、资源版本
GroupKind	GK	描述资源组、资源种类
GroupVersions	GVS	描述资源组内多个资源版本

Group、Version、Resource 核心数据结构详情如图 3-2 所示。

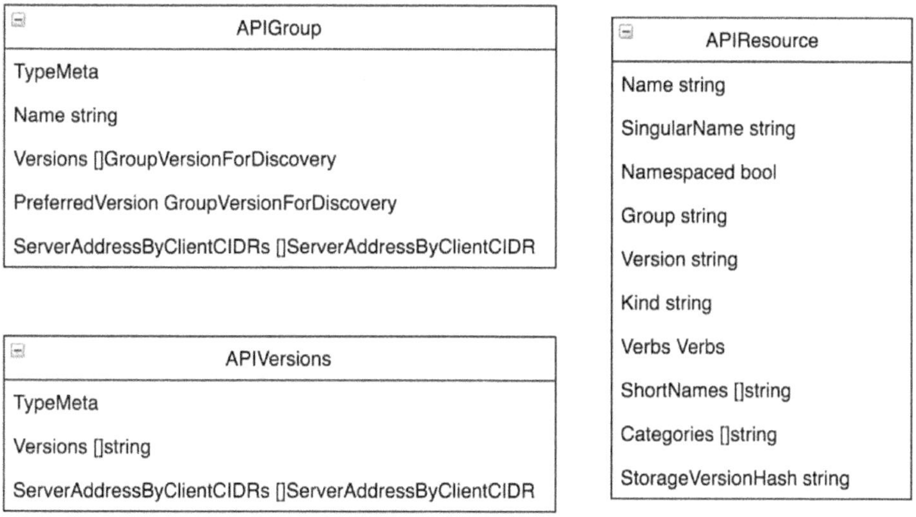

```
APIGroup
TypeMeta
Name string
Versions []GroupVersionForDiscovery
PreferredVersion GroupVersionForDiscovery
ServerAddressByClientCIDRs []ServerAddressByClientCIDR
```

```
APIVersions
TypeMeta
Versions []string
ServerAddressByClientCIDRs []ServerAddressByClientCIDR
```

```
APIResource
Name string
SingularName string
Namespaced bool
Group string
Version string
Kind string
Verbs Verbs
ShortNames []string
Categories []string
StorageVersionHash string
```

图 3-2 Group、Version、Resource 核心数据结构详情

3.3 Group

Group（资源组），在 Kubernetes API Server 中也可称其为 APIGroup。Kubernetes 系统中定义了许多资源组，这些资源组按照不同功能将资源进行了划分，资源组特点如下。

- 将众多资源按照功能划分成不同的资源组，并允许单独启用/禁用资源组。当然也可以单独启用/禁用资源组中的资源。
- 支持不同资源组中拥有不同的资源版本。这方便组内的资源根据版本进行迭代升级。
- 支持同名的资源种类（即 Kind）存在于不同的资源组内。
- 资源组与资源版本通过 Kubernetes API Server 对外暴露，允许开发者通过 HTTP 协议进行交互并通过动态客户端（即 DynamicClient）进行资源发现。
- 支持 CRD 自定义资源扩展。
- 用户交互简单,例如在使用 kubectl 命令行工具时,可以不填写资源组名称。

资源组数据结构代码示例如下（示例中省略了不重要的内容）：

代码路径：vendor/k8s.io/apimachinery/pkg/apis/meta/v1/types.go

```go
type APIGroup struct {
    Name string
    Versions []GroupVersionForDiscovery
    PreferredVersion GroupVersionForDiscovery
    ...
}
```

资源组数据结构字段说明如下。

- **Name**：资源组名称。
- **Versions**：资源组下所支持的资源版本。
- **PreferredVersion**：首选版本。当一个资源组内存在多个资源版本时，Kubernetes API Server 在使用资源时会选择一个首选版本作为当前版本。

在当前的 Kubernetes 系统中，支持两类资源组，分别是拥有组名的资源组和没有组名的资源组。

- **拥有组名的资源组**：其表现形式为\<group>/\<version>/\<resource>，例如 apps/v1/deployments。

- **没有组名的资源组**：被称为 Core Groups（即核心资源组）或 Legacy Groups，也可被称为 GroupLess（即无组）。其表现形式为/<version>/<resource>，例如/v1/pods。

> 提示：没有组名的资源组，表示资源组名称为空。在后面会经常出现类似于/v1 的表达，用来表示核心资源组下的 v1 资源版本。

两类资源组表现形式不同，形成的 HTTP PATH 路径也不同。拥有组名的资源组的 HTTP PATH 以/apis 为前缀，其表现形式为/apis/<group>/<version>/<resource>，例如 http://localhost:8080/apis/apps/v1/deployments。没有组名的资源组的 HTTP PATH 以/api 为前缀，其表现形式为/api/<version>/<resource>，例如 http://localhost:8080/api/v1/pods。

3.4 Version

Kubernetes 的资源版本控制类似于语义版本控制（Semantic Versioning），在该基础上的资源版本定义允许版本号以 v 开头，例如 v1beta1。每当发布新的资源时，都需要对其设置版本号，这是为了在兼容旧版本的同时不断升级新版本，这有助于帮助用户了解应用程序处于什么阶段，以及实现当前程序的迭代。语义版本控制应用得非常广泛，目前也是开源界常用的一种版本控制规范。

Kubernetes 的资源版本控制可分为 3 种，分别是 Alpha、Beta、Stable，它们之间的迭代顺序为 Alpha→Beta→Stable，其通常用来表示软件测试过程中的 3 个阶段。Alpha 是第 1 个阶段，一般用于内部测试；Beta 是第 2 个阶段，该版本已经修复了大部分不完善之处，但仍有可能存在缺陷和漏洞，一般由特定的用户群来进行测试；Stable 是第 3 个阶段，此时基本形成了产品并达到了一定的成熟度，可稳定运行。Kubernetes 资源版本控制详情如下。

1. Alpha 版本

Alpha 版本为内部测试版本，用于 Kubernetes 开发者内部测试，该版本是不稳定的，可能存在很多缺陷和漏洞，官方随时可能会放弃支持该版本。在默认的情况下，处于 Alpha 版本的功能会被禁用。Alpha 版本名称一般为 v1alpha1、v1alpha2、v2alpha1 等。

2. Beta 版本

Beta 版本为相对稳定的版本，Beta 版本经过官方和社区很多次测试，当功能迭代时，该版本会有较小的改变，但不会被删除。在默认的情况下，处于 Beta 版本的功能是开启状态的。Beta 版本命名一般为 v1beta1、v1beta2、v2beta1。

3. Stable 版本

Stable 版本为正式发布的版本，Stable 版本基本形成了产品，该版本不会被删除。在默认的情况下，处于 Stable 版本的功能全部处于开启状态。Stable 版本命名一般为 v1、v2、v3。

下面以 apps 资源组为例，该资源组下的所有资源分别属于 v1、v1beta1、v1beta2 资源版本，如图 3-3 所示。

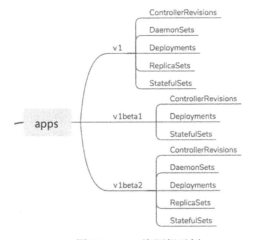

图 3-3　apps 资源组示例

资源版本数据结构代码示例如下（示例中省略了不重要的内容）：

代码路径：vendor/k8s.io/apimachinery/pkg/apis/meta/v1/types.go

```go
type APIVersions struct {
    Versions []string
    ...
}
```

资源版本数据结构字段说明如下。

- **Versions**：所支持的资源版本列表。

3.5 Resource

在整个 Kubernetes 体系架构中，资源是 Kubernetes 最重要的概念，可以说 Kubernetes 的生态系统都围绕着资源运作。Kubernetes 系统虽然有相当复杂和众多的功能，但它本质上是一个资源控制系统——管理、调度资源并维护资源的状态。

一个资源被实例化后会表达为一个资源对象（即 Resource Object）。在 Kubernetes 系统中定义并运行着各式各样的资源对象，Kubernetes 资源对象如图 3-4 所示。所有资源对象都是 Entity。Entity 翻译成中文为"实体"，Kubernetes 使用这些 Entity 来表示当前状态。可以通过 Kubernetes API Server 进行查询和更新每一个资源对象。Kubernetes 目前支持两种 Entity，分别介绍如下。

- **持久性实体（Persistent Entity）**：在资源对象被创建后，Kubernetes 会持久确保该资源对象存在。大部分资源对象属于持久性实体，例如 Deployment 资源对象。
- **短暂性实体（Ephemeral Entity）**：也可称其为非持久性实体（Non-Persistent Entity）。在资源对象被创建后，如果出现故障或调度失败，不会重新创建该资源对象，例如 Pod 资源对象。

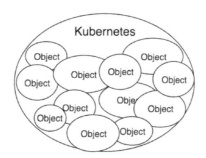

图 3-4 Kubernetes 资源对象

资源数据结构代码示例如下（示例中省略了不重要的内容）：

代码路径：vendor/k8s.io/apimachinery/pkg/apis/meta/v1/types.go

```
type APIResource struct {
    Name string
    SingularName string
    Namespaced bool
    Group string
```

```
    Version string
    Kind string
    Verbs Verbs
    ShortNames []string
    ...
}
```

资源数据结构字段说明如下。

- **Name**：资源名称。
- **SingularName**：资源的单数名称，它必须由小写字母组成，默认使用资源种类（Kind）的小写形式进行命名。例如，Pod 资源的单数名称为 pod，复数名称为 pods。
- **Namespaced**：资源是否拥有所属命名空间。
- **Group**：资源所在的资源组名称。
- **Version**：资源所在的资源版本。
- **Kind**：资源种类。
- **Verbs**：资源可操作的方法列表，例如 get、list、delete、create、update 等。
- **ShortNames**：资源的简称，例如 Pod 资源的简称为 po。

3.5.1 资源外部版本与内部版本

Kubernetes 资源代码定义在 pkg/apis 目录下，在详解资源代码定义之前，先来了解一下资源的外部版本（External Version）与内部版本（Internal Version）。在 Kubernetes 系统中，同一资源对应着两个版本，分别是外部版本和内部版本。例如，Deployment 资源，它所属的外部版本表现形式为 apps/v1，内部版本表现形式为 apps/__internal。

- **External Object**：外部版本资源对象，也称为 Versioned Object（即拥有资源版本的资源对象）。外部版本用于对外暴露给用户请求的接口所使用的资源对象，例如，用户在通过 YAML 或 JSON 格式的描述文件创建资源对象时，所使用的是外部版本的资源对象。外部版本的资源对象通过资源版本（Alpha、Beta、Stable）进行标识。
- **Internal Object**：内部版本资源对象。内部版本不对外暴露，仅在 Kubernetes API Server 内部使用。内部版本用于多资源版本的转换，例如将 v1beta1 版本转换为 v1 版本，其过程为 v1beta1→internal→v1，即先将 v1beta1 转换为内部版本（internal），再由内部版本（internal）转换为 v1 版本。内部版本资源对象通过 runtime.APIVersionInternal（即 __internal）进行标识。

> **注意**：资源版本（如 v1beta1、v1 等）与外部版本/内部版本概念不同。拥有资源版本的资源属于外部版本，拥有 runtime.APIVersionInternal 标识的资源属于内部版本。

资源的外部版本代码定义在 pkg/apis/<group>/<version>/ 目录下，资源的内部版本代码定义在 pkg/apis/<group>/ 目录下。例如，Deployment 资源，它的外部版本定义在 pkg/apis/apps/{v1,v1beta1,v1beta2}/ 目录下，它的内部版本定义在 pkg/apis/apps/ 目录下（内部版本一般与资源组在同一级目录下）。资源的外部版本与内部版本如图 3-5 所示。

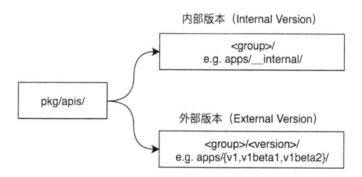

图 3-5　资源的外部版本与内部版本

资源的外部版本和内部版本是需要相互转换的，而用于转换的函数需要事先初始化到资源注册表（Scheme）中。多个外部版本（External Version）之间的资源进行相互转换，都需要通过内部版本（Internal Version）进行中转。这也是 Kubernetes 能实现多资源版本转换的关键。

> **提示**：在 Kubernetes 源码中，外部版本的资源类型定义在 vendor/k8s.io/api 目录下，其完整描述路径为 vendor/k8s.io/api/<group>/<version>/<resource file>。例如，Pod 资源的外部版本，定义在 vendor/k8s.io/api/core/v1/ 目录下。
> 　　不同资源版本包在源码中的引用路径不同，代码示例如下：

```
    corev1 "k8s.io/api/core/v1"                          ——外部资源版本(资源类型)
    core "k8s.io/kubernetes/pkg/apis/core"      ——内部资源版本
    k8s_api_v1 "k8s.io/kubernetes/pkg/apis/core/v1"  ——外部资源版本
(与资源相关的函数,例如资源转换函数)
```

资源的外部版本与内部版本的代码定义也不太一样,外部版本的资源需要对外暴露给用户请求的接口,所以资源代码定义了 JSON Tags 和 Proto Tags,用于请求的序列化和反序列化操作。内部版本的资源不对外暴露,所以没有任何的 JSON Tags 和 Proto Tags 定义。以 Pod 资源代码定义为例,代码示例如下。

Pod 资源的外部版本代码定义如下:

代码路径:**vendor/k8s.io/api/core/v1/types.go**

```
type Pod struct {
    metav1.TypeMeta  `json:",inline"`
    metav1.ObjectMeta `json:"metadataNodeLists,omitempty" protobuf:"bytes,1,opt,name=metadata"`
    Spec PodSpec `json:"spec,omitempty" protobuf:"bytes,2,opt,name=spec"`
    Status PodStatus `json:"status,omitempty" protobuf:"bytes,3,opt,name=status"`
}
```

Pod 资源的内部版本代码定义如下:

代码路径:**pkg/apis/core/types.go**

```
type Pod struct {
    metav1.TypeMeta
    metav1.ObjectMeta
    Spec PodSpec
    Status PodStatus
}
```

3.5.2 资源代码定义

Kubernetes 资源代码定义在 pkg/apis 目录下,同一资源对应着内部版本和外部版本,内部版本和外部版本的资源代码结构并不相同。

资源的内部版本定义了所支持的资源类型(types.go)、资源验证方法

（validation.go）、资源注册至资源注册表的方法（install/install.go）等。而资源的外部版本定义了资源的转换方法（conversion.go）、资源的默认值（defaults.go）等。

（1）以 Deployment 资源为例，它的内部版本定义在 pkg/apis/apps/ 目录下，其资源代码结构如下：

```
├── doc.go
├── register.go
├── types.go
├── v1
├── v1beta1
├── v1beta2
├── install
├── validation
└── zz_generated.deepcopy.go
```

内部版本的资源代码结构说明如下。

- **doc.go**：GoDoc 文件，定义了当前包的注释信息。在 Kubernetes 资源包中，它还担当了代码生成器的全局 Tags 描述文件。
- **register.go**：定义了资源组、资源版本及资源的注册信息。
- **types.go**：定义了在当前资源组、资源版本下所支持的资源类型。
- **v1、v1beta1、v1beta2**：定义了资源组下拥有的资源版本的资源（即外部版本）。
- **install**：把当前资源组下的所有资源注册到资源注册表中。
- **validation**：定义了资源的验证方法。
- **zz_generated.deepcopy.go**：定义了资源的深复制操作，该文件由代码生成器自动生成。

每一个 Kubernetes 资源目录，都通过 register.go 代码文件定义所属的资源组和资源版本，内部版本资源对象通过 runtime.APIVersionInternal（即 __internal）标识，代码示例如下：

代码路径：**pkg/apis/apps/v1/register.go**

```
const GroupName = "apps"
var SchemeGroupVersion = schema.GroupVersion{Group: GroupName,
Version: runtime.APIVersionInternal}
```

每一个 Kubernetes 资源目录，都通过 type.go 代码文件定义当前资源组/资源版本下所支持的资源类型，代码示例如下：

代码路径：pkg/apis/apps/types.go

```go
type DaemonSet struct { ... }
type Deployment struct { ... }
type StatefulSet struct { ... }
...
```

（2）以 Deployment 资源为例，它的外部版本定义在 pkg/apis/apps/{v1, v1beta1, v1beta2} 目录下，其资源代码结构如下：

```
├── conversion.go
├── defaults.go
├── doc.go
├── register.go
├── zz_generated.conversion.go
└── zz_generated.defaults.go
```

其中 doc.go 和 register.go 的功能与内部版本资源代码结构中的相似，故不再赘述。外部版本的资源代码结构说明如下。

- **conversion.go**：定义了资源的转换函数（默认转换函数），并将默认转换函数注册到资源注册表中。
- **zz_generated.conversion.go**：定义了资源的转换函数（自动生成的转换函数），并将生成的转换函数注册到资源注册表中。该文件由代码生成器自动生成。
- **defaults.go**：定义了资源的默认值函数，并将默认值函数注册到资源注册表中。
- **zz_generated.defaults.go**：定义了资源的默认值函数（自动生成的默认值函数），并将生成的默认值函数注册到资源注册表中。该文件由代码生成器自动生成。

外部版本与内部版本资源类型相同，都通过 register.go 代码文件定义所属的资源组和资源版本，外部版本资源对象通过资源版本（Alpha、Beta、Stable）标识，代码示例如下：

代码路径：pkg/apis/apps/v1/register.go

```go
const GroupName = "apps"
var SchemeGroupVersion = schema.GroupVersion{Group: GroupName, Version: "v1"}
```

3.5.3 将资源注册到资源注册表中

在每一个 Kubernetes 资源组目录中，都拥有一个 install/install.go 代码文件，它负责将资源信息注册到资源注册表（Scheme）中。以 core 核心资源组为例，代码示例如下：

代码路径：pkg/apis/core/install/install.go

```
func init() {
    Install(legacyscheme.Scheme)
}

func Install(scheme *runtime.Scheme) {
    utilruntime.Must(core.AddToScheme(scheme))
    utilruntime.Must(v1.AddToScheme(scheme))
    utilruntime.Must(scheme.SetVersionPriority
(v1.SchemeGroupVersion))
}
```

legacyscheme.Scheme 是 kube-apiserver 组件的全局资源注册表，Kubernetes 的所有资源信息都交给资源注册表统一管理。core.AddToScheme 函数注册 core 资源组内部版本的资源。v1.AddToScheme 函数注册 core 资源组外部版本的资源。scheme.SetVersionPriority 函数注册资源组的版本顺序，如有多个资源版本，排在最前面的为资源首选版本。

3.5.4 资源首选版本

首选版本（Preferred Version），也称优选版本（Priority Version），一个资源组下拥有多个资源版本，例如，apps 资源组拥有 v1、v1beta1、v1beta2 等资源版本。当我们使用 apps 资源组下的 Deployment 资源时，在一些场景下，如不指定资源版本，则使用该资源的首选版本。

以 apps 资源组为例，注册资源时会注册多个资源版本，分别是 v1、v1beta2、v1beta1，代码示例如下：

代码路径：pkg/apis/apps/install/install.go

```
scheme.SetVersionPriority(v1.SchemeGroupVersion,v1beta2.
SchemeGroupVersion, v1beta1.SchemeGroupVersion)
```

scheme.SetVersionPriority 注册版本顺序很重要，apps 资源组的注册版本顺序为

v1、v1beta2、v1beta1，那么在资源注册表的 versionPriority 结构中，资源的首选版本如图 3-6 所示。

```
versionPriority map[string][]string

versionPriority: "apps"[{"v1"},{"v1beta2"},{"v1beta1"}]
```

图 3-6　资源的首选版本

当通过资源注册表 scheme.PreferredVersionAllGroups 函数获取所有资源组下的首选版本时，将位于最前面的资源版本作为首选版本，代码示例如下：

代码路径：vendor/k8s.io/apimachinery/pkg/runtime/scheme.go

```go
func (s *Scheme) PreferredVersionAllGroups() []schema.GroupVersion {
    ret := []schema.GroupVersion{}
    for group, versions := range s.versionPriority {
        for _, version := range versions {
            ret = append(ret, schema.GroupVersion{Group: group, Version: version})
            break
        }
    }
    ...
    return ret
}
```

> **注意**：在 versionPriority 结构中并不存储资源对象的内部版本。

除了 scheme.PreferredVersionAllGroups 函数外，还有另两个函数用于获取资源版本顺序相关的操作，分别介绍如下。

- **scheme.PrioritizedVersionsForGroup**：获取指定资源组的资源版本，按照优先顺序返回。
- **scheme.PrioritizedVersionsAllGroups**：获取所有资源组的资源版本，按照优先顺序返回。

3.5.5　资源操作方法

在 Kubernetes 系统中，针对每一个资源都有一定的操作方法（即 Verbs），例如，对于 Pod 资源对象，可以通过 kubectl 命令行工具对其执行 create、delete、get 等操作。Kubernetes 系统所支持的操作方法目前有 8 种操作，分别是 create、delete、deletecollection、get、list、patch、update、watch。这些操作方法可分为四大类，分别属于增、删、改、查，对资源进行创建、删除、更新和查询。资源操作方法如图 3-7 所示。

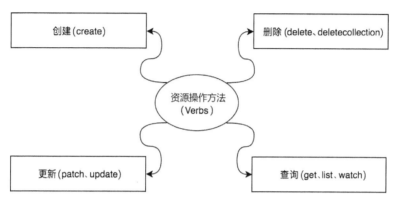

图 3-7　资源操作方法

资源操作方法可以通过 metav1.Verbs 数据结构进行描述，代码示例如下：

代码路径：vendor/k8s.io/apimachinery/pkg/apis/meta/v1/types.go

```go
type Verbs []string

func (vs Verbs) String() string {
    return fmt.Sprintf("%v", []string(vs))
}
```

不同资源拥有不同的操作方法，例如，针对 Pod 资源对象与 pod/logs 子资源对象，Pod 资源对象拥有 create、delete、deletecollection、get、list、patch、update、watch 等操作方法，pod/logs 子资源对象只拥有 get 操作方法，因为日志只需要执行查看操作。Pod 资源对象与 pod/logs 子资源对象的操作方法分别通过 metav1.Verbs 进行描述：

```go
// pod verbs
podVerbs := metav1.Verbs([]string{"create", "delete",
"deletecollection", "get", "list", "patch", "update", "watch"})

// pod/logs verbs
podLogsVerbs := metav1.Verbs([]string{"get"})
```

资源对象的操作方法与存储（Storage）相关联，增、删、改、查实际上都是针对存储的操作。如何了解一个资源对象拥有哪些可操作的方法呢？需要查看与存储相关联的源码包 registry，其定义在 vendor/k8s.io/apiserver/pkg/registry/ 目录下。每种操作方法对应一个操作方法接口（Interface），资源对象操作方法接口说明如表 3-2 所示。

表 3-2　资源对象操作方法接口说明

操作方法（Verbs）	操作方法接口（Interface）	说　　明
create	rest.Creater	资源对象创建接口
delete	rest.GracefulDeleter	资源对象删除接口（单个资源对象）
deletecollection	rest.CollectionDeleter	资源对象删除接口（多个资源对象）
update	rest.Updater	资源对象更新接口（完整资源对象的更新）
patch	rest.Patcher	资源对象更新接口（局部资源对象的更新）
get	rest.Getter	资源对象获取接口（单个资源对象）
list	rest.Lister	资源对象获取接口（多个资源对象）
watch	rest.Watcher	资源对象监控接口

以 get、create 操作方法为例，rest.Getter 接口定义了 Get 方法，rest.Creater 接口定义了 New 和 Create 方法。如果某个资源对象在存储（Storage）上实现了 Get、New 及 Create 方法，就可以认为该资源对象同时拥有了 get 和 create 操作方法。相关接口定义如下：

代码路径：vendor/k8s.io/apiserver/pkg/registry/rest/rest.go

```
type Getter interface {
    Get(ctx context.Context, name string, options *metav1.GetOptions)
(runtime.Object, error)
}

type Creater interface {
    New() runtime.Object
    Create(ctx context.Context, obj runtime.Object, createValidation
ValidateObjectFunc, options *metav1.CreateOptions) (runtime.Object,
error)
}
```

以 Pod 资源对象为例，Pod 资源对象的存储（Storage）实现了以上接口的方法，Pod 资源对象继承了 genericregistry.Store，该对象可以管理存储（Storage）的增、删、改、查操作，代码示例如下：

代码路径：pkg/registry/core/pod/storage/storage.go

```
type PodStorage struct {
    Pod        *REST
    ...
}

type REST struct {
    *genericregistry.Store
    ...
}
```

代码路径：vendor/k8s.io/apiserver/pkg/registry/generic/registry/store.go

```
func (e *Store) Create(ctx context.Context, obj runtime.Object,
createValidation rest.ValidateObjectFunc, options *metav1.CreateOptions)
(runtime.Object, error) {
    ...
}
```

以 pod/logs 子资源对象为例，该资源对象只实现了 get 操作方法，代码示例如下：

代码路径：pkg/registry/core/pod/storage/storage.go

```
type PodStorage struct {
    Log        *podrest.LogREST
    ...
}
```

代码路径：pkg/registry/core/pod/rest/log.go

```
func (r *LogREST) Get(ctx context.Context, name string, opts
runtime.Object) (runtime.Object, error) {
    ...
}
```

3.5.6　资源与命名空间

Kubernetes 系统支持命名空间（Namespace），其用来解决 Kubernetes 集群中资源对象过多导致管理复杂的问题。每个命名空间相当于一个"虚拟集群"，不同命名空间之间可以进行隔离，当然也可以通过某种方式跨命名空间通信。

在一些使用场景中，命名空间常用于划分不同的环境，例如生产环境、测试环境、开发环境等使用不同的命名空间进行划分。命名空间示意图如图 3-8 所示。

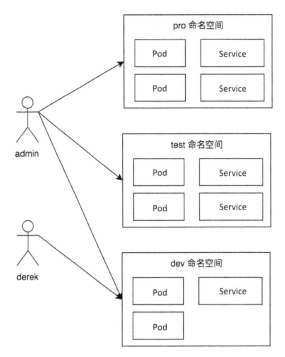

图 3-8　命名空间示意图

将 Kubernetes 系统划分为 3 个环境，分别是 pro 生产环境、test 测试环境及 dev 开发环境，它们之间相互隔离，admin 管理员用户对 3 个环境都拥有权限，而 derek 作为开发者只对 dev 开发环境拥有权限。

Kubernetes 系统中默认内置了 4 个命名空间，分别介绍如下。

- **default**：所有未指定命名空间的资源对象都会被分配给该命名空间。
- **kube-system**：所有由 Kubernetes 系统创建的资源对象都会被分配给该命名空间。
- **kube-public**：此命名空间下的资源对象可以被所有人访问（包括未认证用户）。
- **kube-node-lease**：此命名空间下存放来自节点的心跳记录（节点租约信息）。

通过运行 kubectl get namespace 命令查看 Kubernetes 系统上所有的命名空间信息。另外，在 Kubernetes 系统中，大部分资源对象都存在于某些命名空间中（例如 Pod 资源对象）。但并不是所有的资源对象都存在于某个命名空间中（例如 Node 资源对象）。决定资源对象属于哪个命名空间，可通过资源对象的 ObjectMeta.Namespace 描述，以 Pod 资源对象为例，资源与命名空间数据结构如图 3-9 所示。

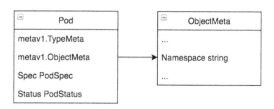

图 3-9　资源与命名空间数据结构

描述某个 Pod 资源对象属于 default 命名空间，代码示例如下：

```
&v1.Pod{
    ObjectMeta: metav1.ObjectMeta{
        UID:         "123456789",
        Name:        "bar",
        Namespace:   "default",
    },
}
```

通过如下命令可以查看哪些 Kubernetes 资源对象属于命名空间，而哪些资源对象不属于命名空间，执行命令如下：

```
# In a namespace
$ kubectl api-resources --namespaced=true

# Not in a namespace
$ kubectl api-resources --namespaced=false
```

3.5.7　自定义资源

Kubernetes 系统拥有强大的高扩展功能，其中自定义资源（Custom Resource）就是一种常见的扩展方式，即可将自己定义的资源添加到 Kubernetes 系统中。Kubernetes 系统附带了许多内置资源，但是仍有些需求需要使用自定义资源来扩展 Kubernetes 的功能。

在 Kubernetes 系统早期，是通过 ThirdPartyResource（TPR）来实现扩展自定义资源的，但自 Kubernetes 1.7 版本后，ThirdPartyResource 功能已被弃用，并且其已根据 Beta 功能的弃用政策在 Kubernetes 1.8 中被删除，取而代之的是 CustomResourceDefinitions（自定义资源定义，简称 CRD）。

开发者通过 CRD 可以实现自定义资源，它允许用户将自己定义的资源添加到 Kubernetes 系统中，并像使用 Kubernetes 内置资源一样使用这些资源，例如，在 YAML/JSON 文件中带有 Spec 的资源定义都是对 Kubernetes 中的资源对象的定义，所有的自定义资源都可以与 Kubernetes 系统中的内置资源一样使用 kubectl 或 client-go 进行操作。

3.5.8 资源对象描述文件定义

Kubernetes 资源可分为内置资源（Kubernetes Resources）和自定义资源（Custom Resources），它们都通过资源对象描述文件（Manifest File）进行定义，资源对象描述文件如图 3-10 所示。

图 3-10　资源对象描述文件

一个资源对象需要用 5 个字段来描述它，分别是 Group/Version、Kind、MetaData、Spec、Status。这些字段定义在 YAML 或 JSON 文件中。Kubernetes 系统中的所有的资源对象都可以采用 YAML 或 JSON 格式的描述文件来定义，下面是某个 Pod 文件的资源对象描述文件。YAML Manifest File Example 代码示例如下：

```
apiVersion: apps/v1beta1
kind: Deployment
metadata:
  name: nginx-deployment
spec:
  replicas: 1
  template:
    metadata:
      labels:
        app: nginx
    spec:
      containers:
      - name: nginx
        image: nginx:1.7.9
        ports:
        - containerPort: 80
```

资源对象描述文件说明如下。

- **apiVersion**：指定创建资源对象的资源组和资源版本，其表现形式为<group>/<version>，若是 core 资源组（即核心资源组）下的资源对象，其表现形式为<version>。
- **kind**：指定创建资源对象的种类。
- **metadata**：描述创建资源对象的元数据信息，例如名称、命名空间等。
- **spec**：包含有关 Deployment 资源对象的核心信息，告诉 Kubernetes 期望的资源状态、副本数量、环境变量、卷等信息。
- **status**：包含有关正在运行的 Deployment 资源对象的信息。

每一个 Kubernetes 资源对象都包含两个嵌套字段，即 spec 字段和 status 字段。其中 spec 字段是必需的，它描述了资源对象的"期望状态"（Desired State），而 status 字段用于描述资源对象的"实际状态"（Actual State），它是由 Kubernetes 系统提供和更新的。在任何时刻，Kubernetes 控制器一直努力地管理着对象的实际状态以与期望状态相匹配。

3.6　Kubernetes 内置资源全图

Kubernetes 系统内置了众多"资源组、资源版本、资源"，这才有了现在功能强大的资源管理系统。可通过如下方式获得当前 Kubernetes 系统所支持的内置资源。

- **kubectl api-versions**：列出当前 Kubernetes 系统支持的资源组和资源版本，其表现形式为<group>/<version>。
- **kubectl api-resources**：列出当前 Kubernetes 系统支持的 Resource 资源列表。

Kubernetes 内置资源全图如图 3-11 所示。

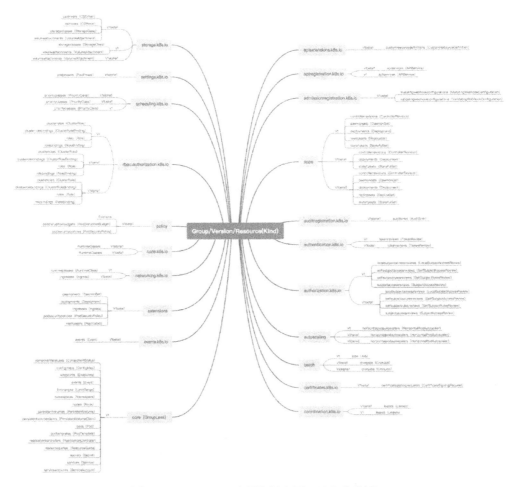

图 3-11　Kubernetes 内置资源全图（见本书彩插）

Kubernetes 内置资源说明如表 3-3 所示

表 3-3　Kubernetes 内置资源说明

资　源　组	资　源　种　类	说　　明
apiextensions.k8s.io	CustomResourceDefinition	自定义资源类型，由 APIExtensionsServer 负责管理该资源类型
apiregistration.k8s.io	APIService	聚合资源类型，由 AggregatorServer 负责管理该资源类型
admissionregistration.k8s.io	MutatingWebhookConfiguration	变更准入控制器资源类型（Webhook）
	ValidatingWebhookConfiguration	验证准入控制器资源类型（Webhook）

续表

资源组	资源种类	说明
apps	ControllerRevision	记录资源对象所有的历史版本的资源类型
	DaemonSet	在 Pod 资源对象的基础上提供守护进程的资源类型
	Deployment	在 Pod 资源对象的基础上提供支持无状态服务的资源类型
	ReplicaSet	在 Pod 资源对象的基础上提供一组 Pod 副本的资源类型
	StatefulSet	在 Pod 资源对象的基础上提供支持有状态服务的资源类型
auditregistration.k8s.io	AuditSink	审计资源类型
authentication.k8s.io	TokenReview	认证资源类型
authorization.k8s.io	LocalSubjectAccessReview	授权检查用户是否可以在指定的命名空间中执行操作
	SelfSubjectAccessReview	授权检查用户是否可以执行操作（若不指定 spec.namespace，则在所有的命名空间中执行操作）
	SelfSubjectRulesReview	授权枚举用户可以在指定的命名空间中执行一组操作
	SubjectAccessReview	授权检查用户是否可以执行操作
autoscaling	HorizontalPodAutoscaler	在 Pod 资源对象的基础上提供水平自动伸缩资源类型
batch	Job	提供一次性任务的资源类型
	CronJob	提供定时任务的资源类型
certificates.k8s.io	CertificateSigningRequest	提供证书管理的资源类型
coordination.k8s.io	Leases	提供领导者选举机制的资源类型
core	ComponentStatus	该资源类型已被弃用，其用于提供获取 Kubernetes 组件运行状况的资源类型
	ConfigMap	提供容器内应用程序配置管理的资源类型
	Endpoints	提供将外部服务器映射为内部服务的资源类型
	Event	提供 Kubernetes 集群事件管理的资源类型
	LimitRange	为命名空间中的每种资源对象设置资源（硬件资源）使用限制

续表

资源组	资源种类	说明
core	Namespace	提供资源对象所在的命名空间的资源类型
	Node	提供 Kubernetes 集群中管理工作节点的资源类型。每个节点都有一个唯一标识符
core	PersistentVolume	提供 PV 存储的资源类型
	PersistentVolumeClaim	提供 PVC 存储的资源类型
	Pod	提供容器集合管理的资源类型
	PodTemplate	提供用于描述预定义 Pod 资源对象副本数模板的资源类型
	ReplicationController	在 Pod 资源对象的基础上提供副本数保持不变的资源类型
	ResourceQuota	提供每个命名空间配额限制的资源类型
	Secret	提供存储密码、Token、密钥等敏感数据的资源类型
	Service	提供负载均衡器为 Pod 资源对象的代理服务的资源类型
	ServiceAccount	提供 ServiceAccount 认证的资源类型
events.k8s.io	Event	提供 Kubernetes 集群事件管理的资源类型
networking.k8s.io	RuntimeClass	提供容器运行时功能的资源类型
	Ingress	提供从 Kubernetes 集群外部访问集群内部服务管理的资源类型
node.k8s.io	RuntimeClass	提供容器运行时功能的资源类型
policy	Evictions	在 Pod 资源对象的基础上提供驱逐策略的资源类型
	PodDisruptionBudget	提供限制同时中断 Pod 的数量，以保证集群的高可用性
	PodSecurityPolicy	提供控制 Pod 资源安全相关策略的资源类型
rbac.authorization.k8s.io	ClusterRole	提供 RBAC 集群角色的资源类型
	ClusterRoleBinding	提供 RBAC 集群角色绑定的资源类型
	Role	提供 RBAC 角色的资源类型
	RoleBinding	提供 RBAC 角色绑定的资源类型
scheduling.k8s.io	PriorityClass	提供 Pod 资源对象优先级管理的资源类型
settings.k8s.io	PodPreset	在创建 Pod 资源对象时，可以将特定信息注入 Pod 资源对象中

续表

资源组	资源种类	说明
storage.k8s.io	StorageClass	提供动态设置 PV 存储参数的资源类型
	VolumeAttachment	提供触发 CSI ControllerPublish 和 ControllerUnpublish 操作的资源类型

3.7 runtime.Object 类型基石

Runtime 被称为"运行时",我们在很多其他程序或语言中见过它,它一般指程序或语言核心库的实现。Kubernetes Runtime 在 vendor/k8s.io/apimachinery/pkg/runtime 中实现,它提供了通用资源类型 runtime.Object。

runtime.Object 是 Kubernetes 类型系统的基石。Kubernetes 上的所有资源对象(Resource Object)实际上就是一种 Go 语言的 Struct 类型,相当于一种数据结构,它们都有一个共同的结构叫 runtime.Object。runtime.Object 被设计为 Interface 接口类型,作为资源对象的通用资源对象,runtime.Obejct 类型基石如图 3-12 所示。

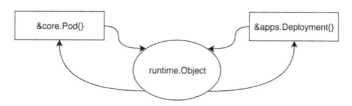

图 3-12 runtime.Obejct 类型基石

以资源对象 Pod 为例,该资源对象可以转换成 runtime.Object 通用资源对象,也可以从 runtime.Object 通用资源对象转换成 Pod 资源对象。runtime.Object 结构如下:

代码路径:**vendor/k8s.io/apimachinery/pkg/runtime/interfaces.go**

```
type Object interface {
    GetObjectKind() schema.ObjectKind
    DeepCopyObject() Object
}
```

代码路径:**vendor/k8s.io/apimachinery/pkg/runtime/schema/interfaces.go**

```
type ObjectKind interface {
    SetGroupVersionKind(kind GroupVersionKind)
```

```
    GroupVersionKind() GroupVersionKind
}
```

runtime.Object 提供了两个方法，分别是 GetObjectKind 和 DeepCopyObject。

- **GetObjectKind**：用于设置并返回 GroupVersionKind。
- **DeepCopyObject**：用于深复制当前资源对象并返回。

深复制相当于将数据结构克隆一份，因此它不与原始对象共享任何内容。它使代码在不修改原始对象的情况下可以改变克隆对象的任何属性。

那么，如何确认一个资源对象是否可以转换成 runtime.Object 通用资源对象呢？这时需要确认该资源对象是否拥有 GetObjectKind 和 DeepCopyObject 方法。Kubernetes 的每一个资源对象都嵌入了 metav1.TypeMeta 类型，metav1.TypeMeta 类型实现了 GetObjectKind 方法，所以资源对象拥有该方法。另外，Kubernetes 的每一个资源对象都实现了 DeepCopyObject 方法，该方法一般被定义在 zz_generated.deepcopy.go 文件中。因此，可以认为该资源对象能够转换成 runtime.Object 通用资源对象。

所以，Kubernetes 的任意资源对象都可以通过 runtime.Object 存储它的类型并允许深复制操作。通过 runtime.Object Example 代码示例，可以将资源对象转换成通用资源对象并再次转换回资源对象。runtime.Object Example 代码示例如下：

```
package main
import (
    metav1 "k8s.io/apimachinery/pkg/apis/meta/v1"
    "k8s.io/apimachinery/pkg/runtime"
    "k8s.io/kubernetes/pkg/apis/core"
    "reflect"
)

func main() {
    pod := &core.Pod{
        TypeMeta: metav1.TypeMeta{
            Kind: "Pod",
        },
        ObjectMeta: metav1.ObjectMeta{
            Labels: map[string]string{"name": "foo"},
        },
    }
    obj := runtime.Object(pod)
```

```
    pod2, ok := obj.(*core.Pod)
    if !ok {
        panic("unexpected")
    }

    if !reflect.DeepEqual(pod, pod2) {
        panic("unexpected")
    }
}
```

在以上代码示例中，首先实例化 Pod 资源，得到 Pod 资源对象，通过 runtime.Object 将 Pod 资源对象转换成通用资源对象（得到 obj）。然后通过断言的方式，将 obj 通用资源对象转换成 Pod 资源对象（得到 pod2）。最终通过 reflect（反射）来验证转换之前和转换之后的资源对象是否相等。

3.8 Unstructured 数据

数据可以分为结构化数据（Structured Data）和非结构化数据（Unstructured Data）。Kubernetes 内部会经常处理这两种数据，下面先了解一下什么是结构化数据和非结构化数据，然后详解 Kubernetes 是如何处理非结构化数据的。

1. 结构化数据

预先知道数据结构的数据类型是结构化数据。例如，JSON 数据：

```
{
    "id": 1,
    "name": "Derek"
}
```

要使用这种数据，需要创建一个 struct 数据结构，其具有 id 和 name 属性：

```
type Student struct {
    ID   int
    Name string
}

s := `{"id":1,"name":"Derek"}`
var student Student
err := json.Unmarshal([]byte(s), &student)
```

通过 Go 语言的 json 库进行反序列化操作，将 id 和 name 属性映射到 struct 中对应的 ID 和 Name 属性中。

2. 非结构化数据

无法预知数据结构的数据类型或属性名称不确定的数据类型是非结构化数据，其无法通过构建预定的 struct 数据结构来序列化或反序列化数据。例如：

```
{
   "id": 1,
   "name": "Derek",
   "description": ...
}
```

我们无法事先得知 description 的数据类型，它可能是字符串，也可能是数组嵌套等。原因在于 Go 语言是强类型语言，它需要预先知道数据类型，Go 语言在处理 JSON 数据时不如动态语言那样便捷。当无法预知数据结构的数据类型或属性名称不确定时，通过如下结构来解决问题：

```
var result map[string]interface{}
```

每个字符串对应一个 JSON 属性，其映射 interface{} 类型对应值，可以是任何类型。使用 interface 字段时，通过 Go 语言断言的方式进行类型转换：

```
if description, ok := result["description"].(string); ok {
    fmt.Println(description)
}
```

3. Kubernetes 非结构化数据处理

代码路径：vendor/k8s.io/apimachinery/pkg/runtime/interfaces.go

```
type Unstructured interface {
   Object
   UnstructuredContent() map[string]interface{}
   SetUnstructuredContent(map[string]interface{})
   IsList() bool
   EachListItem(func(Object) error) error
}

vendor/k8s.io/apimachinery/pkg/apis/meta/v1/unstructured/unstructured.go
type Unstructured struct {
    Object map[string]interface{}
}
```

在上述代码中，Kubernetes 非结构化数据通过 map[string]interface{}表达，并提供接口。在 client-go 编程式交互的 DynamicClient 内部，实现了 Unstructured 类型，用于处理非结构化数据。

3.9 Scheme 资源注册表

大家在使用 Windows 操作系统时都应该听说过，当在操作系统上安装应用程序时，该程序的一些信息会注册到注册表中；当从操作系统上卸载应用程序时，会从注册表中删除该程序的相关信息。而 Kubernetes Scheme 资源注册表类似于 Windows 操作系统上的注册表，只不过注册的是资源类型。

Kubernetes 系统拥有众多资源，每一种资源就是一个资源类型，这些资源类型需要有统一的注册、存储、查询、管理等机制。目前 Kubernetes 系统中的所有资源类型都已注册到 Scheme 资源注册表中，其是一个内存型的资源注册表，拥有如下特点。

- 支持注册多种资源类型，包括内部版本和外部版本。
- 支持多种版本转换机制。
- 支持不同资源的序列化/反序列化机制。

Scheme 资源注册表支持两种资源类型（Type）的注册，分别是 UnversionedType 和 KnownType 资源类型，分别介绍如下。

- **UnversionedType**：无版本资源类型，这是一个早期 Kubernetes 系统中的概念，它主要应用于某些没有版本的资源类型，该类型的资源对象并不需要进行转换。在目前的 Kubernetes 发行版本中，无版本类型已被弱化，几乎所有的资源对象都拥有版本，但在 metav1 元数据中还有部分类型，它们既属于 meta.k8s.io/v1 又属于 UnversionedType 无版本资源类型，例如 metav1.Status、metav1.APIVersions、metav1.APIGroupList、metav1.APIGroup、metav1.APIResourceList。
- **KnownType**：是目前 Kubernetes 最常用的资源类型，也可称其为"拥有版本的资源类型"。

在 Scheme 资源注册表中，UnversionedType 资源类型的对象通过 scheme.AddUnversionedTypes 方法进行注册，KnownType 资源类型的对象通过 scheme.AddKnownTypes 方法进行注册。

3.9.1 Scheme 资源注册表数据结构

Scheme 资源注册表数据结构主要由 4 个 map 结构组成，它们分别是 gvkToType、

typeToGVK、unversionedTypes、unversionedKinds，代码示例如下：

代码路径：vendor/k8s.io/apimachinery/pkg/runtime/scheme.go

```go
type Scheme struct {
    gvkToType map[schema.GroupVersionKind]reflect.Type

    typeToGVK map[reflect.Type][]schema.GroupVersionKind

    unversionedTypes map[reflect.Type]schema.GroupVersionKind

    unversionedKinds map[string]reflect.Type
    ...
}
```

Scheme 资源注册表结构字段说明如下。

- **gvkToType**：存储 GVK 与 Type 的映射关系。
- **typeToGVK**：存储 Type 与 GVK 的映射关系，一个 Type 会对应一个或多个 GVK。
- **unversionedTypes**：存储 UnversionedType 与 GVK 的映射关系。
- **unversionedKinds**：存储 Kind（资源种类）名称与 UnversionedType 的映射关系。

Scheme 资源注册表通过 Go 语言的 map 结构实现映射关系，这些映射关系可以实现高效的正向和反向检索，从 Scheme 资源注册表中检索某个 GVK 的 Type，它的时间复杂度为 $O(1)$。资源注册表映射关系 1 如图 3-13 所示。

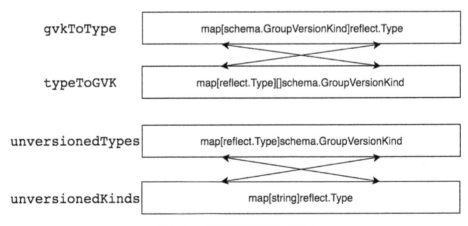

图 3-13　资源注册表映射关系 1

Scheme 资源注册表在 Kubernetes 系统体系中属于非常核心的数据结构，若直接阅读源码会感觉比较晦涩，通过 Scheme Example 代码示例来理解 Scheme 资源注册表，印象会更深刻。Scheme Example 代码示例如下：

```go
package main

import (
    appsv1 "k8s.io/api/apps/v1"
    corev1 "k8s.io/api/core/v1"
    metav1 "k8s.io/apimachinery/pkg/apis/meta/v1"
    "k8s.io/apimachinery/pkg/runtime"
    "k8s.io/apimachinery/pkg/runtime/schema"
)

func main() {
    // KnownType external
    coreGV := schema.GroupVersion{Group: "", Version: "v1"}
    extensionsGV := schema.GroupVersion{Group: "extensions", Version: "v1beta1"}

    // KnownType internal
    coreInternalGV := schema.GroupVersion{Group: "", Version: runtime.APIVersionInternal}

    // UnversionedType
    Unversioned := schema.GroupVersion{Group: "", Version: "v1"}

    scheme := runtime.NewScheme()
    scheme.AddKnownTypes(coreGV, &corev1.Pod{})
    scheme.AddKnownTypes(extensionsGV, &appsv1.DaemonSet{})
    scheme.AddKnownTypes(coreInternalGV, &corev1.Pod{})
    scheme.AddUnversionedTypes(Unversioned, &metav1.Status{})
}
```

在上述代码中，首先定义了两种类型的 GV（资源组、资源版本），KnownType 类型有 coreGV、extensionsGV、coreInternalGV 对象，其中 coreInternalGV 对象属于内部版本（即 runtime.APIVersionInternal），而 UnversionedType 类型有 Unversioned 对象。

通过 runtime.NewScheme 实例化一个新的 Scheme 资源注册表。注册资源类型到 Scheme 资源注册表有两种方式，第一种通过 scheme.AddKnownTypes 方法注册 KnownType 类型的对象，第二种通过 scheme.AddUnversionedTypes 方法注册 UnversionedType 类型的对象。

在 Scheme Example 代码示例中，我们往 Scheme 资源注册表中分别注册了 Pod、DaemonSet、Pod（内部版本）及 Status（无版本资源类型）类型对象，那么这些资源的映射关系 2 如图 3-14 所示。

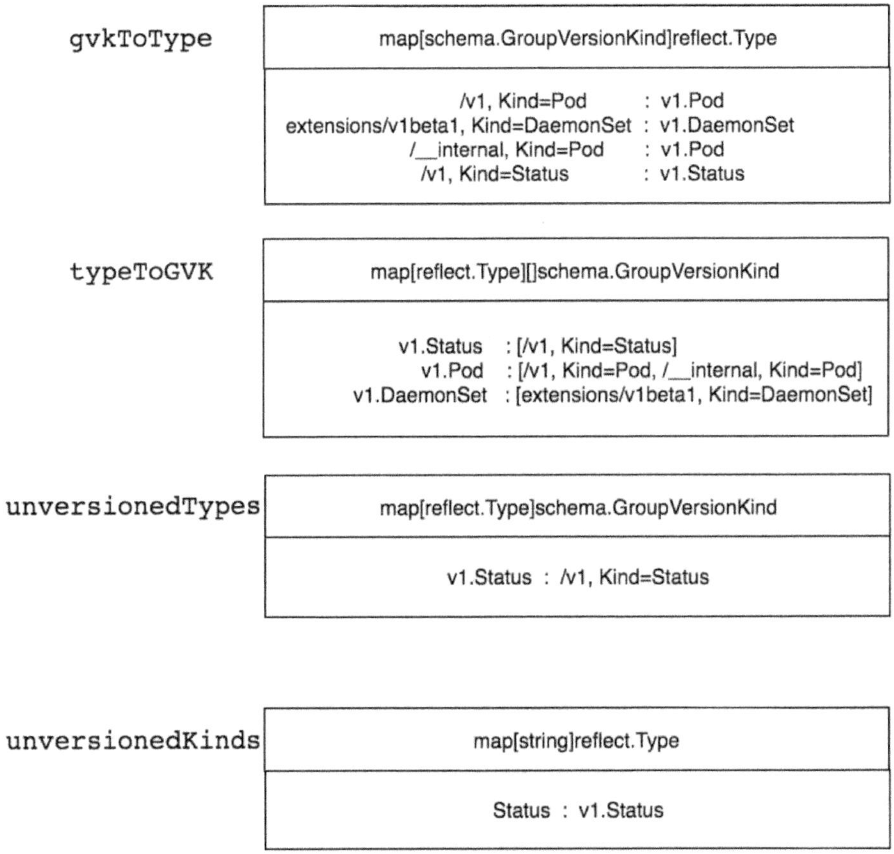

```
gvkToType        map[schema.GroupVersionKind]reflect.Type

                 /v1, Kind=Pod                      : v1.Pod
                 extensions/v1beta1, Kind=DaemonSet : v1.DaemonSet
                 /__internal, Kind=Pod              : v1.Pod
                 /v1, Kind=Status                   : v1.Status


typeToGVK        map[reflect.Type][]schema.GroupVersionKind

                 v1.Status    : [/v1, Kind=Status]
                 v1.Pod       : [/v1, Kind=Pod, /__internal, Kind=Pod]
                 v1.DaemonSet : [extensions/v1beta1, Kind=DaemonSet]


unversionedTypes map[reflect.Type]schema.GroupVersionKind

                 v1.Status : /v1, Kind=Status


unversionedKinds map[string]reflect.Type

                 Status : v1.Status
```

图 3-14　资源注册表映射关系 2

GVK（资源组、资源版本、资源种类）在 Scheme 资源注册表中以 \<group\>/\<version\>, Kind=\<kind\> 的形式存在，其中对于 Kind（资源种类）字段，在注册时如果不指定该字段的名称，那么默认使用类型的名称，例如 corev1.Pod 类型，通过 reflect 机制获取资源类型的名称，那么它的资源种类 Kind=Pod。

资源类型在 Scheme 资源注册表中以 Go Type（通过 reflect 机制获取）形式存在。

另外，需要注意的是，UnversionedType 类型的对象在通过 scheme.AddUnversionedTypes 方法注册时，会同时存在于 4 个 map 结构中，代码示例如下：

代码路径：**vendor/k8s.io/apimachinery/pkg/runtime/scheme.go**

```go
func (s *Scheme) AddUnversionedTypes(version schema.GroupVersion, types ...Object) {
    ...
    s.AddKnownTypes(version, types...)
    for _, obj := range types {
        t := reflect.TypeOf(obj).Elem()
        gvk := version.WithKind(t.Name())
        s.unversionedTypes[t] = gvk
        ...
        s.unversionedKinds[gvk.Kind] = t
    }
}
```

3.9.2 资源注册表注册方法

在 Scheme 资源注册表中，不同的资源类型使用的注册方法不同，分别介绍如下。

- **scheme.AddUnversionedTypes**：注册 UnversionedType 资源类型。
- **scheme.AddKnownTypes**：注册 KnownType 资源类型。
- **scheme.AddKnownTypeWithName**：注册 KnownType 资源类型，须指定资源的 Kind 资源种类名称。

以 scheme.AddKnownTypes 方法为例，在注册资源类型时，无须指定 Kind 名称，而是通过 reflect 机制获取资源类型的名称作为资源种类名称，代码示例如下：

代码路径：**vendor/k8s.io/apimachinery/pkg/runtime/scheme.go**

```go
func (s *Scheme) AddKnownTypes(gv schema.GroupVersion, types ...Object) {
    s.addObservedVersion(gv)
    for _, obj := range types {
        t := reflect.TypeOf(obj)
        if t.Kind() != reflect.Ptr {
            panic("All types must be pointers to structs.")
        }
        t = t.Elem()
        s.AddKnownTypeWithName(gv.WithKind(t.Name()), obj)
    }
}
```

3.9.3 资源注册表查询方法

在运行过程中，kube-apiserver 组件常对 Scheme 资源注册表进行查询，它提供了如下方法。

- **scheme.KnownTypes**：查询注册表中指定 GV 下的资源类型。
- **scheme.AllKnownTypes**：查询注册表中所有 GVK 下的资源类型。
- **scheme.ObjectKinds**：查询资源对象所对应的 GVK，一个资源对象可能存在多个 GVK。
- **scheme.New**：查询 GVK 所对应的资源对象。
- **scheme.IsGroupRegistered**：判断指定的资源组是否已经注册。
- **scheme.IsVersionRegistered**：判断指定的 GV 是否已经注册。
- **scheme.Recognizes**：判断指定的 GVK 是否已经注册。
- **scheme.IsUnversioned**：判断指定的资源对象是否属于 UnversionedType 类型。

3.10 Codec 编解码器

在详解 Codec 编解码器之前，先认识一下 Codec 编解码器与 Serializer 序列化器之间的差异。

- **Serializer**：序列化器，包含序列化操作与反序列化操作。序列化操作是将数据（例如数组、对象或结构体等）转换为字符串的过程，反序列化操作是将字符串转换为数据的过程，因此可以轻松地维护数据结构并存储或传输数据。
- **Codec**：编解码器，包含编码器与解码器。编解码器是一个通用术语，指的是可以表示数据的任何格式，或者将数据转换为特定格式的过程。所以，可以将 Serializer 序列化器也理解为 Codec 编解码器的一种。

Codec 编解码器通用接口定义如下：

代码路径：**vendor/k8s.io/apimachinery/pkg/runtime/interfaces.go**

```go
type Encoder interface {
    Encode(obj Object, w io.Writer) error
}

type Decoder interface {
    Decode(data []byte, defaults *schema.GroupVersionKind, into Object)
(Object, *schema.GroupVersionKind, error)
}

type Serializer interface {
    Encoder
    Decoder
}

type Codec Serializer
```

从 Codec 编解码器通用接口的定义可以看出，Serializer 序列化器属于 Codec 编解码器的一种，这是因为每种序列化器都实现了 Encoder 与 Decoder 方法。我们可以认为，只要实现了 Encoder 与 Decoder 方法的数据结构，就是序列化器。Kubernetes 目前支持 3 种主要的序列化器。Codec 编解码器如图 3-15 所示。

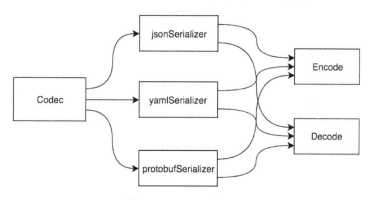

图 3-15　Codec 编解码器

Codec 编解码器包含 3 种序列化器，在进行编解码操作时，每一种序列化器都对资源对象的 metav1.TypeMeta（即 APIVersion 和 Kind 字段）进行验证，如果资源对象未提供这些字段，就会返回错误。每种序列化器分别实现了 Encode 序列化方法与 Decode 反序列化方法，分别介绍如下。

- **jsonSerializer**：JSON 格式序列化/反序列化器。它使用 application/json 的

ContentType 作为标识。
- **yamlSerializer**：YAML 格式序列化/反序列化器。它使用 application/yaml 的 ContentType 作为标识。
- **protobufSerializer**：Protobuf 格式序列化/反序列化器。它使用 application/vnd.kubernetes.protobuf 的 ContentType 作为标识。

Codec 编解码器将 Etcd 集群中的数据进行编解码操作，请参考 6.7 节 "Codec 编解码数据"。

3.10.1　Codec 编解码实例化

Codec 编解码器通过 NewCodecFactory 函数实例化，在实例化的过程中会将 jsonSerializer、yamlSerializer、protobufSerializer 序列化器全部实例化，NewCodecFactory →newSerializersForScheme 代码示例如下：

代码路径：vendor/k8s.io/apimachinery/pkg/runtime/serializer/codec_factory.go

```go
func newSerializersForScheme(scheme *runtime.Scheme, mf
json.MetaFactory) []serializerType {
    jsonSerializer := json.NewSerializer(mf, scheme, scheme, false)
    ...
    yamlSerializer := json.NewYAMLSerializer(mf, scheme, scheme)

    serializers := []serializerType{
        {
            ContentType:     "application/json",
            FileExtensions:  []string{"json"},
            ...
        },
        {
            ContentType:     "application/yaml",
            FileExtensions:  []string{"yaml"},
            ...
        },
    }

    for _, fn := range serializerExtensions {
        ...
    }
}
```

jsonSerializer 与 yamlSerializer 分别通过 json.NewSerializer 和 json.NewYAMLSerializer

函数进行实例化，jsonSerializer 通过 application/json 的 ContentType 标识，文件扩展名为 json，而 yamlSerializer 通过 application/yaml 的 ContentType 标识，文件扩展名为 yaml。protobufSerializer 的实例化过程有些特别，它通过 init 函数将 protobufSerializer 实例化函数存放到 serializerExtensions 全局变量中，protobufSerializer 实例化代码示例如下：

代码路径：vendor/k8s.io/apimachinery/pkg/runtime/serializer/protobuf_extension.go

```go
func protobufSerializer(scheme *runtime.Scheme) (serializerType, bool) {
    serializer := protobuf.NewSerializer(scheme, scheme, contentTypeProtobuf)
    return serializerType{
        ContentType:    contentTypeProtobuf,
        FileExtensions: []string{"pb"},
        ...
    }, true
}
```

protobufSerializer 通过 protobuf.NewSerializer 函数进行实例化，它通过 application/vnd.kubernetes.protobuf 的 ContentType 标识，文件扩展名为 pb。

3.10.2　jsonSerializer 与 yamlSerializer 序列化器

JSON（JavaScript Object Notation）是一种轻量级的数据交换格式，其易于人类阅读和编写，同时也易于机器解析和生成。JSON 采用完全独立于语言的文本格式，其也是目前使用最广泛的一种格式。JSON Example 代码示例如下：

```
{
    "employee": {
        "name":    "Derek",
        "salary":  100000,
        "married": true
    }
}
```

YAML（YAML Ain't Markup Language），采用缩进方式，是一种人类可以轻松阅读的数据序列化格式，并且其非常适合对动态编程语言中使用的数据类型进行编码，可以用于数据序列化、配置文件、Log 文件、Internet 信息和过滤等。不过，由于标准化带来的兼容性问题，针对不同语言间的数据交换，不建议使用 YAML。YAML Example 代码示例如下：

```
---
type: Employee
info:
  name: Derek
  city: BJ
phoneNumber:
- type: home
  number: 212 555-1234
gender:
  type: male
```

jsonSerializer 序列化器使用 Go 语言标准库 encoding/json 来实现序列化和反序列化操作，yamlSerializer 序列化器使用第三方库 gopkg.in/yaml.v2 来实现序列化和反序列化操作。

jsonSerializer 与 yamlSerializer 序列化器共享同一个数据结构，通过 yaml 字段区分，如果该字段为 true 则使用 yamlSerializer 序列化器操作，如果该字段为 false 则使用 jsonSerializer 序列化器操作。

1. 序列化操作

代码路径：vendor/k8s.io/apimachinery/pkg/runtime/serializer/json/json.go

```go
func (s *Serializer) Encode(obj runtime.Object, w io.Writer) error {
    if s.yaml {
        json, err := caseSensitiveJsonIterator.Marshal(obj)
        ...
        data, err := yaml.JSONToYAML(json)
        ...
        _, err = w.Write(data)
        return err
    }

    if s.pretty {
        data, err := caseSensitiveJsonIterator.MarshalIndent(obj, "", "  ")
        ...
        _, err = w.Write(data)
        return err
    }
    encoder := json.NewEncoder(w)
    return encoder.Encode(obj)
}
```

Encode 函数支持两种格式的序列化操作，分别是 YAML 格式和 JSON 格式。

如果是 YAML 格式，第 1 步通过 caseSensitiveJsonIterator.Marshal 函数将资源对象转换为 JSON 格式，第 2 步通过 yaml.JSONToYAML 将 JSON 格式转换为 YAML 格式并返回数据。

如果是 JSON 格式，则通过 Go 语言标准库的 json.Encode 函数将资源对象转换为 JSON 格式。其中如果 pretty 参数开启的话，则通过 caseSensitiveJsonIterator.MarshalIndent 函数优化 JSON 格式。

Kubernetes 在 jsonSerializer 序列化器上做了一些优化，caseSensitiveJsonIterator 函数实际封装了 github.com/json-iterator/go 第三方库，json-iterator 有如下几个好处。

- json-iterator 支持区分大小写。Go 语言标准库 encoding/json 在默认情况下不区分大小写。
- json-iterator 性能更优，编码可达到 837ns/op，解码可达到 5623ns/op。
- json-iterator 100%兼容 Go 语言标准库 encoding/json，可随时切换两种编解码方式。

2. 反序列化操作

代码路径：vendor/k8s.io/apimachinery/pkg/runtime/serializer/json/json.go

```go
    func (s *Serializer) Decode(originalData []byte, gvk
*schema.GroupVersionKind, into runtime.Object) (runtime.Object,
*schema.GroupVersionKind, error) {
        ...
        data := originalData
        if s.yaml {
            altered, err := yaml.YAMLToJSON(data)
            ...
            data = altered
        }

        actual, err := s.meta.Interpret(data)
        ...

        if err := caseSensitiveJsonIterator.Unmarshal(data, obj); err !=
nil {
            return nil, actual, err
        }
        return obj, actual, nil
    }
```

Decode 函数支持两种格式的反序列化操作，分别是 YAML 格式和 JSON 格式。

如果是 YAML 格式，则通过 yaml.YAMLToJSON 函数将 JSON 格式数据转换为资源对象并填充到 data 字段中。此时，无论反序列化操作的是 YAML 格式还是 JSON 格式，data 字段中都是 JSON 格式数据。接着通过 s.meta.Interpret 函数从 JSON 格式数据中提取出资源对象的 metav1.TypeMeta（即 APIVersion 和 Kind 字段）。最后通过 caseSensitiveJsonIterator.Unmarshal 函数（即 json-iterator）将 JSON 数据反序列化并返回。

3.10.3　protobufSerializer 序列化器

Protobuf（Google Protocol Buffer）是 Google 公司内部的混合语言数据标准，Protocol Buffers 是一种轻便、高效的结构化数据存储格式，可以用于结构化数据序列化。它很适合做数据存储或成为 RPC 数据交换格式。它可用于通信协议、数据存储等领域，与语言无关、与平台无关、可扩展的序列化结构数据格式。Protobuf Example 代码示例如下：

```
package lm;
message helloworld
{
  required int32  id  = 1;
  required string str = 2;
  optional int32  opt = 3;
}
```

protobufSerializer 序列化器使用 proto 库来实现序列化和反序列操作。

1. 序列化操作

代码路径：vendor/k8s.io/apimachinery/pkg/runtime/serializer/protobuf/protobuf.go

```
func (s *Serializer) Encode(obj runtime.Object, w io.Writer) error {
    prefixSize := uint64(len(s.prefix))
    ...
    switch t := obj.(type) {
    ...
    case proto.Marshaler:
        data, err := t.Marshal()
        ...
        i, err := unk.MarshalTo(data[prefixSize:])
        ...
```

```
        _, err = w.Write(data[:prefixSize+uint64(i)])
        return err

    default:
        return errNotMarshalable{reflect.TypeOf(obj)}
    }
}
```

Encode 函数首先验证资源对象是否为 proto.Marshaler 类型，proto.Marshaler 是一个 interface 接口类型，该接口专门留给对象自定义实现的序列化操作。如果资源对象为 proto.Marshaler 类型，则通过 t.Marshal 序列化函数进行编码。

而且，通过 unk.MarshalTo 函数在编码后的数据前加上 protoEncodingPrefix 前缀，前缀为 magic-number 特殊标识，其用于标识一个包的完整性。所有通过 protobufSerializer 序列化器编码的数据都会有前缀。前缀数据共 4 字节，分别是 0x6b、0x38、0x73、0x00，其中第 4 个字节是为编码样式保留的。

2. 反序列化操作

代码路径：vendor/k8s.io/apimachinery/pkg/runtime/serializer/protobuf/protobuf.go

```
func (s *Serializer) Decode(originalData []byte, gvk *schema.GroupVersionKind, into runtime.Object) (runtime.Object, *schema.GroupVersionKind, error) {
    ...
    prefixLen := len(s.prefix)
    data := originalData[prefixLen:]
    ...
    return unmarshalToObject(s.typer, s.creater, &actual, into, unk.Raw)
}

func unmarshalToObject(...) (...) {
    ...
    pb, ok := obj.(proto.Message)
    ...
    if err := proto.Unmarshal(data, pb); err != nil {
        return nil, actual, err
    }
    return obj, actual, nil
}
```

Decode 函数首先验证 protoEncodingPrefix 前缀，前缀为 magic-number 特殊标识，其用于标识一个包的完整性，然后验证资源对象是否为 proto.Message 类型，最后通过 proto.Unmarshal 反序列化函数进行解码。

3.11 Converter 资源版本转换器

在 Kubernetes 系统中，同一资源拥有多个资源版本，Kubernetes 系统允许同一资源的不同资源版本进行转换，例如 Deployment 资源对象，当前运行的是 v1beta1 资源版本，但 v1beta1 资源版本的某些功能或字段不如 v1 资源版本完善，则可以将 Deployment 资源对象的 v1beta1 资源版本转换为 v1 版本。可通过 kubectl convert 命令进行资源版本转换，执行命令如下：

```
$ cat v1beta1Deployment.yaml
apiVersion: apps/v1beta1
kind: Deployment
metadata:
  name: nginx-deployment
spec:
  replicas: 1
  template:
    metadata:
      labels:
        app: nginx
    spec:
      containers:
      - name: nginx
        image: nginx:1.7.9
        ports:
        - containerPort: 80

$ kubectl convert -f v1beta1Deployment.yaml --output-version=apps/v1
apiVersion: apps/v1
kind: Deployment
...
```

首先，定义一个 YAML Manifest File 资源描述文件，该文件中定义 Deployment 资源版本为 v1beta1。通过执行 kubect convert 命令，--output-version 将资源版本转换为指定的资源版本 v1。如果指定的资源版本不在 Scheme 资源注册表中，则会报错。如果不指定资源版本，则默认转换为资源的首选版本。

Converter 资源版本转换器主要用于解决多资源版本转换问题，Kubernetes 系统中的一个资源支持多个资源版本，如果要在每个资源版本之间转换，最直接的方式是，每个资源版本都支持其他资源版本的转换，但这样处理起来非常麻烦。例如，某个资源对象支持 3 个资源版本，那么就需要提前定义一个资源版本转换到其他两个资源版本（v1→v1alpha1，v1→v1beta1）、（v1alpha1→v1，v1alpha1→v1beta1）及（v1beta1→v1，v1beta1→v1alpha1），随着资源版本的增加，资源版本转换的定义会越来越多。

为了解决这个问题，Kubernetes 通过内部版本（Internal Version）机制实现资源版本转换，Converter 资源版本转换过程 1 如图 3-16 所示。

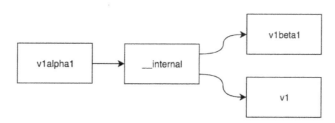

图 3-16　Converter 资源版本转换过程 1

当需要在两个资源版本之间转换时，例如 v1alpha1→v1beta1 或 v1alpha1→v1。Converter 资源版本转换器先将第一个资源版本转换为 __internal 内部版本，再转换为相应的资源版本。每个资源只要能支持内部版本，就能与其他任何资源版本进行间接的资源版本转换。

3.11.1　Converter 转换器数据结构

Converter 转换器数据结构主要存放转换函数（即 Conversion Funcs）。Converter 转换器数据结构代码示例如下：

代码路径：vendor/k8s.io/apimachinery/pkg/conversion/converter.go

```go
type Converter struct {
    conversionFuncs          ConversionFuncs
    generatedConversionFuncs ConversionFuncs
    ignoredConversions       map[typePair]struct{}
    nameFunc func(t reflect.Type) string
    ...
}
```

Converter 转换器数据结构字段说明如下。

- **conversionFuncs**：默认转换函数。这些转换函数一般定义在资源目录下的 conversion.go 代码文件中。
- **generatedConversionFuncs**：自动生成的转换函数。这些转换函数一般定义在资源目录下的 zz_generated.conversion.go 代码文件中，是由代码生成器自动生成的转换函数。
- **ignoredConversions**：若资源对象注册到此字段，则忽略此资源对象的转换操作。
- **nameFunc**：在转换过程中其用于获取资源种类的名称，该函数被定义在 vendor/k8s.io/apimachinery/pkg/runtime/scheme.go 代码文件中。

Converter 转换器数据结构中存放的转换函数（即 Conversion Funcs）可以分为两类，分别为默认的转换函数（即 conversionFuncs 字段）和自动生成的转换函数（即 generatedConversionFuncs 字段）。它们都通过 ConversionFuncs 来管理转换函数，代码示例如下：

```
type ConversionFuncs struct {
    fns     map[typePair]reflect.Value
    untyped map[typePair]ConversionFunc
}

type typePair struct {
    source reflect.Type
    dest   reflect.Type
}
type ConversionFunc func(a, b interface{}, scope Scope) error
```

ConversionFunc 类型函数（即 Type Function）定义了转换函数实现的结构，将资源对象 a 转换为资源对象 b。a 参数定义了转换源（即 source）的资源类型，b 参数定义了转换目标（即 dest）的资源类型。scope 定义了多次转换机制（即递归调用转换函数）。

> 注意：ConversionFunc 类型函数的资源对象传参必须是指针，否则无法进行转换并抛出异常。

3.11.2 Converter 注册转换函数

Converter 转换函数需要通过注册才能在 Kubernetes 内部使用，目前 Kubernetes

支持 5 个注册转换函数，分别介绍如下。

- **scheme.AddIgnoredConversionType**：注册忽略的资源类型，不会执行转换操作，忽略资源对象的转换操作。
- **scheme.AddConversionFuncs**：注册多个 Conversion Func 转换函数。
- **scheme.AddConversionFunc**：注册单个 Conversion Func 转换函数。
- **scheme.AddGeneratedConversionFunc**：注册自动生成的转换函数。
- **scheme.AddFieldLabelConversionFunc**：注册字段标签（FieldLabel）的转换函数。

以 apps/v1 资源组、资源版本为例，通过 scheme.AddConversionFuncs 函数注册所有资源的转换函数，代码示例如下：

代码路径：pkg/apis/apps/v1/conversion.go

```go
func addConversionFuncs(scheme *runtime.Scheme) error {
    err := scheme.AddConversionFuncs(
        Convert_v1_StatefulSetSpec_To_apps_StatefulSetSpec,
        Convert_apps_StatefulSetSpec_To_v1_StatefulSetSpec,
        Convert_v1_StatefulSetUpdateStrategy_To_apps_StatefulSetUpdateStrategy,
        Convert_apps_StatefulSetUpdateStrategy_To_v1_StatefulSetUpdateStrategy,
        Convert_apps_RollingUpdateDaemonSet_To_v1_RollingUpdateDaemonSet,
        Convert_v1_RollingUpdateDaemonSet_To_apps_RollingUpdateDaemonSet,
        Convert_v1_StatefulSetStatus_To_apps_StatefulSetStatus,
        Convert_apps_StatefulSetStatus_To_v1_StatefulSetStatus,
        Convert_v1_Deployment_To_apps_Deployment,
        Convert_apps_Deployment_To_v1_Deployment,
        Convert_apps_DaemonSet_To_v1_DaemonSet,
        Convert_v1_DaemonSet_To_apps_DaemonSet,
        Convert_apps_DaemonSetSpec_To_v1_DaemonSetSpec,
        Convert_v1_DaemonSetSpec_To_apps_DaemonSetSpec,
        Convert_apps_DaemonSetUpdateStrategy_To_v1_DaemonSetUpdateStrategy,
        Convert_v1_DaemonSetUpdateStrategy_To_apps_DaemonSetUpdateStrategy,
        Convert_v1_DeploymentSpec_To_apps_DeploymentSpec,
        Convert_apps_DeploymentSpec_To_v1_DeploymentSpec,
        Convert_v1_DeploymentStrategy_To_apps_DeploymentStrategy,
        Convert_apps_DeploymentStrategy_To_v1_DeploymentStrategy,
```

```
        Convert_v1_RollingUpdateDeployment_To_apps_
RollingUpdateDeployment,
        Convert_apps_RollingUpdateDeployment_To_v1_
RollingUpdateDeployment,
        Convert_apps_ReplicaSetSpec_To_v1_ReplicaSetSpec,
        Convert_v1_ReplicaSetSpec_To_apps_ReplicaSetSpec,
    )
    ...
}
```

3.11.3 Converter 资源版本转换原理

Converter 转换器在 Kubernetes 源码中实际应用非常广泛，例如 Deployment 资源对象，起初使用 v1beta1 资源版本，而 v1 资源版本更稳定，则会将 v1beta1 资源版本转换为 v1 资源版本。Converter 资源版本转换过程 2 如图 3-17 所示。

图 3-17　Converter 资源版本转换过程 2

Converter 转换器通过 Converter 函数转换资源版本，直接阅读代码会感觉比较晦涩，通过 Converter Example 代码示例来理解 Converter 转换器印象会更深刻，Converter Example 代码示例如下：

```
    package main

    import (
        "fmt"

        appsv1 "k8s.io/api/apps/v1"
        appsv1beta1 "k8s.io/api/apps/v1beta1"
        metav1 "k8s.io/apimachinery/pkg/apis/meta/v1"
        "k8s.io/apimachinery/pkg/runtime"
        "k8s.io/kubernetes/pkg/apis/apps"
    )
    func main() {
        scheme := runtime.NewScheme()
        scheme.AddKnownTypes(appsv1beta1.SchemeGroupVersion,
&appsv1beta1.Deployment{})
        scheme.AddKnownTypes(appsv1.SchemeGroupVersion,
&appsv1.Deployment{})
```

```go
        scheme.AddKnownTypes(apps.SchemeGroupVersion,
&appsv1.Deployment{})
        metav1.AddToGroupVersion(scheme,
appsv1beta1.SchemeGroupVersion)
        metav1.AddToGroupVersion(scheme, appsv1.SchemeGroupVersion)

        v1beta1Deployment := &appsv1beta1.Deployment{
            TypeMeta: metav1.TypeMeta{
                Kind:       "Deployment",
                APIVersion: "apps/v1beta1",
            },
        }

        // v1beta1 → __internal
        objInternal, err := scheme.ConvertToVersion(
            v1beta1Deployment,
            apps.SchemeGroupVersion)
        if err != nil {
            panic(err)
        }
        fmt.Println("GVK: ",
objInternal.GetObjectKind().GroupVersionKind().String())
        // output:
        // GVK:  /, Kind=

        // __internal → v1
        objV1, err := scheme.ConvertToVersion(
            objInternal,
            appsv1.SchemeGroupVersion)
        if err != nil {
            panic(err)
        }
        v1Deployment, ok := objV1.(*appsv1.Deployment)
        if !ok {
            panic("Got wrong type")
        }
        fmt.Println("GVK: ",
v1Deployment.GetObjectKind().GroupVersionKind().String())
        // output:
        // GVK:  apps/v1, Kind=Deployment
    }
```

Convert Example 代码示例分为 3 部分，执行过程如下。

第 1 部分：实例化一个空的 Scheme 资源注册表，将 v1beta1 资源版本、v1 资源版本及内部版本（__internal）的 Deployment 资源注册到 Scheme 资源注册表中。

第 2 部分：实例化 v1beta1Deployment 资源对象，通过 scheme.ConvertToVersion 将其转换为目标资源版本（即__internale 版本），得到 objInternal 资源对象，objInternal 资源对象的 GVK 输出为 "/, Kind="。

> 提示：当资源对象的 GVK 输出为 "/, Kind=" 时，我们同样认为它是内部版本的资源对象，在后面章节中会说明原因。

第 3 部分：将 objInternal 资源对象通过 scheme.ConvertToVersion 转换为目标资源版本（即 v1 资源版本），得到 objV1 资源对象，并通过断言的方式来验证是否转换成功，objV1 资源对象的 GVK 输出为 "apps/v1, Kind=Deployment"。

在 Converter Example 代码示例的第 2 部分中，将 v1beta1 资源版本转换为内部版本（即__internal 版本），得到转换后资源对象的 GVK 为 "/, Kind="。在这里，读者肯定会产生疑问，为什么 v1beta1 资源版本转换为内部版本以后得到的 GVK 为 "/, Kind=" 而不是 "apps/__internal, Kind=Deployment"。下面带着疑问来看看 Kubernetes 源码实现。

Scheme 资源注册表可以通过两种方式进行版本转换，分别介绍如下。

- **scheme.ConvertToVersion**：将传入的（in）资源对象转换成目标（target）资源版本，在版本转换之前，会将资源对象深复制一份后再执行转换操作，相当于安全的内存对象转换操作。
- **scheme.UnsafeConvertToVersion**：与 scheme.ConvertToVersion 功能相同，但在转换过程中不会深复制资源对象，而是直接对原资源对象进行转换操作，尽可能高效地实现转换。但该操作是非安全的内存对象转换操作。

scheme.ConvertToVersion 与 scheme.UnsafeConvertToVersion 资源版本转换功能都依赖于 s.convertToVersion 函数来实现，Converter 转换器流程图如图 3-18 所示。

下面详细介绍 Converter 转换器转换流程。

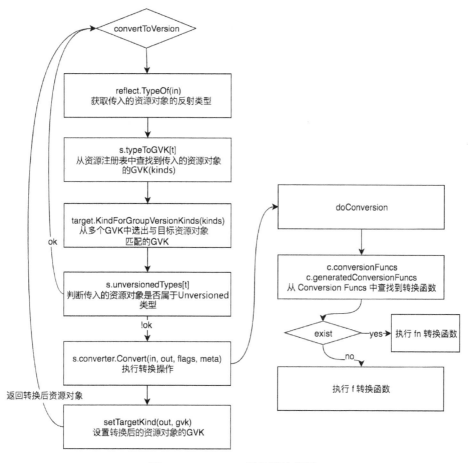

图 3-18 Converter 转换器流程图

1. 获取传入的资源对象的反射类型

资源版本转换的类型可以是 runtime.Object 或 runtime.Unstructured，它们都属于 Go 语言里的 Struct 数据结构，通过 Go 语言标准库 reflect 机制获取该资源类型的反射类型，因为在 Scheme 资源注册表中是以反射类型注册资源的。获取传入的资源对象的反射类型，代码示例如下：

代码路径：**vendor/k8s.io/apimachinery/pkg/runtime/scheme.go**

```
t = reflect.TypeOf(in).Elem()
```

2. 从资源注册表中查找到传入的资源对象的 GVK

从 Scheme 资源注册表中查找到传入的资源对象的所有 GVK，验证传入的资源对象是否已经注册，如果未曾注册，则返回错误，代码示例如下：

```
kinds, ok := s.typeToGVK[t]
if !ok || len(kinds) == 0 {
    return nil, NewNotRegisteredErrForType(s.schemeName, t)
}
```

3. 从多个 GVK 中选出与目标资源对象相匹配的 GVK

target.KindForGroupVersionKinds 函数从多个可转换的 GVK 中选出与目标资源对象相匹配的 GVK。这里有一个优化点，转换过程是相对耗时的，大量的相同资源之间进行版本转换的耗时会比较长。在 Kubernetes 源码中判断，如果目标资源对象的 GVK 在可转换的 GVK 列表中，则直接将传入的资源对象的 GVK 设置为目标资源对象的 GVK，而无须执行转换操作，缩短部分耗时。代码示例如下：

```
gvk, ok := target.KindForGroupVersionKinds(kinds)
...
for _, kind := range kinds {
    if gvk == kind {
        return copyAndSetTargetKind(copy, in, gvk)
    }
}
```

4. 判断传入的资源对象是否属于 Unversioned 类型

对于 Unversioned 类型，前面曾介绍过，即无版本类型（UnversionedType）。属于该类型的资源对象并不需要进行转换操作，而是直接将传入的资源对象的 GVK 设置为目标资源对象的 GVK。代码示例如下：

```
if unversionedKind, ok := s.unversionedTypes[t]; ok {
    ...
    return copyAndSetTargetKind(copy, in, unversionedKind)
}
```

5. 执行转换操作

在执行转换操作之前，先判断是否需要对传入的资源对象执行深复制操作，然后通过 s.converter.Convert 转换函数执行转换操作，代码示例如下：

```
if copy {
    in = in.DeepCopyObject()
```

```
    }
    if err := s.converter.Convert(in, out, flags, meta); err != nil {
        return nil, err
    }
```

实际的转换函数是通过 doConversion 函数执行的，执行过程如下。

- 从默认转换函数列表（即 c.conversionFuncs）中查找出 pair 对应的转换函数，如果存在则执行该转换函数（即 fn）并返回。
- 从自动生成的转换函数列表（即 generatedConversionFuncs）中查找出 pair 对应的转换函数，如果存在则执行该转换函数（即 fn）并返回。
- 如果默认转换函数列表和自动生成的转换函数列表中都不存在当前资源对象的转换函数，则使用 doConversion 函数传入的转换函数（即 f）。调用 f 之前，需要将 src 与 dest 资源对象通过 EnforcePtr 函数取指针的值，因为 doConversion 函数传入的转换函数接收的是非指针资源对象。

doConversion 转换函数代码示例如下：

代码路径：vendor/k8s.io/apimachinery/pkg/conversion/converter.go

```
func (c *Converter) doConversion(src, dest interface{}, flags
FieldMatchingFlags, meta *Meta, f conversionFunc) error {
    pair := typePair{reflect.TypeOf(src), reflect.TypeOf(dest)}
    ...
    if fn, ok := c.conversionFuncs.untyped[pair]; ok {
        return fn(src, dest, scope)
    }
    if fn, ok := c.generatedConversionFuncs.untyped[pair]; ok {
        return fn(src, dest, scope)
    }

    dv, err := EnforcePtr(dest)
    sv, err := EnforcePtr(src)
    ...
    return f(sv, dv, scope)
}
```

6. 设置转换后资源对象的 GVK

在 Converter Example 代码示例的第 2 部分中，将 v1beta1 资源版本转换为内部版本（即 __internal 版本），得到转换后资源对象的 GVK 为 "/, Kind="。原因在于 setTargetKind 函数，转换操作执行完成以后，通过 setTargetKind 函数设置转换后资源对象的 GVK，判断当前资源对象是否为内部版本（即 APIVersionInternal），是内部版本则设置 GVK 为 schema.GroupVersionKind{}。代码示例如下：

代码路径：vendor/k8s.io/apimachinery/pkg/runtime/scheme.go

```
    setTargetKind(out, gvk)

    func setTargetKind(obj Object, kind schema.GroupVersionKind) {
        if kind.Version == APIVersionInternal {
        obj.GetObjectKind().SetGroupVersionKind(schema.GroupVersionKind{})
            return
        }
        obj.GetObjectKind().SetGroupVersionKind(kind)
    }
```

第 4 章 kubectl 命令行交互

在维护 Kubernetes 系统集群时，kubectl 应该是最常用的工具之一。从 Kubernetes 架构设计的角度来看，kubectl 工具是 Kubernetes API Server 的客户端。它的主要工作是向 Kubernetes API Server 发起 HTTP 请求。Kubernetes 是一个完全以资源为中心的系统，而 kubectl 会通过发起 HTTP 请求来操纵这些资源（即对资源进行 CRUD 操作），以完全控制 Kubernetes 系统集群。

4.1 kubectl 命令行参数详解

Kubernetes 官方提供了命令行工具（CLI），用户可以通过 kubectl 以命令行交互的方式与 Kubernetes API Server 进行通信，通信协议使用 HTTP/JSON。kubectl 的命令主要分为 8 个种类，分别介绍如下。

- **Basic Commands（Beginner）**：基础命令（初级）。
- **Basic Commands（Intermediate）**：基础命令（中级）。
- **Deploy Commands**：部署命令。
- **Cluster Management Commands**：集群管理命令。
- **Troubleshooting and Debugging Commands**：故障排查和调试命令。
- **Advanced Commands**：高级命令。
- **Settings Commands**：设置命令。
- **Other Commands**：其他命令。

1. 基础命令（初级）（如表 4-1 所示）

表 4-1 基础命令（初级）说明

命　令	说　明
kubectl create	通过 JSON/YAML 文件或标准输入创建一个资源对象，支持很多子命令，例如 namespace、pod、service 等
kubectl expose	将 JSON/YAML 文件中定义的资源对象的端口暴露给新的 Service 资源对象
kubectl run	创建并运行一个或多个容器镜像
kubectl set	配置资源对象，设置特定功能

2. 基础命令（中级）（如表 4-2 所示）

表 4-2 基础命令（中级）说明

命　令	说　明
kubectl explain	查看资源对象的详细信息
kubectl get	获取一个或多个资源对象的信息
kubectl edit	使用默认编辑器编辑服务器上定义的资源对象
kubectl delete	通过 JSON/YAML 文件、标准输入、资源名称或标签选择器来删除资源

3. 部署命令（如表 4-3 所示）

表 4-3 部署命令说明

命　令	说　明
kubectl rollout	管理资源对象的部署
kubectl rolling-update	使用 RC（ReplicationController）进行滚动更新
kubectl scale	扩容或缩容 Deployment、ReplicaSet、Replication Controller 等
kubectl autoscale	自动设置在 Kubernetes 系统中运行的 Pod 数量（水平自动伸缩）

4. 集群管理命令（如表 4-4 所示）

表 4-4 集群管理命令说明

命　令	说　明
kubectl certificate	修改证书资源对象
kubectl cluster-info	查看集群信息
kubectl top	显示资源（CPU、内存、存储）使用情况
kubectl cordon	将指定节点标记为不可调度

续表

命　令	说　明
kubectl uncordon	将指定节点标记为可调度
kubectl drain	安全地驱逐指定节点上的所有 Pod
kubectl taint	将一个或多个节点设置为污点

5. 故障排查和调试命令（如表 4-5 所示）

表 4-5　故障排查和调试命令说明

命　令	说　明
kubectl describe	显示一个或多个资源对象的详细信息
kubectl logs	输出 Pod 资源对象中一个容器的日志
kubectl attach	连接到一个正在运行的容器
kubectl exec	在指定容器内执行命令
kubectl port-forward	将本机指定端口映射到 Pod 资源对象的端口
kubectl proxy	将本机指定端口映射到 kube-apiserver
kubectl cp	用于 Pod 与主机交换文件
kubectl auth	检查验证

6. 高级命令（如表 4-6 所示）

表 4-6　高级命令说明

命　令	说　明
kubectl diff	对比本地 JSON/YAML 文件与 kube-apiserver 中运行的配置文件是否有差异
kubectl apply	通过 JSON/YAML 文件、标准输入对资源对象进行配置更新
kubectl patch	通过 patch 方式修改资源对象字段
kubectl replace	通过 JSON/YAML 文件或标准输入来替换资源对象
kubectl wait	在一个或多个资源上等待条件达成
kubectl convert	转换 JSON/YAML 文件为不同的资源版本
kubectl kustomize	定制 Kubernetes 配置

7. 设置命令（如表 4-7 所示）

表 4-7　设置命令说明

命　令	说　明
kubectl label	增、删、改资源的标签

续表

命　令	说　明
kubectl annotate	更新一个或多个资源对象的注释（Annotation）信息
kubectl completion	命令行自动补全

8. 其他命令（如表 4-8 所示）

表 4-8　其他命令说明

命　令	说　明
kubectl config	管理 kubeconfig 配置文件
kubectl plugin	运行命令行插件功能
kubectl version	查看客户端和服务端的系统版本信息
kubectl api-versions	列出当前 Kubernetes 系统支持的资源组和资源版本，其表现形式为 <group>/<version>
kubectl api-resources	列出当前 Kubernetes 系统支持的 Resource 资源列表
kubectl options	查看支持的参数列表

4.2　Cobra 命令行参数解析

Cobra 是一个创建强大的现代化 CLI 命令行应用程序的 Go 语言库，也可以用来生成应用程序的文件。很多知名的开源软件都使用 Cobra 实现其 CLI 部分，例如 Istio、Docker、Etcd 等。Cobra 提供了如下功能。

- 支持子命令行（Subcommand）模式，如 app server，其中 server 是 app 命令的子命令参数。
- 完全兼容 posix 命令行模式。
- 支持全局、局部、串联的命令行参数（Flag）。
- 轻松生成应用程序和命令。
- 如果命令输入错误，将提供智能建议，例如输入 app srver，当 srver 参数不存在时，Cobra 会智能提示用户是否应输入 app server。
- 自动生成命令（Command）和参数（Flag）的帮助信息。
- 自动生成详细的命令行帮助（Help）信息，如 app help。
- 自动识别 -h、--help flag。

- 提供 bash 环境下的命令自动完成功能。
- 自动生成应用程序的帮助手册。
- 支持命令行别名。
- 自定义帮助和使用信息。
- 可与 viper 配置库紧密结合。

下面使用一个 Cobra Example 代码示例描述其应用步骤：

```go
package main

import (
    "fmt"

    "github.com/spf13/cobra"
)

func main() {
    var Version bool
    var rootCmd = &cobra.Command{
        Use:   "root [sub]",
        Short: "root command",
        Run: func(cmd *cobra.Command, args []string) {
            fmt.Printf("Inside rootCmd Run with args: %v\n", args)
            if Version {
                fmt.Printf("Version:1.0\n")
            }
        },
    }

    flags := rootCmd.Flags()
    flags.BoolVarP(&Version, "version", "v", false, "Print version information and quit")
    _ = rootCmd.Execute()
}
```

Cobra 基本应用步骤分为如下 3 步。

（1）创建 rootCmd 主命令，并定义 Run 执行函数（注意，此处是定义 Run 函数而非直接执行该函数）。也可以通过 rootCmd.AddCommand 方法添加子命令。

（2）为命令添加命令行参数（Flag）。

（3）执行 rootCmd 命令调用的函数，rootCmd.Execute 会在内部回调 Run 执行函数。

在 Kubernetes 系统中，Cobra 被广泛使用，Kubernetes 核心组件（kube-apiserver、kube-controller-manager、kube-scheduler、kubelet 等）都通过 Cobra 来管理 CLI 交互方式。Kubernetes 组件使用 Cobra 的方式类似，下面以 kubectl 为例，分析 Cobra 在 Kubernetes 中的应用，kubectl 命令行示例如图 4-1 所示。

图 4-1　kubectl 命令行示例

kubectl CLI 命令行结构分别为 Command、TYPE、NAME 及 Flag，分别介绍如下。

- **Command**：指定命令操作，例如 create、get、describe、delete 等。命令后面也可以加子命令，例如 kubectl config view。
- **TYPE**：指定资源类型，例如 pod、pods、rc 等。资源类型不区分大小写。
- **NAME**：指定资源名称，可指定多个，例如 name1 name2。资源名称需要区分大小写。
- **Flag:** 指定可选命令行参数，例如-n 命令行参数用于指定不同的命名空间。

同样，在 Kubernetes 中，Cobra 的应用步骤也分为 3 步：第 1 步，创建 Command；第 2 步，为 get 命令添加命令行参数；第 3 步，执行命令。kubectl 代码示例如下。

1. 创建 Command

实例化 cobra.Command 对象，并通过 cmds.AddCommand 方法添加命令或子命令。每个 cobra.Command 对象都可设置 Run 执行函数，代码示例如下：

代码路径：pkg/kubectl/cmd/cmd.go

```
func NewKubectlCommand(in io.Reader, out, err io.Writer) *cobra.Command {
    ...
    groups := templates.CommandGroups{
        ...
        {
            Message: "Basic Commands (Intermediate):",
            Commands: []*cobra.Command{
                explain.NewCmdExplain("kubectl", f, ioStreams),
```

```go
            get.NewCmdGet("kubectl", f, ioStreams),
            edit.NewCmdEdit(f, ioStreams),
            delete.NewCmdDelete(f, ioStreams),
        },
    },
    ...
    }
    groups.Add(cmds)
    ...
    cmds.AddCommand(alpha)
    cmds.AddCommand(cmdconfig.NewCmdConfig(f,
clientcmd.NewDefaultPathOptions(), ioStreams))
    cmds.AddCommand(plugin.NewCmdPlugin(f, ioStreams))
    cmds.AddCommand(version.NewCmdVersion(f, ioStreams))
    cmds.AddCommand(apiresources.NewCmdAPIVersions(f, ioStreams))
    cmds.AddCommand(apiresources.NewCmdAPIResources(f, ioStreams))
    cmds.AddCommand(options.NewCmdOptions(ioStreams.Out))

    return cmds
}
```

NewKubectlCommand 函数实例化了 cobra.Command 对象，templates.CommandGroups 定义了 kubectl 的 8 种命令类别，即基础命令（初级）、基础命令（中级）、部署命令、集群管理命令、故障排查和调试命令、高级命令及设置命令，最后通过 cmds.AddCommand 函数添加第 8 种命令类别——其他命令。以基础命令（中级）下的 get 命令为例，get 命令的 Command 定义如下：

代码路径：pkg/kubectl/cmd/get/get.go

```go
    func NewCmdGet(parent string, f cmdutil.Factory, streams
genericclioptions.IOStreams) *cobra.Command {
        o := NewGetOptions(parent, streams)

    cmd := &cobra.Command{
        Use:                "get 
[(-o|--output=)json|yaml|wide|custom-columns=...|custom-columns-file=
...|go-template=...|go-template-file=...|jsonpath=...|jsonpath-file=.
..] (TYPE[.VERSION][.GROUP] [NAME | -l label] | 
TYPE[.VERSION][.GROUP]/NAME ...) [s]",
        DisableFlagsInUseLine: true,
        Short:              i18n.T("Display one or many resources"),
        Long:               getLong + "\n\n" +
cmdutil.SuggestAPIResources(parent),
        Example:            getExample,
        Run: func(cmd *cobra.Command, args []string) {
            cmdutil.CheckErr(o.Complete(f, cmd, args))
            cmdutil.CheckErr(o.Validate(cmd))
            cmdutil.CheckErr(o.Run(f, cmd, args))
```

```
        },
        SuggestFor: []string{"list", "ps"},
    }
    ...
}
```

在 cobra.Command 对象中，Use、Short、Long 和 Example 包含描述命令的信息，其中最重要的是定义了 Run 执行函数。Run 执行函数中定义了 get 命令的实现。Cobra 中的 Run 函数家族成员有很多，在 Run 函数之前调用（PreRun）或之后调用（PostRun）。它们的执行顺序为 PersistentPreRun→PreRun→Run→PostRun→PersistentPostRun。更多关于 Run 函数家族成员的内容可参考 cobra.Command 中的结构体定义。

2. 为 get 命令添加命令行参数

get 命令下支持的命令行参数较多，这里以 --all-namespaces 参数为例，代码示例如下：

```
func NewCmdGet(parent string, f cmdutil.Factory, streams genericclioptions.IOStreams) *cobra.Command {
    ...
    cmd.Flags().BoolVarP(&o.AllNamespaces, "all-namespaces", "A",
o.AllNamespaces, "If present, list the requested object(s) across all
namespaces. Namespace in current context is ignored even if specified with
--namespace.")
    ...
}
```

cmd.Flags 实现了命令行参数的解析：第 1 个参数，接收命令行参数的变量；第 2 个参数，指定命令行参数的名称；第 3 个参数，指定命令行参数的名称简写；第 4 个参数，设置命令行参数的默认值；第 5 个参数，设置命令行参数的提示信息。

3. 执行命令

代码路径：cmd/kubectl/kubectl.go

```
func main() {
    command := cmd.NewDefaultKubectlCommand()
    ...
    if err := command.Execute(); err != nil {
        fmt.Fprintf(os.Stderr, "%v\n", err)
        os.Exit(1)
    }
}
```

kubectl 的 main 函数中定义了执行函数 command.Execute，原理是对命令行中的所有参数解析出 Command 和 Flag，把 Flag 作为参数传递给 Command 并执行。command.Execute→ExecuteC 代码示例如下：

代码路径：**vendor/github.com/spf13/cobra/command.go**

```
cmd, flags, err = c.Find(args)
...
err = cmd.execute(flags)
```

args 数组中包含所有命令行参数，通过 c.Find 函数解析出 cmd 和 flags，然后通过 cmd.execute 执行命令中定义的 Run 执行函数。

4.3 创建资源对象的过程

Deployment 是一种常见的资源对象。在 Kubernetes 系统中创建资源对象有很多种方法。本节将对用 kubectl create 命令创建 Deployment 资源对象的过程进行分析。kubectl 资源对象创建过程如图 4-2 所示。

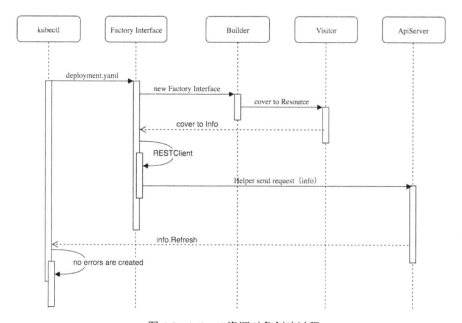

图 4-2　kubectl 资源对象创建过程

使用 kubectl 创建资源对象是 Kubernetes 中最常见的操作之一，内部运行原理是客户端与服务端进行一次 HTTP 请求的交互。Kubernetes 整个系统架构的设计方向是通用和具有高扩展性，所以以上功能在代码实现上略微复杂。

创建资源对象的流程可分为：实例化 Factory 接口、通过 Builder 和 Visitor 将资源对象描述文件（deployment.yaml）文本格式转换成资源对象。将资源对象以 HTTP 请求的方式发送给 kube-apiserver，并得到响应结果。最终根据 Visitor 匿名函数集的 errors 判断是否成功创建了资源对象。

4.3.1 编写资源对象描述文件

Kubernetes 系统的资源对象可以使用 JSON 或 YAML 文件来描述，一般使用 YAML 文件居多。下面提供了一个简单的 Deployment Example 资源对象文件：

```yaml
apiVersion: apps/v1beta1
kind: Deployment
metadata:
  name: nginx-deployment
spec:
  replicas: 1
  template:
    metadata:
      labels:
        app: nginx
    spec:
      containers:
      - name: nginx
        image: nginx:1.7.9
        ports:
        - containerPort: 80
```

通过 kubectl create 命令与 kube-apiserver 交互并创建资源对象，执行命令如下：

```
$ kubectl create -f deployment.yaml
```

4.3.2 实例化 Factory 接口

在执行每一个 kubectl 命令之前，都需要执行实例化 cmdutil Factory 接口对象的操作。Factory 是一个通用对象，它提供了与 kube-apiserver 的交互方式，以及验证资源对象等方法。cmdutil Factory 接口代码示例如下：

代码路径：**pkg/kubectl/cmd/cmd.go**

```
f := cmdutil.NewFactory(matchVersionKubeConfigFlags)
```

代码路径：**pkg/kubectl/cmd/util/factory.go**

```
type Factory interface {
    DynamicClient()
    KubernetesClientSet()
    RESTClient()
    NewBuilder()
    Validator(...)
    ...
}
```

cmdutil Factory 接口说明如下。

- **DynamicClient**：动态客户端。
- **KubernetesClientSet**：ClientSet 客户端。
- **RESTClient**：RESTClient 客户端。
- **NewBuilder**：实例化 Builder，Builder 用于将命令行获取的参数转换成资源对象。
- **Validator**：验证资源对象。

cmdutil Factory 接口封装了 3 种 client-go 客户端与 kube-apiserver 交互的方式，分别是 DynamicClient、KubernetesClientSet（简称 ClientSet）及 RESTClient。3 种交互方式各有不同的应用场景。

4.3.3 Builder 构建资源对象

Builder 用于将命令行获取的参数转换成资源对象（Resource Object）。它实现了一种通用的资源对象转换功能。Builder 结构体保存了命令行获取的各种参数，并通过不同函数处理不同参数，将其转换成资源对象。Builder 的实现类似于 Builder 建造者设计模式，提供了一种实例化对象的最佳方式。代码示例如下：

代码路径：**pkg/kubectl/cmd/create/create.go**

```
r := f.NewBuilder().
    Unstructured().
    Schema(schema).
    ContinueOnError().
    NamespaceParam(cmdNamespace).DefaultNamespace().
```

```
        FilenameParam(enforceNamespace, &o.FilenameOptions).
        LabelSelectorParam(o.Selector).
        Flatten().
        Do()
    err = r.Err()
    if err != nil {
        return err
    }
```

首先通过 f.NewBuilder 实例化 Builder 对象，通过函数 Unstructured、Schema、ContinueOnError、NamespaceParam、FilenameParam、LabelSelectorParam、Flatten 对参数赋值和初始化，将参数保存到 Builder 对象中。最后通过 Do 函数完成对资源的创建。

其中，FilenameParam 函数用于识别 kubectl create 命令行参数是通过哪种方式传入资源对象描述文件的，kubectl 目前支持 3 种方式：第 1 种，标准输入 Stdin（即 cat deployment.yaml | kubectl create -f -）；第 2 种，本地文件（即 kubectl create -f deployment.yaml）；第 3 种，网络文件（即 kubectl create -f http://<host>/deployment.yaml）。

Do 函数返回 Result 对象，Result 对象的 info 字段保存了 RESTClient 与 kube-apiserver 交互产生的结果，可以通过 Result 对象的 Infos 或 Object 方法来获取执行结果。而 Result 对象中的结果，是由 Visitor 执行产生的。

4.3.4　Visitor 多层匿名函数嵌套

在 Builder Do 函数中，Result 对象中的结果由 Visitor 执行并产生，Visitor 的设计模式类似于 Visitor 访问者模式。Visitor 接口定义如下：

代码路径：vendor/k8s.io/cli-runtime/pkg/resource/interfaces.go

```
type Visitor interface {
    Visit(VisitorFunc) error
}

type VisitorFunc func(*Info, error) error
```

Visitor 接口包含 Visit 方法，实现了 Visit(VisitorFunc) error 的结构体都可以成为 Visitor。其中，VisitorFunc 是一个匿名函数，它接收 Info 与 error 信息，Info 结构用于存储 RESTClient 请求的返回结果，而 VisitorFunc 匿名函数则生成或处理 Info 结构。

Visitor 的设计较为复杂,并非单纯实现了访问者模式,它相当于一个匿名函数集。在 Kubernetes 源码中,Visitor 被设计为可以多层嵌套(即多层匿名函数嵌套,使用一个 Visitor 嵌套另一个 Visitor)。直接阅读 Visitor 源码,会比较晦涩,为了更好地理解 Visitor 的工作原理,这里提供了代码示例。Visitor Example 代码示例如下:

```go
package main

import (
    "fmt"
)

type Visitor interface {
    Visit(VisitorFunc) error
}

type VisitorFunc func() error

type VisitorList []Visitor

func (l VisitorList) Visit(fn VisitorFunc) error {
    for i := range l {
        if err := l[i].Visit(func() error {
            fmt.Println("In VisitorList before fn")
            fn()
            fmt.Println("In VisitorList after fn")
            return nil
        }); err != nil {
            return err
        }
    }
    return nil
}

type Visitor1 struct {
}

func (v Visitor1) Visit(fn VisitorFunc) error {
    fmt.Println("In Visitor1 before fn")
    fn()
    fmt.Println("In Visitor1 after fn")
    return nil
}

type Visitor2 struct {
    visitor Visitor
}
```

```go
func (v Visitor2) Visit(fn VisitorFunc) error {
    v.visitor.Visit(func() error {
        fmt.Println("In Visitor2 before fn")
        fn()
        fmt.Println("In Visitor2 after fn")
        return nil
    })
    return nil
}
type Visitor3 struct {
    visitor Visitor
}
func (v Visitor3) Visit(fn VisitorFunc) error {
    v.visitor.Visit(func() error {
        fmt.Println("In Visitor3 before fn")
        fn()
        fmt.Println("In Visitor3 after fn")
        return nil
    })
    return nil
}

func main() {
    var visitor Visitor
    var visitors []Visitor

    visitor = Visitor1{}
    visitors = append(visitors, visitor)
    visitor = Visitor2{VisitorList(visitors)}
    visitor = Visitor3{visitor}
    visitor.Visit(func() error {
        fmt.Println("In visitFunc")
        return nil
    })
}
```

在 Visitor Example 代码示例中，定义了 Visitor 接口，增加了 VisitorList 对象，该对象相当于多个 Visitor 匿名函数的集合。另外，增加了 3 个 Visitor 的类，分别实现 Visit 方法，在每一个 VisitorFunc 执行之前（before）和执行之后（after）分别输出 print 信息。Visitor Example 代码执行结果输出如下：

```
In Visitor1 before fn
In VisitorList before fn
In Visitor2 before fn
```

```
In Visitor3 before fn
In visitFunc
In Visitor3 after fn
In Visitor2 after fn
In VisitorList after fn
In Visitor1 after fn
```

通过 Visitor 代码示例的输出，能够更好地理解 Visitor 的多层嵌套关系。在 main 函数中，首先将 Visitor1 嵌入 VisitorList 中，VisitorList 是 Visitor 的集合，可存放多个 Visitor。然后将 VisitorList 嵌入 Visitor2 中，接着将 Visitor2 嵌入 Visitor3 中。最终形成 Visitor3{Visitor2{VisitorList{Visitor1}}}的嵌套关系。

根据输出结果，最先执行的是 Visitor1 中 fn 匿名函数之前的代码，然后是 VisitorList、Visitor2 和 Visitor3 中 fn 匿名函数之前的代码。紧接着执行 VisitFunc(visitor.Visit)。最后执行 Visitor3、Visitor2、VisitorList、Visitor1 的 fn 匿名函数之后的代码。整个多层嵌套关系的执行过程有些类似于递归操作。

多层嵌套关系理解起来有点困难，如果读者看过电影《盗梦空间》的话，该过程可以类比为其中的场景。每次执行 Visitor 相当于进入盗梦空间中的另一层梦境，在触发执行了 visitFunc return 后，就开始从每一层梦境中苏醒过来。

回到 Kubernetes 源码中的 Visitor，再次阅读源码时，就容易理解了。Visitor 中的 VisitorList（存放 Visitor 的集合）有两种，定义在 vendor/k8s.io/cli-runtime/pkg/resource/visitor.go 中，代码示例如下：

代码路径：vendor/k8s.io/cli-runtime/pkg/resource/visitor.go

```
type EagerVisitorList []Visitor

type VisitorList []Visitor
```

Visitor 的集合说明如下。

- **EagerVisitorList**：当遍历执行 Visitor 时，如果遇到错误，则保留错误信息，继续遍历执行下一个 Visitor。最后一起返回所有错误。
- **VisitorList**：当遍历执行 Visitor 时，如果遇到错误，则立刻返回。

Kubernetes Visitor 中存在多种实现方法，不同实现方法的作用不同，如表 4-9 所示。

表 4-9　Visitor 方法说明

Visitor	说明
URLVisitor	资源对象描述文件通过网络方式指定（例如 kubectl create -f http://<host>/deployment.yaml），该 Visitor 会下载资源对象描述文件，并对内容格式进行检查，通过 StreamVisitor 将其转换成 Info 对象
FileVisitor	资源对象描述文件通过本地方式指定（例如 kubectl create -f deployment.yaml），该 Visitor 会访问资源对象描述文件，并通过 StreamVisitor 将其转换成 Info 对象
KustomizeVisitor	从 kustomize 中获取资源对象描述文件，然后把其交给 StreamVisitor，并转换成 Info 对象
DecoratedVisitor	提供多种装饰器（decorator）函数，通过遍历自身的装饰器函数对 Info 和 error 进行处理，如果任意一个装饰器函数报错，则终止并返回。装饰器函数通过 NewDecoratedVisitor 进行注册，例如 SetNamespace 函数
ContinueOnErrorVisitor	在执行多层 Visitor 匿名函数时，如果发生一个错误或多个错误，则不会返回和退出，而是将执行过程中所产生的错误收集到 error 数组中并聚合成一条 error 信息返回
FlattenListVisitor	将通用资源类型（runtime.Object）转换成 Info 对象
StreamVisitor	从 io.reader 中获取数据流，将其转换成 JSON 格式，通过 schema 进行检查，最后将其数据转换成 Info 对象
FilteredVisitor	通过 filters 函数检查 Info 是否满足某些条件：如果满足条件，则往下执行，否则返回 error 信息。filters 函数通过 NewFilteredVisitor 进行注册

下面将资源创建（kubectl create -f yaml/deployment.yaml）过程中的 Visitor 多层匿名函数嵌套关系整理了出来：

```
EagerVisitorList{FileVisitor{StreamVisitor{FlattenListVisitor{Flat
tenListVisitor{ContinueOnErrorVisitor{DecoratedVisitor{result.Visit{}
}}}}}}}
```

EagerVisitorList 是 Visitor 集合，集合中包含 FileVisitor 和 StreamVisitor，执行 FileVisitor 和 StreamVisitor 并保留执行后的 error 信息，然后继续执行下面的 Visitor。FileVisitor 和 StreamVisitor 将资源对象描述文件（deployment.yaml）的内容通过 infoForData 函数转换成 Info 对象。FlattenListVisitor 将资源对象描述文件中定义的资源类型转换成 Info 对象。ContinueOnErrorVisitor 将 Visitor 调用过程中产生的错误保留在[]error 中。DecoratedVisitor 会执行注册过的 VisitorFunc，分别介绍如下。

- resource.SetNamespace：设置命名空间（Namespace），确保每个 Info 对象都有命名空间。

- **resource.RequireNamespace**：设置命名空间，并检查资源对象描述文件中提供的命名空间与命令行参数（--namespace）提供的命名空间是否相符，如果不相符则返回错误。
- **resource.FilterNamespace**：如果 Info 对象不在命名空间范围内，会忽略命名空间。
- **resource.RetrieveLazy**：如果 info.Object 为空，则根据 info 的 Namepsace 和 Name 等字段调用 Helper 获取 obj，并更新 info 的 Object 字段。

由 result.Visit 执行 createAndRefresh：第 1 步，通过 Helper.Create 向 kube-apiserver 发送创建资源的请求，Helper 对 client-go 的 RESTClient 进行了封装，在此基础上实现了 Get、List、Watch、Delete、Create、Patch、Replace 等方法，实现了与 kube-apiserver 的交互功能；第 2 步，将与 kube-apiserver 交互后得到的结果通过 info.Refresh 函数更新到 info.Object 中。最后逐个退出 Visitor，其过程为 DecoratedVisitor → ContinueOnErrorVisitor → FlattenListVisitor → FlattenListVisitor → StreamVisitor → FileVisitor → EagerVisitorList。

最终根据 Visitor 的 error 信息为空判断创建资源请求执行成功。

第 5 章
client-go 编程式交互

Kubernetes 系统使用 client-go 作为 Go 语言的官方编程式交互客户端库，提供对 Kubernetes API Server 服务的交互访问。Kubernetes 的源码中已经集成了 client-go 的源码，无须单独下载。client-go 源码路径为 vendor/k8s.io/client-go。

开发者常使用 client-go 基于 Kubernetes 做二次开发，所以 client-go 是开发者应熟练掌握的必会技能。

5.1 client-go 源码结构

client-go 的代码库已经集成到 Kubernetes 源码中了，无须考虑版本兼容性问题，源码结构示例如下。client-go 源码目录结构说明如表 5-1 所示。

```
$ tree vendor/k8s.io/client-go/ -L 1
vendor/k8s.io/client-go/
├── discovery
├── dynamic
├── informers
├── kubernetes
├── listers
├── plugin
├── rest
├── scale
├── tools
├── transport
└── util
```

表 5-1 client-go 源码目录结构说明

源码目录	说明
discovery	提供 DiscoveryClient 发现客户端
dynamic	提供 DynamicClient 动态客户端
informers	每种 Kubernetes 资源的 Informer 实现
kubernetes	提供 ClientSet 客户端
listers	为每一个 Kubernetes 资源提供 Lister 功能，该功能对 Get 和 List 请求提供只读的缓存数据
plugin	提供 OpenStack、GCP 和 Azure 等云服务商授权插件
rest	提供 RESTClient 客户端，对 Kubernetes API Server 执行 RESTful 操作
scale	提供 ScaleClient 客户端，用于扩容或缩容 Deployment、ReplicaSet、Replication Controller 等资源对象
tools	提供常用工具，例如 SharedInformer、Reflector、DealtFIFO 及 Indexers。提供 Client 查询和缓存机制，以减少向 kube-apiserver 发起的请求数等
transport	提供安全的 TCP 连接，支持 Http Stream，某些操作需要在客户端和容器之间传输二进制流，例如 exec、attach 等操作。该功能由内部的 spdy 包提供支持
util	提供常用方法，例如 WorkQueue 工作队列、Certificate 证书管理等

5.2 Client 客户端对象

client-go 支持 4 种 Client 客户端对象与 Kubernetes API Server 交互的方式，Client 交互对象如图 5-1 所示。

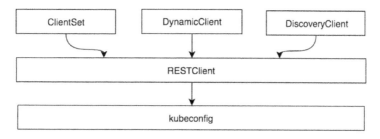

图 5-1 Client 交互对象

RESTClient 是最基础的客户端。RESTClient 对 HTTP Request 进行了封装，实现了 RESTful 风格的 API。ClientSet、DynamicClient 及 DiscoveryClient 客户端都是基于 RESTClient 实现的。

ClientSet 在 RESTClient 的基础上封装了对 Resource 和 Version 的管理方法。每一个 Resource 可以理解为一个客户端，而 ClientSet 则是多个客户端的集合，每一个 Resource 和 Version 都以函数的方式暴露给开发者。ClientSet 只能够处理 Kubernetes 内置资源，它是通过 client-gen 代码生成器自动生成的。

DynamicClient 与 ClientSet 最大的不同之处是，ClientSet 仅能访问 Kubernetes 自带的资源（即 Client 集合内的资源），不能直接访问 CRD 自定义资源。DynamicClient 能够处理 Kubernetes 中的所有资源对象，包括 Kubernetes 内置资源与 CRD 自定义资源。

DiscoveryClient 发现客户端，用于发现 kube-apiserver 所支持的资源组、资源版本、资源信息（即 Group、Versions、Resources）。

以上 4 种客户端：RESTClient、ClientSet、DynamicClient、DiscoveryClient 都可以通过 kubeconfig 配置信息连接到指定的 Kubernetes API Server，后面将详解它们的实现。

5.2.1　kubeconfig 配置管理

kubeconfig 用于管理访问 kube-apiserver 的配置信息，同时也支持访问多 kube-apiserver 的配置管理，可以在不同的环境下管理不同的 kube-apiserver 集群配置，不同的业务线也可以拥有不同的集群。Kubernetes 的其他组件都使用 kubeconfig 配置信息来连接 kube-apiserver 组件，例如当 kubectl 访问 kube-apiserver 时，会默认加载 kubeconfig 配置信息。

kubeconfig 中存储了集群、用户、命名空间和身份验证等信息，在默认的情况下，kubeconfig 存放在$HOME/.kube/config 路径下。Kubeconfig 配置信息如下：

```
$ cat $HOME/.kube/config
apiVersion: v1
kind: Config
preferences: {}

clusters:
- cluster:
  name: dev-cluster

users:
```

```
  - name: dev-user
contexts:
- context:
  name: dev-context
```

kubeconfig 配置信息通常包含 3 个部分，分别介绍如下。

- **clusters**：定义 Kubernetes 集群信息，例如 kube-apiserver 的服务地址及集群的证书信息等。
- **users**：定义 Kubernetes 集群用户身份验证的客户端凭据，例如 client-certificate、client-key、token 及 username/password 等。
- **contexts**：定义 Kubernetes 集群用户信息和命名空间等，用于将请求发送到指定的集群。

client-go 会读取 kubeconfig 配置信息并生成 config 对象，用于与 kube-apiserver 通信，代码示例如下：

```
package main

import (
  "k8s.io/client-go/tools/clientcmd"
)

func main() {
  config, err := clientcmd.BuildConfigFromFlags("",
"/root/.kube/config")
  if err != nil {
    panic(err)
  }
  ...
}
```

在上述代码中，clientcmd.BuildConfigFromFlags 函数会读取 kubeconfig 配置信息并实例化 rest.Config 对象。其中 kubeconfig 最核心的功能是管理多个访问 kube-apiserver 集群的配置信息，将多个配置信息合并（merge）成一份，在合并的过程中会解决多个配置文件字段冲突的问题。该过程由 Load 函数完成，可分为两步：第 1 步，加载 kubeconfig 配置信息；第 2 步，合并多个 kubeconfig 配置信息。代码示例如下。

1. 加载 kubeconfig 配置信息

代码路径：vendor/k8s.io/client-go/tools/clientcmd/loader.go

```go
func (rules *ClientConfigLoadingRules) Load() (*clientcmdapi.Config,
error) {
    ...
    kubeConfigFiles := []string{}
    ...
    if len(rules.ExplicitPath) > 0 {
      ...
      kubeConfigFiles = append(kubeConfigFiles, rules.ExplicitPath)
    } else {
      kubeConfigFiles = append(kubeConfigFiles, rules.Precedence...)
    }
    for _, filename := range kubeConfigFiles {
      ...
      config, err := LoadFromFile(filename)
      ...
      kubeconfigs = append(kubeconfigs, config)
    }
    ...
}
```

有两种方式可以获取 kubeconfig 配置信息路径：第 1 种，文件路径（即 rules.ExplicitPath）；第 2 种，环境变量（通过 KUBECONFIG 变量，即 rules.Precedence，可指定多个路径）。最后将配置信息汇总到 kubeConfigFiles 中。这两种方式都通过 LoadFromFile 函数读取数据并把读取到的数据反序列化到 Config 对象中。代码示例如下：

代码路径：vendor/k8s.io/client-go/tools/clientcmd/loader.go

```go
func Load(data []byte) (*clientcmdapi.Config, error) {
    config := clientcmdapi.NewConfig()
    ...
    decoded, _, err := clientcmdlatest.Codec.Decode(data,
&schema.GroupVersionKind{Version: clientcmdlatest.Version, Kind:
"Config"}, config)
    ...
    return decoded.(*clientcmdapi.Config), nil
}
```

2. 合并多个 kubeconfig 配置信息（如图 5-2 所示）

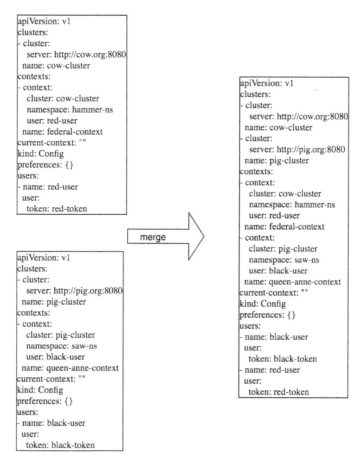

图 5-2　多个 kubeconfig 配置信息的合并操作

有两份 kubeconfig 配置信息，集群分别为 cow-cluster 和 pig-cluster，经过合并后，最终得到一份多集群的配置信息，代码示例如下：

代码路径：**vendor/k8s.io/client-go/tools/clientcmd/loader.go**

```
config := clientcmdapi.NewConfig()
mergo.MergeWithOverwrite(config, mapConfig)
mergo.MergeWithOverwrite(config, nonMapConfig)
```

mergo.MergeWithOverwrite 函数将 src 字段填充到 dst 结构中，私有字段除外，非空的 dst 字段将被覆盖。另外，dst 和 src 必须拥有有效的相同类型结构。合并过程举例如下：

```
src 结构：         T{X: "two", Z: Z{A: "three", B: 4}}
dst 结构：         T{X: "one", Y: 5, Z: Z{A: "four", B: 6}}
merge 后的结构：   T{X: "two", Y: 5, Z: Z{A: "three", B: 4}}
```

5.2.2 RESTClient 客户端

RESTClient 是最基础的客户端。其他的 ClientSet、DynamicClient 及 DiscoveryClient 都是基于 RESTClient 实现的。RESTClient 对 HTTP Request 进行了封装，实现了 RESTful 风格的 API。它具有很高的灵活性，数据不依赖于方法和资源，因此 RESTClient 能够处理多种类型的调用，返回不同的数据格式。

类似于 kubectl 命令，通过 RESTClient 列出所有运行的 Pod 资源对象，RESTClient Example 代码示例如下：

```go
package main

import (
  "fmt"

  corev1 "k8s.io/api/core/v1"
  metav1 "k8s.io/apimachinery/pkg/apis/meta/v1"
  "k8s.io/client-go/kubernetes/scheme"
  "k8s.io/client-go/rest"
  "k8s.io/client-go/tools/clientcmd"
)

func main() {
  config, err := clientcmd.BuildConfigFromFlags("", "/root/.kube/config")
  if err != nil {
    panic(err)
  }
  config.APIPath = "api"
  config.GroupVersion = &corev1.SchemeGroupVersion
  config.NegotiatedSerializer = scheme.Codecs

  restClient, err := rest.RESTClientFor(config)
  if err != nil {
    panic(err)
  }

  result := &corev1.PodList{}
```

```go
    err = restClient.Get().
      Namespace("default").
      Resource("pods").
      VersionedParams(&metav1.ListOptions{Limit:500},
scheme.ParameterCodec).
      Do().
      Into(result)
    if err != nil {
      panic(err)
    }

    for _, d := range result.Items {
      fmt.Printf("NAMESPACE:%v \t NAME:%v \t STATU:%+v\n", d.Namespace,
d.Name, d.Status.Phase)
    }
  }
```

运行以上代码，列出 default 命名空间下的所有 Pod 资源对象的相关信息。首先加载 kubeconfig 配置信息，并设置 config.APIPath 请求的 HTTP 路径。然后设置 config.GroupVersion 请求的资源组/资源版本。最后设置 config.NegotiatedSerializer 数据的编解码器。

rest.RESTClientFor 函数通过 kubeconfig 配置信息实例化 RESTClient 对象，RESTClient 对象构建 HTTP 请求参数，例如 Get 函数设置请求方法为 get 操作，它还支持 Post、Put、Delete、Patch 等请求方法。Namespace 函数设置请求的命名空间。Resource 函数设置请求的资源名称。VersionedParams 函数将一些查询选项（如 limit、TimeoutSeconds 等）添加到请求参数中。通过 Do 函数执行该请求，并将 kube-apiserver 返回的结果（Result 对象）解析到 corev1.PodList 对象中。最终格式化输出结果。

RESTClient 发送请求的过程对 Go 语言标准库 net/http 进行了封装，由 Do→request 函数实现，代码示例如下：

代码路径：vendor/k8s.io/client-go/rest/request.go

```go
func (r *Request) Do() Result {
  ...
  var result Result
  err := r.request(func(req *http.Request, resp *http.Response) {
    result = r.transformResponse(resp, req)
  })
  ...
}
```

```go
func (r *Request) request(fn func(*http.Request, *http.Response)) error {
    ...
    for {
      url := r.URL().String()
      req, err := http.NewRequest(r.verb, url, r.body)
      if err != nil {
        return err
      }
      ...
      req.Header = r.headers
      ...
      resp, err := client.Do(req)
      ...
      if err != nil {
        if !net.IsConnectionReset(err) || r.verb != "GET" {
          return err
        }
        resp = &http.Response{
          StatusCode: http.StatusInternalServerError,
          Header:     http.Header{"Retry-After": []string{"1"}},
          Body:       ioutil.NopCloser(bytes.NewReader([]byte{})),
        }
      }
      ...
      resp.Body.Close()
      ...
      fn(req, resp)
      ...
    }
}
```

请求发送之前需要根据请求参数生成请求的 RESTful URL，由 r.URL.String 函数完成。例如，在 RESTClient Example 代码示例中，根据请求参数生成请求的 RESTful URL 为 http://127.0.01:8080/api/v1/namespaces/default/pods?limit=500，其中 api 参数为 v1，namespace 参数为 default，请求的资源为 pods，limit 参数表示最多检索出 500 条信息。

最后通过 Go 语言标准库 net/http 向 RESTful URL（即 kube-apiserver）发送请求，请求得到的结果存放在 http.Response 的 Body 对象中，fn 函数（即 transformResponse）将结果转换为资源对象。当函数退出时，会通过 resp.Body.Close 命令进行关闭，防止内存溢出。

5.2.3 ClientSet 客户端

RESTClient 是一种最基础的客户端，使用时需要指定 Resource 和 Version 等信息，编写代码时需要提前知道 Resource 所在的 Group 和对应的 Version 信息。相比 RESTClient，ClientSet 使用起来更加便捷，一般情况下，开发者对 Kubernetes 进行二次开发时通常使用 ClientSet。

ClientSet 在 RESTClient 的基础上封装了对 Resource 和 Version 的管理方法。每一个 Resource 可以理解为一个客户端，而 ClientSet 则是多个客户端的集合，每一个 Resource 和 Version 都以函数的方式暴露给开发者，例如，ClientSet 提供的 RbacV1、CoreV1、NetworkingV1 等接口函数，多 ClientSet 多资源集合如图 5-3 所示。

> 注意：ClientSet 仅能访问 Kubernetes 自身内置的资源（即客户端集合内的资源），不能直接访问 CRD 自定义资源。如果需要 ClientSet 访问 CRD 自定义资源，可以通过 client-gen 代码生成器重新生成 ClientSet，在 ClientSet 集合中自动生成与 CRD 操作相关的接口。更多关于 client-gen 代码生成器的内容，请参考 5.6.1 节 "client-gen 代码生成器"。

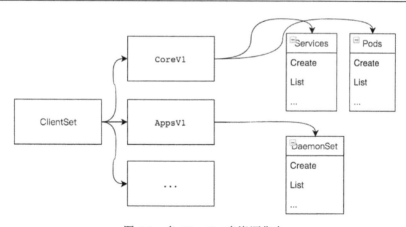

图 5-3 多 ClientSet 多资源集合

类似于 kubectl 命令，通过 ClientSet 列出所有运行中的 Pod 资源对象，ClientSet Example 代码示例如下：

```
package main

import (
```

```go
    "fmt"

    apiv1 "k8s.io/api/core/v1"
    metav1 "k8s.io/apimachinery/pkg/apis/meta/v1"
    "k8s.io/client-go/kubernetes"
    "k8s.io/client-go/tools/clientcmd"
)

func main() {
    config, err := clientcmd.BuildConfigFromFlags("", "/root/.kube/config")
    if err != nil {
        panic(err)
    }

    clientset, err := kubernetes.NewForConfig(config)
    if err != nil {
        panic(err)
    }
    podClient := clientset.CoreV1().Pods(apiv1.NamespaceDefault)

    list, err := podClient.List(metav1.ListOptions{Limit:500})
    if err != nil {
        panic(err)
    }
    for _, d := range list.Items {
        fmt.Printf("NAMESPACE:%v \t NAME:%v \t STATU:%+v\n", d.Namespace, d.Name, d.Status.Phase)
    }
}
```

运行以上代码，列出 default 命名空间下的所有 Pod 资源对象的相关信息。首先加载 kubeconfig 配置信息，kubernetes.NewForConfig 通过 kubeconfig 配置信息实例化 clientset 对象，该对象用于管理所有 Resource 的客户端。

clientset.CoreV1().Pods 函数表示请求 core 核心资源组的 v1 资源版本下的 Pod 资源对象，其内部设置了 APIPath 请求的 HTTP 路径，GroupVersion 请求的资源组、资源版本，NegotiatedSerializer 数据的编解码器。

其中，Pods 函数是一个资源接口对象，用于 Pod 资源对象的管理，例如，对 Pod 资源执行 Create、Update、Delete、Get、List、Watch、Patch 等操作，这些操作实际上是对 RESTClient 进行了封装，可以设置选项（如 Limit、TimeoutSeconds 等）。podClient.List 函数通过 RESTClient 获得 Pod 列表，代码示例如下：

代码路径：vendor/k8s.io/client-go/kubernetes/typed/core/v1/pod.go

```go
func (c *pods) List(opts metav1.ListOptions) (result *v1.PodList, err error) {
    ...
    result = &v1.PodList{}
    err = c.client.Get().
        Namespace(c.ns).
        Resource("pods").
        VersionedParams(&opts, scheme.ParameterCodec).
        Timeout(timeout).
        Do().
        Into(result)
    return
}
```

5.2.4 DynamicClient 客户端

DynamicClient 是一种动态客户端，它可以对任意 Kubernetes 资源进行 RESTful 操作，包括 CRD 自定义资源。DynamicClient 与 ClientSet 操作类似，同样封装了 RESTClient，同样提供了 Create、Update、Delete、Get、List、Watch、Patch 等方法。

DynamicClient 与 ClientSet 最大的不同之处是，ClientSet 仅能访问 Kubernetes 自带的资源（即客户端集合内的资源），不能直接访问 CRD 自定义资源。ClientSet 需要预先实现每种 Resource 和 Version 的操作，其内部的数据都是结构化数据（即已知数据结构）。而 DynamicClient 内部实现了 Unstructured，用于处理非结构化数据结构（即无法提前预知数据结构），这也是 DynamicClient 能够处理 CRD 自定义资源的关键。

> **注意**：DynamicClient 不是类型安全的，因此在访问 CRD 自定义资源时需要特别注意。例如，在操作指针不当的情况下可能会导致程序崩溃。

DynamicClient 的处理过程将 Resource（例如 PodList）转换成 Unstructured 结构类型，Kubernetes 的所有 Resource 都可以转换为该结构类型。处理完成后，再将 Unstructured 转换成 PodList。整个过程类似于 Go 语言的 interface{}断言转换过程。另外，Unstructured 结构类型是通过 map[string]interface{}转换的。

类似于 kubectl 命令，通过 DynamicClient 列出所有运行的 Pod 资源对象，DynamicClient Example 代码示例如下：

```go
package main

import (
  "fmt"

  apiv1 "k8s.io/api/core/v1"
  corev1 "k8s.io/api/core/v1"
  metav1 "k8s.io/apimachinery/pkg/apis/meta/v1"
  "k8s.io/apimachinery/pkg/runtime"
  "k8s.io/apimachinery/pkg/runtime/schema"
  "k8s.io/client-go/dynamic"
  _ "k8s.io/client-go/plugin/pkg/client/auth"
  "k8s.io/client-go/tools/clientcmd"
)

func main() {
  config, err := clientcmd.BuildConfigFromFlags("", "/root/.kube/config")
  if err != nil {
    panic(err)
  }

  dynamicClient, err := dynamic.NewForConfig(config)
  if err != nil {
    panic(err)
  }

  gvr := schema.GroupVersionResource{Version: "v1", Resource: "pods"}
  unstructObj, err := dynamicClient.Resource(gvr).Namespace(apiv1.NamespaceDefault).
    List(metav1.ListOptions{Limit: 500})
  if err != nil {
    panic(err)
  }

  podList := &corev1.PodList{}
  err = runtime.DefaultUnstructuredConverter.FromUnstructured(unstructObj.UnstructuredContent(), podList)
  if err != nil {
    panic(err)
  }

  for _, d := range podList.Items {
    fmt.Printf("NAMESPACE:%v \t NAME:%v \t STATU:%+v\n", d.Namespace, d.Name, d.Status.Phase)
  }
}
```

运行以上代码，列出 default 命名空间下的所有 Pod 资源对象的相关信息。首先加载 kubeconfig 配置信息，dynamic.NewForConfig 通过 kubeconfig 配置信息实例化 dynamicClient 对象，该对象用于管理 Kubernetes 的所有 Resource 的客户端，例如对 Resource 执行 Create、Update、Delete、Get、List、Watch、Patch 等操作。

dynamicClient.Resource(gvr)函数用于设置请求的资源组、资源版本、资源名称。Namespace 函数用于设置请求的命名空间。List 函数用于获取 Pod 列表。得到的 Pod 列表为 unstructured.UnstructuredList 指针类型，然后通过 runtime.DefaultUnstructuredConverter.FromUnstructured 函数将 unstructured.UnstructuredList 转换成 PodList 类型。

5.2.5 DiscoveryClient 客户端

DiscoveryClient 是发现客户端，它主要用于发现 Kubernetes API Server 所支持的资源组、资源版本、资源信息。Kubernetes API Server 支持很多资源组、资源版本、资源信息，开发者在开发过程中很难记住所有信息，此时可以通过 DiscoveryClient 查看所支持的资源组、资源版本、资源信息。

kubectl 的 api-versions 和 api-resources 命令输出也是通过 DiscoveryClient 实现的。另外，DiscoveryClient 同样在 RESTClient 的基础上进行了封装。

DiscoveryClient 除了可以发现 Kubernetes API Server 所支持的资源组、资源版本、资源信息，还可以将这些信息存储到本地，用于本地缓存（Cache），以减轻对 Kubernetes API Server 访问的压力。在运行 Kubernetes 组件的机器上，缓存信息默认存储于~/.kube/cache 和~/.kube/http-cache 下。

类似于 kubectl 命令，通过 DiscoveryClient 列出 Kubernetes API Server 所支持的资源组、资源版本、资源信息，DiscoveryClient Example 代码示例如下：

```
package main

import (
    "fmt"

    "k8s.io/apimachinery/pkg/runtime/schema"
    "k8s.io/client-go/discovery"
    "k8s.io/client-go/tools/clientcmd"
)
```

```go
func main() {
    config, err := clientcmd.BuildConfigFromFlags("",
"/root/.kube/config")
    if err != nil {
        panic(err)
    }

    discoveryClient, err :=
discovery.NewDiscoveryClientForConfig(config)
    if err != nil {
        panic(err)
    }

    _, APIResourceList, err :=
discoveryClient.ServerGroupsAndResources()
    if err != nil {
        panic(err)
    }

    for _, list := range APIResourceList {
        gv, err := schema.ParseGroupVersion(list.GroupVersion)
        if err != nil {
           panic(err)
        }
        for _, resource := range list.APIResources {
            fmt.Printf("name: %v, group:%v, version:%v\n",
resource.Name, gv.Group, gv.Version)
        }
    }
}
```

运行以上代码，列出 Kubernetes API Server 所支持的资源组、资源版本、资源信息。首先加载 kubeconfig 配置信息，discovery.NewDiscoveryClientForConfig 通过 kubeconfig 配置信息实例化 discoveryClient 对象，该对象是用于发现 Kubernetes API Server 所支持的资源组、资源版本、资源信息的客户端。

discoveryClient.ServerGroupsAndResources 函数会返回 Kubernetes API Server 所支持的资源组、资源版本、资源信息（即 APIResourceList），通过遍历 APIResourceList 输出信息。

1. 获取 Kubernetes API Server 所支持的资源组、资源版本、资源信息

Kubernetes API Server 暴露出/api 和/apis 接口。DiscoveryClient 通过 RESTClient

分别请求/api 和/apis 接口，从而获取 Kubernetes API Server 所支持的资源组、资源版本、资源信息。其核心实现位于 ServerGroupsAndResources→ServerGroups 中，代码示例如下：

代码路径：vendor/k8s.io/client-go/discovery/discovery_client.go

```go
func (d *DiscoveryClient) ServerGroups() (apiGroupList
*metav1.APIGroupList, err error) {
    v := &metav1.APIVersions{}
    err = d.restClient.Get().AbsPath(d.LegacyPrefix).Do().Into(v)
    ...

    apiGroupList = &metav1.APIGroupList{}
    err = d.restClient.Get().AbsPath("/apis").Do().Into
(apiGroupList)
    ...

    apiGroupList.Groups = append([]metav1.APIGroup{apiGroup},
apiGroupList.Groups...)
    ...
}
```

首先，DiscoveryClient 通过 RESTClient 请求/api 接口，将请求结果存放于 metav1.APIVersions 结构体中。然后，再次通过 RESTClient 请求/apis 接口，将请求结果存放于 metav1.APIGroupList 结构体中。最后，将/api 接口中检索到的资源组信息合并到 apiGroupList 列表中并返回。

2. 本地缓存的 DiscoveryClient

DiscoveryClient 可以将资源相关信息存储于本地，默认存储位置为~/.kube/cache 和~/.kube/http-cache。缓存可以减轻 client-go 对 Kubernetes API Server 的访问压力。默认每 10 分钟与 Kubernetes API Server 同步一次，同步周期较长，因为资源组、源版本、资源信息一般很少变动。本地缓存的 DiscoveryClient 如图 5-4 所示。

DiscoveryClient 第一次获取资源组、资源版本、资源信息时，首先会查询本地缓存，如果数据不存在（没有命中）则请求 Kubernetes API Server 接口（回源），Cache 将 Kubernetes API Server 响应的数据存储在本地一份并返回给 DiscoveryClient。当下一次 DiscoveryClient 再次获取资源信息时，会将数据直接从本地缓存返回（命中）给 DiscoveryClient。本地缓存的默认存储周期为 10 分钟。代码示例如下：

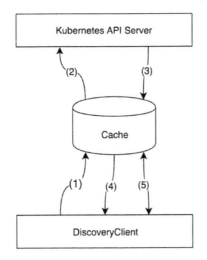

图 5-4　本地缓存的 DiscoveryClient

代码路径：vendor/k8s.io/client-go/discovery/cached/disk/cached_discovery.go

```go
func (d *CachedDiscoveryClient) ServerResourcesForGroupVersion(groupVersion string) (*metav1.APIResourceList, error) {
    filename := filepath.Join(d.cacheDirectory, groupVersion, "serverresources.json")
    cachedBytes, err := d.getCachedFile(filename)
    if err == nil {
        cachedResources := &metav1.APIResourceList{}
        ...
        return cachedResources, nil
    }

    liveResources, err := d.delegate.ServerResourcesForGroupVersion(groupVersion)
    ...
    if err := d.writeCachedFile(filename, liveResources); err != nil {
        ...
    }

    return liveResources, nil
}
```

5.3　Informer 机制

在 Kubernetes 系统中，组件之间通过 HTTP 协议进行通信，在不依赖任何中间件的情况下需要保证消息的实时性、可靠性、顺序性等。那么 Kubernetes 是如何做到的呢？答案就是 Informer 机制。Kubernetes 的其他组件都是通过 client-go 的 Informer 机制与 Kubernetes API Server 进行通信的。

5.3.1 Informer 机制架构设计

本节介绍 Informer 机制架构设计，Informer 运行原理如图 5-5 所示。

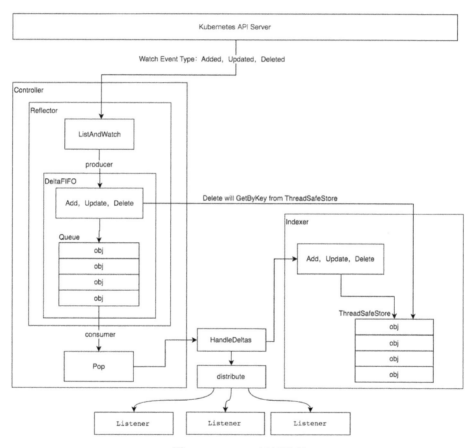

图 5-5　Informer 运行原理

在 Informer 架构设计中，有多个核心组件，分别介绍如下。

1. Reflector

Reflector 用于监控（Watch）指定的 Kubernetes 资源，当监控的资源发生变化时，触发相应的变更事件，例如 Added（资源添加）事件、Updated（资源更新）事件、Deleted（资源删除）事件，并将其资源对象存放到本地缓存 DeltaFIFO 中。

2. DeltaFIFO

DeltaFIFO 可以分开理解，FIFO 是一个先进先出的队列，它拥有队列操作的基本方法，例如 Add、Update、Delete、List、Pop、Close 等，而 Delta 是一个资源对象存储，它可以保存资源对象的操作类型，例如 Added（添加）操作类型、Updated（更新）操作类型、Deleted（删除）操作类型、Sync（同步）操作类型等。

3. Indexer

Indexer 是 client-go 用来存储资源对象并自带索引功能的本地存储，Reflector 从 DeltaFIFO 中将消费出来的资源对象存储至 Indexer。Indexer 与 Etcd 集群中的数据完全保持一致。client-go 可以很方便地从本地存储中读取相应的资源对象数据，而无须每次从远程 Etcd 集群中读取，以减轻 Kubernetes API Server 和 Etcd 集群的压力。

直接阅读 Informer 机制代码会比较晦涩，通过 Informers Example 代码示例来理解 Informer，印象会更深刻。Informers Example 代码示例如下：

```go
package main

import (
    "log"
    "time"

    "k8s.io/apimachinery/pkg/apis/meta/v1"
    "k8s.io/client-go/informers"
    "k8s.io/client-go/kubernetes"
    "k8s.io/client-go/tools/cache"
    "k8s.io/client-go/tools/clientcmd"
)

func main() {
    config, err := clientcmd.BuildConfigFromFlags("", "/root/.kube/config")
    if err != nil {
        panic(err)
    }

    clientset, err := kubernetes.NewForConfig(config)
```

```go
    if err != nil {
        panic(err)
    }

    stopCh := make(chan struct{})
    defer close(stopCh)

    sharedInformers := informers.NewSharedInformerFactory(clientset, time.Minute)
    informer := sharedInformers.Core().V1().Pods().Informer()

    informer.AddEventHandler(cache.ResourceEventHandlerFuncs{
        AddFunc: func(obj interface{}) {
            mObj := obj.(v1.Object)
            log.Printf("New Pod Added to Store: %s", mObj.GetName())
        },
        UpdateFunc: func(oldObj, newObj interface{}) {
            oObj := oldObj.(v1.Object)
            nObj := newObj.(v1.Object)
            log.Printf("%s Pod Updated to %s", oObj.GetName(), nObj.GetName())
        },
        DeleteFunc: func(obj interface{}) {
            mObj := obj.(v1.Object)
            log.Printf("Pod Deleted from Store: %s", mObj.GetName())
        },
    })

    informer.Run(stopCh)
}
```

首先通过 kubernetes.NewForConfig 创建 clientset 对象，Informer 需要通过 ClientSet 与 Kubernetes API Server 进行交互。另外，创建 stopCh 对象，该对象用于在程序进程退出之前通知 Informer 提前退出，因为 Informer 是一个持久运行的 goroutine。

informers.NewSharedInformerFactory 函数实例化了 SharedInformer 对象，它接收两个参数：第 1 个参数 clientset 是用于与 Kubernetes API Server 交互的客户端，第 2 个参数 time.Minute 用于设置多久进行一次 resync（重新同步），resync 会周期性地执行 List 操作，将所有的资源存放在 Informer Store 中，如果该参数为 0，则禁用 resync 功能。

在 Informers Example 代码示例中，通过 sharedInformers.Core().V1().Pods().

Informer 可以得到具体 Pod 资源的 informer 对象。通过 informer.AddEventHandler 函数可以为 Pod 资源添加资源事件回调方法，支持 3 种资源事件回调方法，分别介绍如下。

- **AddFunc**：当创建 Pod 资源对象时触发的事件回调方法。
- **UpdateFunc**：当更新 Pod 资源对象时触发的事件回调方法。
- **DeleteFunc**：当删除 Pod 资源对象时触发的事件回调方法。

在正常的情况下，Kubernetes 的其他组件在使用 Informer 机制时触发资源事件回调方法，将资源对象推送到 WorkQueue 或其他队列中，在 Informers Example 代码示例中，我们直接输出触发的资源事件。最后通过 informer.Run 函数运行当前的 Informer，内部为 Pod 资源类型创建 Informer。

通过 Informer 机制可以很容易地监控我们所关心的资源事件，例如，当监控 Kubernetes Pod 资源时，如果 Pod 资源发生了 Added（资源添加）事件、Updated（资源更新）事件、Deleted（资源删除）事件，就通知 client-go，告知 Kubernetes 资源事件变更了并且需要进行相应的处理。

1. 资源 Informer

每一个 Kubernetes 资源上都实现了 Informer 机制。每一个 Informer 上都会实现 Informer 和 Lister 方法，例如 PodInformer，代码示例如下：

```
vendor/k8s.io/client-go/informers/core/v1/pod.go
type PodInformer interface {
    Informer() cache.SharedIndexInformer
    Lister() v1.PodLister
}
```

调用不同资源的 Informer，代码示例如下：

```
podInformer := sharedInformer.Core().V1().Pods().Informer()
nodeInformer := sharedInformer.Node().V1beta1().RuntimeClasses().Informer()
```

定义不同资源的 Informer，允许监控不同资源的资源事件，例如，监听 Node 资源对象，当 Kubernetes 集群中有新的节点（Node）加入时，client-go 能够及时收到资源对象的变更信息。

2. Shared Informer 共享机制

Informer 也被称为 Shared Informer，它是可以共享使用的。在用 client-go 编写代

码程序时,若同一资源的 Informer 被实例化了多次,每个 Informer 使用一个 Reflector,那么会运行过多相同的 ListAndWatch,太多重复的序列化和反序列化操作会导致 Kubernetes API Server 负载过重。

Shared Informer 可以使同一类资源 Informer 共享一个 Reflector,这样可以节约很多资源。通过 map 数据结构实现共享的 Informer 机制。Shared Informer 定义了一个 map 数据结构,用于存放所有 Informer 的字段,代码示例如下:

代码路径:**vendor/k8s.io/client-go/informers/factory.go**

```go
type sharedInformerFactory struct {
    ...
    informers map[reflect.Type]cache.SharedIndexInformer
}

func (f *sharedInformerFactory) InformerFor(obj runtime.Object,
newFunc internalinterfaces.NewInformerFunc) cache.SharedIndexInformer {
    ...
    informerType := reflect.TypeOf(obj)
    informer, exists := f.informers[informerType]
    if exists {
        return informer
    }
    ...
    f.informers[informerType] = informer

    return informer
}
```

informers 字段中存储了资源类型和对应于 SharedIndexInformer 的映射关系。InformerFor 函数添加了不同资源的 Informer,在添加过程中如果已经存在同类型的资源 Informer,则返回当前 Informer,不再继续添加。

最后通过 Shared Informer 的 Start 方法使 f.informers 中的每个 informer 通过 goroutine 持久运行。

5.3.2 Reflector

Informer 可以对 Kubernetes API Server 的资源执行监控(Watch)操作,资源类型可以是 Kubernetes 内置资源,也可以是 CRD 自定义资源,其中最核心的功能是 Reflector。Reflector 用于监控指定资源的 Kubernetes 资源,当监控的资源发生变化时,触发相应的变更事件，例如 Added（资源添加）事件、Updated（资源更新）事件、Deleted（资源删除）事件，并将其资源对象存放到本地缓存 DeltaFIFO 中。

通过 NewReflector 实例化 Reflector 对象，实例化过程中须传入 ListerWatcher 数据接口对象，它拥有 List 和 Watch 方法，用于获取及监控资源列表。只要实现了 List 和 Watch 方法的对象都可以称为 ListerWatcher。Reflector 对象通过 Run 函数启动监控并处理监控事件。而在 Reflector 源码实现中，其中最主要的是 ListAndWatch 函数，它负责获取资源列表（List）和监控（Watch）指定的 Kubernetes API Server 资源。

ListAndWatch 函数实现可分为两部分：第 1 部分获取资源列表数据，第 2 部分监控资源对象。

1. 获取资源列表数据

ListAndWatch List 在程序第一次运行时获取该资源下所有的对象数据并将其存储至 DeltaFIFO 中。以 Informers Example 代码示例为例，在其中，我们获取的是所有 Pod 的资源数据。ListAndWatch List 流程图如图 5-6 所示。

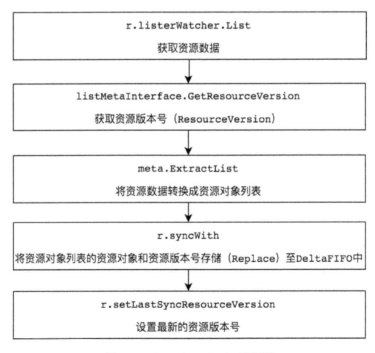

图 5-6　ListAndWatch List 流程图

（1）r.listerWatcher.List 用于获取资源下的所有对象的数据，例如，获取所有 Pod 的资源数据。获取资源数据是由 options 的 ResourceVersion（资源版本号）参数控制的，如果 ResourceVersion 为 0，则表示获取所有 Pod 的资源数据；如果 ResourceVersion 非 0，则表示根据资源版本号继续获取，功能有些类似于文件传输过程中的"断点续传"，当传输过程中遇到网络故障导致中断，下次再连接时，会根据资源版本号继续传输未完成的部分。可以使本地缓存中的数据与 Etcd 集群中的数据保持一致。

（2）listMetaInterface.GetResourceVersion 用于获取资源版本号，ResourceVersion（资源版本号）非常重要，Kubernetes 中所有的资源都拥有该字段，它标识当前资源对象的版本号。每次修改当前资源对象时，Kubernetes API Server 都会更改 ResourceVersion，使得 client-go 执行 Watch 操作时可以根据 ResourceVersion 来确定当前资源对象是否发生变化。更多关于 ResourceVersion 资源版本号的内容，请参考 6.5.2 节"ResourceVersion 资源版本号"。

（3）meta.ExtractList 用于将资源数据转换成资源对象列表，将 runtime.Object 对象转换成[]runtime.Object 对象。因为 r.listerWatcher.List 获取的是资源下的所有对象的数据，例如所有的 Pod 资源数据，所以它是一个资源列表。

（4）r.syncWith 用于将资源对象列表中的资源对象和资源版本号存储至 DeltaFIFO 中，并会替换已存在的对象。

（5）r.setLastSyncResourceVersion 用于设置最新的资源版本号。

ListAndWatch List 代码示例如下：

代码路径：vendor/k8s.io/client-go/tools/cache/reflector.go

```go
func (r *Reflector) ListAndWatch(stopCh <-chan struct{}) error {
    ...
    var resourceVersion string
    options := metav1.ListOptions{ResourceVersion: "0"}

    if err := func() error {
        ...
        list, err = r.listerWatcher.List(options)
        ...
        listMetaInterface, err := meta.ListAccessor(list)
        ...
        resourceVersion = listMetaInterface.GetResourceVersion()
        items, err := meta.ExtractList(list)
```

```
        ...
        if err := r.syncWith(items, resourceVersion); err != nil {
            ...
        }
        r.setLastSyncResourceVersion(resourceVersion)
        ...
    }(); err != nil {
        return err
    }
    ...
}
```

r.listerWatcher.List 函数实际调用了 Pod Informer 下的 ListFunc 函数，它通过 ClientSet 客户端与 Kubernetes API Server 交互并获取 Pod 资源列表数据，代码示例如下：

代码路径：k8s.io/client-go/informers/core/v1/pod.go

```
ListFunc: func(options metav1.ListOptions) (runtime.Object, error) {
    if tweakListOptions != nil {
        tweakListOptions(&options)
    }
    return client.CoreV1().Pods(namespace).List(options)
},
```

2. 监控资源对象

Watch（监控）操作通过 HTTP 协议与 Kubernetes API Server 建立长连接，接收 Kubernetes API Server 发来的资源变更事件。Watch 操作的实现机制使用 HTTP 协议的分块传输编码（Chunked Transfer Encoding）。当 client-go 调用 Kubernetes API Server 时，Kubernetes API Server 在 Response 的 HTTP Header 中设置 Transfer-Encoding 的值为 chunked，表示采用分块传输编码，客户端收到该信息后，便与服务端进行连接，并等待下一个数据块（即资源的事件信息）。更多关于分块传输编码的内容请参考维基百科（参见链接[3]）。

ListAndWatch Watch 代码示例如下：

代码路径：vendor/k8s.io/client-go/tools/cache/reflector.go

```
for {
    ...
    timeoutSeconds := int64(minWatchTimeout.Seconds() * (rand.Float64() + 1.0))
    options = metav1.ListOptions{
```

```
            ResourceVersion: resourceVersion,
            TimeoutSeconds: &timeoutSeconds,
        }

        w, err := r.listerWatcher.Watch(options)
        ...

        if err := r.watchHandler(w, &resourceVersion, resyncerrc, stopCh);
err != nil {
            ...
            return nil
        }
    }
```

r.listerWatcher.Watch 函数实际调用了 Pod Informer 下的 WatchFunc 函数，它通过 ClientSet 客户端与 Kubernetes API Server 建立长连接，监控指定资源的变更事件，代码示例如下：

代码路径：k8s.io/client-go/informers/core/v1/pod.go

```
WatchFunc: func(options metav1.ListOptions) (watch.Interface, error) {
    if tweakListOptions != nil {
        tweakListOptions(&options)
    }
    return client.CoreV1().Pods(namespace).Watch(options)
},
```

r.watchHandler 用于处理资源的变更事件。当触发 Added（资源添加）事件、Updated（资源更新）事件、Deleted（资源删除）事件时，将对应的资源对象更新到本地缓存 DeltaFIFO 中并更新 ResourceVersion 资源版本号。r.watchHandler 代码示例如下：

```
func (r *Reflector) watchHandler(w watch.Interface, resourceVersion
*string, errc chan error, stopCh <-chan struct{}) error {
    ...
    for {
        select {
        ...
        case event, ok := <-w.ResultChan():
            ...
            switch event.Type {
            case watch.Added:
                err := r.store.Add(event.Object)
                ...
            case watch.Modified:
                err := r.store.Update(event.Object)
                ...
```

```
        case watch.Deleted:
            err := r.store.Delete(event.Object)
            ...
        default:
            ...
        }
        *resourceVersion = newResourceVersion
        r.setLastSyncResourceVersion(newResourceVersion)
        ...
    }
    ...
}
```

5.3.3 DeltaFIFO

DeltaFIFO 可以分开理解，FIFO 是一个先进先出的队列，它拥有队列操作的基本方法，例如 Add、Update、Delete、List、Pop、Close 等，而 Delta 是一个资源对象存储，它可以保存资源对象的操作类型，例如 Added（添加）操作类型、Updated（更新）操作类型、Deleted（删除）操作类型、Sync（同步）操作类型等。DeltaFIFO 结构代码示例如下：

代码路径：vendor/k8s.io/client-go/tools/cache/delta_fifo.go

```
type DeltaFIFO struct {
    ...
    items map[string]Deltas
    queue []string
    ...
}
type Deltas []Delta
```

DeltaFIFO 与其他队列最大的不同之处是，它会保留所有关于资源对象（obj）的操作类型，队列中会存在拥有不同操作类型的同一个资源对象，消费者在处理该资源对象时能够了解该资源对象所发生的事情。queue 字段存储资源对象的 key，该 key 通过 KeyOf 函数计算得到。items 字段通过 map 数据结构的方式存储，value 存储的是对象的 Deltas 数组。DeltaFIFO 存储结构如图 5-7 所示。

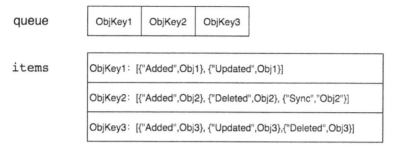

图 5-7　DeltaFIFO 存储结构

DeltaFIFO 本质上是一个先进先出的队列，有数据的生产者和消费者，其中生产者是 Reflector 调用的 Add 方法，消费者是 Controller 调用的 Pop 方法。下面分析 DeltaFIFO 的核心功能：生产者方法、消费者方法及 Resync 机制。

1. 生产者方法

DeltaFIFO 队列中的资源对象在 Added（资源添加）事件、Updated（资源更新）事件、Deleted（资源删除）事件中都调用了 queueActionLocked 函数，它是 DeltaFIFO 实现的关键，代码示例如下：

```go
func (f *DeltaFIFO) queueActionLocked(actionType DeltaType, obj interface{}) error {
    id, err := f.KeyOf(obj)
    ...
    if actionType == Sync && f.willObjectBeDeletedLocked(id) {
        return nil
    }

    newDeltas := append(f.items[id], Delta{actionType, obj})
    newDeltas = dedupDeltas(newDeltas)

    if len(newDeltas) > 0 {
        if _, exists := f.items[id]; !exists {
            f.queue = append(f.queue, id)
        }
        f.items[id] = newDeltas
        f.cond.Broadcast()
    } else {
        delete(f.items, id)
    }
    return nil
}
```

queueActionLocked 代码执行流程如下。

（1）通过 f.KeyOf 函数计算出资源对象的 key。

（2）如果操作类型为 Sync，则标识该数据来源于 Indexer（本地存储）。如果 Indexer 中的资源对象已经被删除，则直接返回。

（3）将 actionType 和资源对象构造成 Delta，添加到 items 中，并通过 dedupDeltas 函数进行去重操作。

（4）更新构造后的 Delta 并通过 cond.Broadcast 通知所有消费者解除阻塞。

2. 消费者方法

Pop 方法作为消费者方法使用，从 DeltaFIFO 的头部取出最早进入队列中的资源对象数据。Pop 方法须传入 process 函数，用于接收并处理对象的回调方法，代码示例如下：

```go
func (f *DeltaFIFO) Pop(process PopProcessFunc) (interface{}, error) {
    ...
    for {
        for len(f.queue) == 0 {
            ...
            f.cond.Wait()
        }

        id := f.queue[0]
        f.queue = f.queue[1:]
        ...
        item, ok := f.items[id]
        ...
        delete(f.items, id)
        err := process(item)
        if e, ok := err.(ErrRequeue); ok {
            f.addIfNotPresent(id, item)
            err = e.Err
        }
        return item, err
    }
}
```

当队列中没有数据时，通过 f.cond.wait 阻塞等待数据，只有收到 cond.Broadcast 时才说明有数据被添加，解除当前阻塞状态。如果队列中不为空，取出 f.queue 的头部数据，将该对象传入 process 回调函数，由上层消费者进行处理。如果 process 回调函数处理出错，则将该对象重新存入队列。

Controller 的 processLoop 方法负责从 DeltaFIFO 队列中取出数据传递给 process 回调函数。process 回调函数代码示例如下：

代码路径：vendor/k8s.io/client-go/tools/cache/shared_informer.go

```go
func (s *sharedIndexInformer) HandleDeltas(obj interface{}) error {
    ...
    switch d.Type {
    case Sync, Added, Updated:
        ...
        if old, exists, err := s.indexer.Get(d.Object); err == nil && exists {
            if err := s.indexer.Update(d.Object); err != nil {
                return err
            }
            s.processor.distribute(updateNotification{oldObj: old, newObj: d.Object}, isSync)
        } else {
            if err := s.indexer.Add(d.Object); err != nil {
                return err
            }
            s.processor.distribute(addNotification{newObj: d.Object}, isSync)
        }
    case Deleted:
        if err := s.indexer.Delete(d.Object); err != nil {
            return err
        }
        s.processor.distribute(deleteNotification{oldObj: d.Object}, false)
    }
    ...
}
```

HandleDeltas 函数作为 process 回调函数，当资源对象的操作类型为 Added、Updated、Deleted 时，将该资源对象存储至 Indexer（它是并发安全的存储），并通过 distribute 函数将资源对象分发至 SharedInformer。还记得 Informers Example 代码示例吗？在 Informers Example 代码示例中，我们通过 informer.AddEventHandler 函数添加了对资源事件进行处理的函数，distribute 函数则将资源对象分发到该事件处理函数中。

3. Resync 机制

Resync 机制会将 Indexer 本地存储中的资源对象同步到 DeltaFIFO 中,并将这些资源对象设置为 Sync 的操作类型。Resync 函数在 Reflector 中定时执行,它的执行周期由 NewReflector 函数传入的 resyncPeriod 参数设定。Resync→syncKeyLocked 代码示例如下:

```
func (f *DeltaFIFO) syncKeyLocked(key string) error {
    obj, exists, err := f.knownObjects.GetByKey(key)
    ...
    id, err := f.KeyOf(obj)
    ...
    if err := f.queueActionLocked(Sync, obj); err != nil {
        return fmt.Errorf("couldn't queue object: %v", err)
    }
    return nil
}
```

f.knownObjects 是 Indexer 本地存储对象,通过该对象可以获取 client-go 目前存储的所有资源对象,Indexer 对象在 NewDeltaFIFO 函数实例化 DeltaFIFO 对象时传入。

5.3.4　Indexer

Indexer 是 client-go 用来存储资源对象并自带索引功能的本地存储,Reflector 从 DeltaFIFO 中将消费出来的资源对象存储至 Indexer。Indexer 中的数据与 Etcd 集群中的数据保持完全一致。client-go 可以很方便地从本地存储中读取相应的资源对象数据,而无须每次都从远程 Etcd 集群中读取,这样可以减轻 Kubernetes API Server 和 Etcd 集群的压力。

在介绍 Indexer 之前,先介绍一下 ThreadSafeMap。ThreadSafeMap 是实现并发安全的存储。作为存储,它拥有存储相关的增、删、改、查操作方法,例如 Add、Update、Delete、List、Get、Replace、Resync 等。Indexer 在 ThreadSafeMap 的基础上进行了封装,它继承了与 ThreadSafeMap 相关的操作方法并实现了 Indexer Func 等功能,例如 Index、IndexKeys、GetIndexers 等方法,这些方法为 ThreadSafeMap 提供了索引功能。Indexer 存储结构如图 5-8 所示。

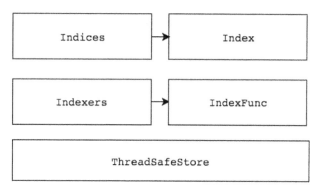

图 5-8　Indexer 存储结构

1. ThreadSafeMap 并发安全存储

ThreadSafeMap 是一个内存中的存储，其中的数据并不会写入本地磁盘中，每次的增、删、改、查操作都会加锁，以保证数据的一致性。ThreadSafeMap 将资源对象数据存储于一个 map 数据结构中，ThreadSafeMap 结构代码示例如下：

代码路径：vendor/k8s.io/client-go/tools/cache/thread_safe_store.go

```go
type threadSafeMap struct {
    items map[string]interface{}
    ...
}
```

items 字段中存储的是资源对象数据，其中 items 的 key 通过 keyFunc 函数计算得到，计算默认使用 MetaNamespaceKeyFunc 函数，该函数根据资源对象计算出 <namespace>/<name> 格式的 key，如果资源对象的 <namespace> 为空，则 <name> 作为 key，而 items 的 value 用于存储资源对象。

2. Indexer 索引器

在每次增、删、改 ThreadSafeMap 数据时，都会通过 updateIndices 或 deleteFromIndices 函数变更 Indexer。Indexer 被设计为可以自定义索引函数，这符合 Kubernetes 高扩展性的特点。Indexer 有 4 个非常重要的数据结构，分别是 Indices、Index、Indexers 及 IndexFunc。直接阅读相关代码会比较晦涩，通过 Indexer Example 代码示例来理解 Indexer，印象会更深刻。Indexer Example 代码示例如下：

```go
package main
```

```go
import (
    "fmt"
    "strings"

    "k8s.io/api/core/v1"
    metav1 "k8s.io/apimachinery/pkg/apis/meta/v1"
    "k8s.io/client-go/tools/cache"
)

func UsersIndexFunc(obj interface{}) ([]string, error) {
    pod := obj.(*v1.Pod)
    usersString := pod.Annotations["users"]

    return strings.Split(usersString, ","), nil
}

func main() {
    index := cache.NewIndexer(cache.MetaNamespaceKeyFunc,
cache.Indexers{"byUser": UsersIndexFunc})

    pod1 := &v1.Pod{ObjectMeta: metav1.ObjectMeta{Name: "one",
Annotations: map[string]string{"users": "ernie,bert"}}}
    pod2 := &v1.Pod{ObjectMeta: metav1.ObjectMeta{Name: "two",
Annotations: map[string]string{"users": "bert,oscar"}}}
    pod3 := &v1.Pod{ObjectMeta: metav1.ObjectMeta{Name: "tre",
Annotations: map[string]string{"users": "ernie,elmo"}}}

    index.Add(pod1)
    index.Add(pod2)
    index.Add(pod3)

    erniePods, err := index.ByIndex("byUser", "ernie")
    if err != nil {
        panic(err)
    }

    for _, erniePod := range erniePods {
        fmt.Println(erniePod.(*v1.Pod).Name)
    }
}

// 输出
one
tre
```

首先定义一个索引器函数 UsersIndexFunc，在该函数中，我们定义查询出所有 Pod 资源下 Annotations 字段的 key 为 users 的 Pod。

cache.NewIndexer 函数实例化了 Indexer 对象,该函数接收两个参数:第 1 个参数是 KeyFunc,它用于计算资源对象的 key,计算默认使用 cache.MetaNamespaceKeyFunc 函数;第 2 个参数是 cache.Indexers,用于定义索引器,其中 key 为索引器的名称(即 byUser),value 为索引器。通过 index.Add 函数添加 3 个 Pod 资源对象。最后通过 index.ByIndex 函数查询 byUser 索引器下匹配 ernie 字段的 Pod 列表。Indexer Example 代码示例最终检索出名称为 one 和 tre 的 Pod。

现在再来理解 Indexer 的 4 个重要的数据结构就非常容易了,它们分别是 Indexers、IndexFunc、Indices、Index,数据结构如下:

代码路径:**vendor/k8s.io/client-go/tools/cache/index.go**

```go
type Indexers map[string]IndexFunc

type IndexFunc func(obj interface{}) ([]string, error)

type Indices map[string]Index

type Index map[string]sets.String
```

Indexer 数据结构说明如下。

- **Indexers**:存储索引器,key 为索引器名称,value 为索引器的实现函数。
- **IndexFunc**:索引器函数,定义为接收一个资源对象,返回检索结果列表。
- **Indices**:存储缓存器,key 为缓存器名称(在 Indexer Example 代码示例中,缓存器命名与索引器命名相对应),value 为缓存数据。
- **Index**:存储缓存数据,其结构为 K/V。

3. Indexer 索引器核心实现

index.ByIndex 函数通过执行索引器函数得到索引结果,代码示例如下:

代码路径:**vendor/k8s.io/client-go/tools/cache/thread_safe_store.go**

```go
func (c *threadSafeMap) ByIndex(indexName, indexKey string) ([]interface{}, error) {
    ...
    indexFunc := c.indexers[indexName]
    ...
    index := c.indices[indexName]

    set := index[indexKey]
```

```
    list := make([]interface{}, 0, set.Len())
    for _, key := range set.List() {
        list = append(list, c.items[key])
    }

    return list, nil
}
```

ByIndex 接收两个参数：IndexName（索引器名称）和 indexKey（需要检索的 key）。首先从 c.indexers 中查找指定的索引器函数，从 c.indices 中查找指定的缓存器函数，然后根据需要检索的 indexKey 从缓存数据中查到并返回数据。

> 提示：Index 中的缓存数据为 Set 集合数据结构，Set 本质与 Slice 相同，但 Set 中不存在相同元素。由于 Go 语言标准库没有提供 Set 数据结构，Go 语言中的 map 结构类型是不能存在相同 key 的，所以 Kubernetes 将 map 结构类型的 key 作为 Set 数据结构，实现 Set 去重特性。

5.4 WorkQueue

WorkQueue 称为工作队列，Kubernetes 的 WorkQueue 队列与普通 FIFO（先进先出，First-In, First-Out）队列相比，实现略显复杂，它的主要功能在于标记和去重，并支持如下特性。

- **有序**：按照添加顺序处理元素（item）。
- **去重**：相同元素在同一时间不会被重复处理，例如一个元素在处理之前被添加了多次，它只会被处理一次。
- **并发性**：多生产者和多消费者。
- **标记机制**：支持标记功能，标记一个元素是否被处理，也允许元素在处理时重新排队。
- **通知机制**：ShutDown 方法通过信号量通知队列不再接收新的元素，并通知 metric goroutine 退出。
- **延迟**：支持延迟队列，延迟一段时间后再将元素存入队列。
- **限速**：支持限速队列，元素存入队列时进行速率限制。限制一个元素被重新排队（Reenqueued）的次数。
- **Metric**：支持 metric 监控指标，可用于 Prometheus 监控。

WorkQueue 支持 3 种队列，并提供了 3 种接口，不同队列实现可应对不同的使用场景，分别介绍如下。

- **Interface**：FIFO 队列接口，先进先出队列，并支持去重机制。
- **DelayingInterface**：延迟队列接口，基于 Interface 接口封装，延迟一段时间后再将元素存入队列。
- **RateLimitingInterface**：限速队列接口，基于 DelayingInterface 接口封装，支持元素存入队列时进行速率限制。

5.4.1 FIFO 队列

FIFO 队列支持最基本的队列方法，例如插入元素、获取元素、获取队列长度等。另外，WorkQueue 中的限速及延迟队列都基于 Interface 接口实现，其提供如下方法：

代码路径：**vendor/k8s.io/client-go/util/workqueue/queue.go**

```go
type Interface interface {
    Add(item interface{})
    Len() int
    Get() (item interface{}, shutdown bool)
    Done(item interface{})
    ShutDown()
    ShuttingDown() bool
}
```

FIFO 队列 Interface 方法说明如下。

- **Add**：给队列添加元素（item），可以是任意类型元素。
- **Len**：返回当前队列的长度。
- **Get**：获取队列头部的一个元素。
- **Done**：标记队列中该元素已被处理。
- **ShutDown**：关闭队列。
- **ShuttingDown**：查询队列是否正在关闭。

FIFO 队列数据结构如下：

```go
type Type struct {
    queue []t
    dirty set
    processing set
```

```
    cond            *sync.Cond
    shuttingDown    bool
    metrics         queueMetrics
    unfinishedWorkUpdatePeriod time.Duration
    clock           clock.Clock
}
```

FIFO 队列数据结构中最主要的字段有 queue、dirty 和 processing。其中 queue 字段是实际存储元素的地方，它是 slice 结构的，用于保证元素有序；dirty 字段非常关键，除了能保证去重，还能保证在处理一个元素之前哪怕其被添加了多次（并发情况下），但也只会被处理一次；processing 字段用于标记机制，标记一个元素是否正在被处理。应根据 WorkQueue 的特性理解源码的实现，FIFO 存储过程如图 5-9 所示。

图 5-9　FIFO 存储过程

通过 Add 方法往 FIFO 队列中分别插入 1、2、3 这 3 个元素，此时队列中的 queue 和 dirty 字段分别存有 1、2、3 元素，processing 字段为空。然后通过 Get 方法获取最先进入的元素（也就是 1 元素），此时队列中的 queue 和 dirty 字段分别存有 2、3 元素，而 1 元素会被放入 processing 字段中，表示该元素正在被处理。最后，当我们处理完 1 元素时，通过 Done 方法标记该元素已经被处理完成，此时队列中的 processing 字段中的 1 元素会被删除。

如图 5-9 所示，这是 FIFO 队列的存储流程，在正常的情况下，FIFO 队列运行在并发场景下。高并发下如何保证在处理一个元素之前哪怕其被添加了多次，但也只会被处理一次？下面进行讲解，FIFO 并发存储过程如图 5-10 所示。

图 5-10　FIFO 并发存储过程

如图 5-10 所示，在并发场景下，假设 goroutine A 通过 Get 方法获取 1 元素，1 元素被添加到 processing 字段中，同一时间，goroutine B 通过 Add 方法插入另一个 1 元素，此时在 processing 字段中已经存在相同的元素，所以后面的 1 元素并不会被直接添加到 queue 字段中，当前 FIFO 队列中的 dirty 字段中存有 1、2、3 元素，processing 字段存有 1 元素。在 goroutine A 通过 Done 方法标记处理完成后，如果 dirty 字段中存有 1 元素，则将 1 元素追加到 queue 字段中的尾部。需要注意的是，dirty 和 processing 字段都是用 Hash Map 数据结构实现的，所以不需要考虑无序，只保证去重即可。

5.4.2 延迟队列

延迟队列，基于 FIFO 队列接口封装，在原有功能上增加了 AddAfter 方法，其原理是延迟一段时间后再将元素插入 FIFO 队列。延迟队列数据结构如下：

代码路径：vendor/k8s.io/client-go/util/workqueue/delaying_queue.go

```go
type DelayingInterface interface {
    Interface
    AddAfter(item interface{}, duration time.Duration)
}

type delayingType struct {
    Interface
    clock clock.Clock
    stopCh chan struct{}
    heartbeat clock.Ticker
    waitingForAddCh chan *waitFor
    metrics           retryMetrics
    deprecatedMetrics retryMetrics
}
```

AddAfter 方法会插入一个 item（元素）参数，并附带一个 duration（延迟时间）参数，该 duration 参数用于指定元素延迟插入 FIFO 队列的时间。如果 duration 小于或等于 0，会直接将元素插入 FIFO 队列中。

delayingType 结构中最主要的字段是 waitingForAddCh，其默认初始大小为 1000，通过 AddAfter 方法插入元素时，是非阻塞状态的，只有当插入的元素大于或等于 1000 时，延迟队列才会处于阻塞状态。waitingForAddCh 字段中的数据通过 goroutine 运行的 waitingLoop 函数持久运行。延迟队列运行原理如图 5-11 所示。

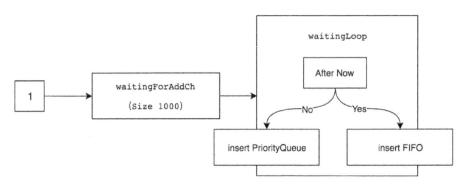

图 5-11　延迟队列运行原理

如图 5-11 所示，将元素 1 放入 waitingForAddCh 字段中，通过 waitingLoop 函数消费元素数据。当元素的延迟时间不大于当前时间时，说明还需要延迟将元素插入 FIFO 队列的时间，此时将该元素放入优先队列（waitForPriorityQueue）中。当元素的延迟时间大于当前时间时，则将该元素插入 FIFO 队列中。另外，还会遍历优先队列（waitForPriorityQueue）中的元素，按照上述逻辑验证时间。

5.4.3　限速队列

限速队列，基于延迟队列和 FIFO 队列接口封装，限速队列接口（RateLimitingInterface）在原有功能上增加了 AddRateLimited、Forget、NumRequeues 方法。限速队列的重点不在于 RateLimitingInterface 接口，而在于它提供的 4 种限速算法接口（RateLimiter）。其原理是，限速队列利用延迟队列的特性，延迟某个元素的插入时间，达到限速目的。RateLimiter 数据结构如下：

代码路径：**vendor/k8s.io/client-go/util/workqueue/default_rate_limiters.go**

```
type RateLimiter interface {
    When(item interface{}) time.Duration
    Forget(item interface{})
    NumRequeues(item interface{}) int
}
```

限速队列接口方法说明如下。

- **When**：获取指定元素应该等待的时间。
- **Forget**：释放指定元素，清空该元素的排队数。
- **NumRequeues**：获取指定元素的排队数。

> **注意**：这里有一个非常重要的概念——限速周期，一个限速周期是指从执行 AddRateLimited 方法到执行完 Forget 方法之间的时间。如果该元素被 Forget 方法处理完，则清空排队数。

下面会分别详解 WorkQueue 提供的 4 种限速算法，应对不同的场景，这 4 种限速算法分别如下。

- 令牌桶算法（BucketRateLimiter）。
- 排队指数算法（ItemExponentialFailureRateLimiter）。
- 计数器算法（ItemFastSlowRateLimiter）。
- 混合模式（MaxOfRateLimiter），将多种限速算法混合使用。

1. 令牌桶算法

令牌桶算法是通过 Go 语言的第三方库 golang.org/x/time/rate 实现的。令牌桶算法内部实现了一个存放 token（令牌）的"桶"，初始时"桶"是空的，token 会以固定速率往"桶"里填充，直到将其填满为止，多余的 token 会被丢弃。每个元素都会从令牌桶得到一个 token，只有得到 token 的元素才允许通过（accept），而没有得到 token 的元素处于等待状态。令牌桶算法通过控制发放 token 来达到限速目的。令牌桶算法原理如图 5-12 所示。

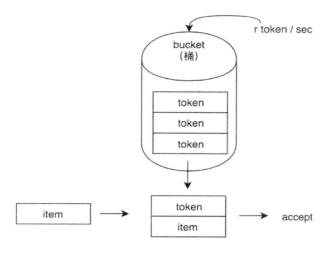

图 5-12　令牌桶算法原理

WorkQueue 在默认的情况下会实例化令牌桶，代码示例如下：

```
rate.NewLimiter(rate.Limit(10), 100)
```

在实例化 rate.NewLimiter 后，传入 r 和 b 两个参数，其中 r 参数表示每秒往"桶"里填充的 token 数量，b 参数表示令牌桶的大小（即令牌桶最多存放的 token 数量）。我们假定 r 为 10，b 为 100。假设在一个限速周期内插入了 1000 个元素，通过 r.Limiter.Reserve().Delay 函数返回指定元素应该等待的时间，那么前 b（即 100）个元素会被立刻处理，而后面元素的延迟时间分别为 item100/100ms、item101/200ms、item102/300ms、item103/400ms，以此类推。

2. 排队指数算法

排队指数算法将相同元素的排队数作为指数，排队数增大，速率限制呈指数级增长，但其最大值不会超过 maxDelay。元素的排队数统计是有限速周期的，一个限速周期是指从执行 AddRateLimited 方法到执行完 Forget 方法之间的时间。如果该元素被 Forget 方法处理完，则清空排队数。排队指数算法的核心实现代码示例如下：

代码路径：vendor/k8s.io/client-go/util/workqueue/default_rate_limiters.go

```
r.failures[item] = r.failures[item] + 1
backoff := float64(r.baseDelay.Nanoseconds()) * math.Pow(2, float64(exp))
if backoff > math.MaxInt64 {
    return r.maxDelay
}
```

该算法提供了 3 个主要字段：failures、baseDelay、maxDelay。其中，failures 字段用于统计元素排队数，每当 AddRateLimited 方法插入新元素时，会为该字段加 1；另外，baseDelay 字段是最初的限速单位（默认为 5ms），maxDelay 字段是最大限速单位（默认为 1000s）。排队指数增长趋势如图 5-13 所示。

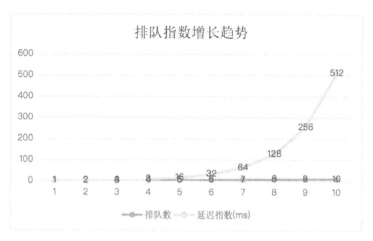

图 5-13　排队指数增长趋势

限速队列利用延迟队列的特性,延迟多个相同元素的插入时间,达到限速目的。

> 注意:在同一限速周期内,如果不存在相同元素,那么所有元素的延迟时间为 baseDelay;而在同一限速周期内,如果存在相同元素,那么相同元素的延迟时间呈指数级增长,最长延迟时间不超过 maxDelay。

我们假定 baseDelay 是 1 * time.Millisecond,maxDelay 是 1000 * time.Second。假设在一个限速周期内通过 AddRateLimited 方法插入 10 个相同元素,那么第 1 个元素会通过延迟队列的 AddAfter 方法插入并设置延迟时间为 1ms(即 baseDelay),第 2 个相同元素的延迟时间为 2ms,第 3 个相同元素的延迟时间为 4ms,第 4 个相同元素的延迟时间为 8ms,第 5 个相同元素的延迟时间为 16ms……第 10 个相同元素的延迟时间为 512ms,最长延迟时间不超过 1000s(即 maxDelay)。

3. 计数器算法

计数器算法是限速算法中最简单的一种,其原理是:限制一段时间内允许通过的元素数量,例如在 1 分钟内只允许通过 100 个元素,每插入一个元素,计数器自增 1,当计数器数到 100 的阈值且还在限速周期内时,则不允许元素再通过。但 WorkQueue 在此基础上扩展了 fast 和 slow 速率。

计数器算法提供了 4 个主要字段:failures、fastDelay、slowDelay 及 maxFastAttempts。其中,failures 字段用于统计元素排队数,每当 AddRateLimited 方法插入新元素时,

会为该字段加 1；而 fastDelay 和 slowDelay 字段是用于定义 fast、slow 速率的；另外，maxFastAttempts 字段用于控制从 fast 速率转换到 slow 速率。计数器算法核心实现的代码示例如下：

```
r.failures[item] = r.failures[item] + 1
if r.failures[item] <= r.maxFastAttempts {
    return r.fastDelay
}
return r.slowDelay
```

假设 fastDelay 是 5 * time.Millisecond，slowDelay 是 10 * time.Second，maxFastAttempts 是 3。在一个限速周期内通过 AddRateLimited 方法插入 4 个相同的元素，那么前 3 个元素使用 fastDelay 定义的 fast 速率，当触发 maxFastAttempts 字段时，第 4 个元素使用 slowDelay 定义的 slow 速率。

4. 混合模式

混合模式是将多种限速算法混合使用，即多种限速算法同时生效。例如，同时使用排队指数算法和令牌桶算法，代码示例如下：

```
func DefaultControllerRateLimiter() RateLimiter {
    return NewMaxOfRateLimiter(
        NewItemExponentialFailureRateLimiter(5*time.Millisecond, 1000*time.Second),
        &BucketRateLimiter{Limiter: rate.NewLimiter(rate.Limit(10), 100)},
    )
}
```

5.5 EventBroadcaster 事件管理器

Kubernetes 的事件（Event）是一种资源对象（Resource Object），用于展示集群内发生的情况，Kubernetes 系统中的各个组件会将运行时发生的各种事件上报给 Kubernetes API Server。例如，调度器做了什么决定，某些 Pod 为什么被从节点中驱逐。可以通过 kubectl get event 或 kubectl describe pod <podname> 命令显示事件，查看 Kubernetes 集群中发生了哪些事件。执行这些命令后，默认情况下只会显示最近（1 小时内）发生的事件。

> **注意**：此处的 Event 事件是 Kubernetes 所管理的 Event 资源对象，而非 Etcd 集群监控机制产生的回调事件，需要注意区分。

由于 Kubernetes 的事件是一种资源对象，因此它们存储在 Kubernetes API Server 的 Etcd 集群中。为避免磁盘空间被填满，故强制执行保留策略：在最后一次的事件发生后，删除 1 小时之前发生的事件。

Kubernetes 系统以 Pod 资源为核心，Deployment、StatefulSet、ReplicaSet、DaemonSet、CronJob 等，最终都会创建出 Pod。因此 Kubernetes 事件也是围绕 Pod 进行的，在 Pod 生命周期内的关键步骤中都会产生事件消息。Event 资源数据结构体定义在 core 资源组下，代码示例如下：

代码路径：vendor/k8s.io/api/core/v1/types.go

```go
type Event struct {
    metav1.TypeMeta
    metav1.ObjectMeta
    InvolvedObject ObjectReference
    Reason string
    Message string
    Source EventSource
    FirstTimestamp metav1.Time
    LastTimestamp metav1.Time
    Count int32
    Type string
    EventTime metav1.MicroTime
    Series *EventSeries
    Action string
    Related *ObjectReference
    ReportingController string
    ReportingInstance string
}
```

Event 资源数据结构体描述了当前时间段内发生了哪些关键性事件。事件有两种类型，分别为 Normal 和 Warning，前者为正常事件，后者为警告事件。代码示例如下：

```go
const (
    EventTypeNormal  string = "Normal"
    EventTypeWarning string = "Warning"
)
```

下面介绍 EventBroadcaster 事件管理机制设计，EventBroadcaster 事件管理机制运行原理如图 5-14 所示。

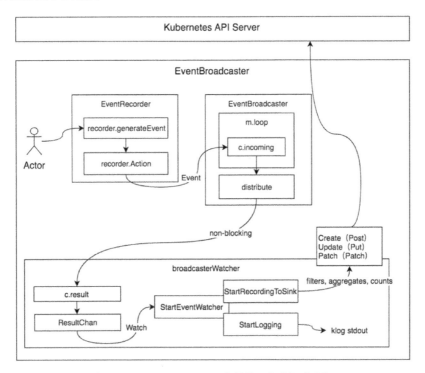

图 5-14　EventBroadcaster 事件管理机制运行原理

如图 5-14 所示，Actor 可以是 Kubernetes 系统中的任意组件，当组件中发生了一些关键性事件时，可通过 EventRecorder 记录该事件。EventBroadcaster 事件管理机制可分为如下部分。

- **EventRecorder**：事件（Event）生产者，也称为事件记录器。Kubernetes 系统组件通过 EventRecorder 记录关键性事件。
- **EventBroadcaster**：事件（Event）消费者，也称为事件广播器。EventBroadcaster 消费 EventRecorder 记录的事件并将其分发给目前所有已连接的 broadcasterWatcher。分发过程有两种机制，分别是非阻塞（Non-Blocking）分发机制和阻塞（Blocking）分发机制。
- **broadcasterWatcher**：观察者（Watcher）管理，用于定义事件的处理方式，例如上报事件至 Kubernetes API Server。

1. EventRecorder

EventRecorder 拥有如下 4 种记录方法，EventRecorder 事件记录器接口代码示例如下：

代码路径：**vendor/k8s.io/client-go/tools/record/event.go**

```
type EventRecorder interface {
    Event(...)
    Eventf(...)
    PastEventf(...)
    AnnotatedEventf(...)
}
```

- **Event**：对刚发生的事件进行记录。
- **Eventf**：通过使用 fmt.Sprintf 格式化输出事件的格式。
- **PastEventf**：允许自定义事件发生的时间，以记录已经发生过的消息。
- **AnnotatedEventf**：功能与 Eventf 一样，但附加了注释（Annotations）字段。

以 Event 方法为例，记录当前发生的事件，Event→recorder.generateEvent→recorder.Action 代码示例如下：

代码路径：**vendor/k8s.io/apimachinery/pkg/watch/mux.go**

```
func (m *Broadcaster) Action(action EventType, obj runtime.Object) {
    m.incoming <- Event{action, obj}
}
```

Action 函数通过 goroutine 实现异步操作，该函数将事件写入 m.incommit Chan 中，完成事件生产过程。

2. EventBroadcaster

EventBroadcaster 消费 EventRecorder 记录的事件并将其分发给目前所有已连接的 broadcasterWatcher。EventBroadcaster 通过 NewBroadcaster 函数进行实例化：

代码路径：**vendor/k8s.io/client-go/tools/record/event.go**

```
func NewBroadcaster() EventBroadcaster {
    return
&eventBroadcasterImpl{watch.NewBroadcaster(maxQueuedEvents,
watch.DropIfChannelFull), defaultSleepDuration}
}
```

在实例化过程中，会通过 watch.NewBroadcaster 函数在内部启动 goroutine（即

m.loop 函数）来监控 m.incoming，并将监控的事件通过 m.distribute 函数分发给所有已连接的 broadcasterWatcher。分发过程有两种机制，分别是非阻塞分发机制和阻塞分发机制。在非阻塞分发机制下使用 DropIfChannelFull 标识，在阻塞分发机制下使用 WaitIfChannelFull 标识，默认为 DropIfChannelFull 标识。代码示例如下：

代码路径：**vendor/k8s.io/apimachinery/pkg/watch/mux.go**

```go
func (m *Broadcaster) distribute(event Event) {
    m.lock.Lock()
    defer m.lock.Unlock()
    if m.fullChannelBehavior == DropIfChannelFull {
        for _, w := range m.watchers {
            select {
            case w.result <- event:
            case <-w.stopped:
            default:
            }
        }
    } else {
        for _, w := range m.watchers {
            select {
            case w.result <- event:
            case <-w.stopped:
            }
        }
    }
}
```

在分发过程中，DropIfChannelFull 标识位于 select 多路复用中，使用 default 关键字做非阻塞分发，当 w.result 缓冲区满的时候，事件会丢失。WaitIfChannelFull 标识也位于 select 多路复用中，没有 default 关键字，当 w.result 缓冲区满的时候，分发过程会阻塞并等待。

> **注意**：Kubernetes 中的事件与其他的资源不同，它有一个很重要的特性，那就是它可以丢失。因为随着 Kubernetes 系统集群规模越来越大，上报的事件越来越多，每次上报事件都要对 Etcd 集群进行读/写，这样会给 Etcd 集群带来很大的压力。如果某个事件丢失了，并不会影响集群的正常工作，事件的重要性远低于集群的稳定性，所以可以看到源码中当 w.result 缓冲区满的时候，在非阻塞分发机制下事件会丢失。

3. broadcasterWatcher

broadcasterWatcher 是每个 Kubernetes 系统组件自定义处理事件的方式。例如，上报事件至 Kubernetes API Server。每个 broadcasterWatcher 拥有两种自定义处理事件的函数，分别介绍如下。

- **StartLogging**：将事件写入日志中。
- **StartRecordingToSink**：将事件上报至 Kubernetes API Server 并存储至 Etcd 集群。

以 kube-scheduler 组件为例，该组件作为一个 broadcasterWatcher，通过 StartLogging 函数将事件输出至 klog stdout 标准输出，通过 StartRecordingToSink 函数将关键性事件上报至 Kubernetes API Server。代码示例如下：

代码路径：**cmd/kube-scheduler/app/server.go**

```
if cc.Broadcaster != nil && cc.EventClient != nil {
    cc.Broadcaster.StartLogging(klog.V(6).Infof)
    cc.Broadcaster.StartRecordingToSink(&v1core.
EventSinkImpl{Interface: cc.EventClient.Events("")})
}
```

StartLogging 和 StartRecordingToSink 函数依赖于 StartEventWatcher 函数，该函数内部运行了一个 goroutine，用于不断监控 EventBroadcaster 来发现事件并调用相关函数对事件进行处理。

下面重点介绍一下 StartRecordingToSink 函数，kube-scheduler 组件将 v1core.EventSinkImpl 作为上报事件的自定义函数。上报事件有 3 种方法，分别是 Create（即 Post 方法）、Update（即 Put 方法）、Patch（Patch 方法）。以 Create 方法为例，Create→e.Interface.CreateWithEventNamespace 代码示例如下：

代码路径：**vendor/k8s.io/client-go/kubernetes/typed/core/v1/event_expansion.go**

```
func (e *events) CreateWithEventNamespace(event *v1.Event) (*v1.Event, error) {
    ...
    result := &v1.Event{}
    err := e.client.Post().
        NamespaceIfScoped(event.Namespace, len(event.Namespace) > 0).
        Resource("events").
        Body(event).
        Do().
```

```
        Into(result)
    return result, err
}
```

上报过程通过 RESTClient 发送 Post 请求,将事件发送至 Kubernetes API Server,最终存储在 Etcd 集群中。

5.6 代码生成器

在前面的章节中,详解了 5 种代码生成器的核心实现,分别是 deepcopy-gen、defaulter-gen、conversion-gen、openapi-gen、go-bindata。它们用于在构建 Kubernetes 核心组件之前生成执行代码。

本节将介绍关于 client-go 的其他 3 种代码生成器,如表 5-2 所示。

表 5-2　client-go 代码生成器说明

代码生成器	说　　明
client-gen	client-gen 是一种为资源生成 ClientSet 客户端的工具
lister-gen	lister-gen 是一种为资源生成 Lister 的工具(即 get 和 list 方法)
informer-gen	informer-gen 是一种为资源生成 Informer 的工具

5.6.1　client-gen 代码生成器

client-gen 代码生成器是一种为资源生成 ClientSet 客户端的工具。ClientSet 对 Group(资源组)、Version(资源版本)、Resource(资源)进行了封装,可以针对资源执行生成资源操作方法(create、update、delete、get 等),这些方法由 client-gen 代码生成器自动生成。

client-gen 代码生成器的代码生成策略与 Kubernetes 的其他代码生成器类似,都通过 Tags 来识别一个包是否需要生成代码及确定生成代码的方式。

相比其他代码生成器,client-gen 代码生成器支持的 Tags 更多,可扩展性非常高。

生成基本的资源操作方法(Verbs),例如 create、update、delete、get、list、patch、watch 等方法。另外,如果存在 Status 字段,则生成 UpdateStatus 函数。其 Tags 形式如下:

```
// +genclient
```
生成基本的资源操作函数,不生成 Namespaced 函数。其 Tags 形式如下:
```
// +genclient:nonNamespaced
```
即便存在 Status 字段,也不生成 UpdateStatus 函数。其 Tags 形式如下:
```
// +genclient:noStatus
```
不生成基本的资源操作方法(Verbs)。其 Tags 形式如下:
```
// +genclient:noVerbs
```
仅生成指定的基本操作方法,例如 create、get 方法。其 Tags 形式如下:
```
// +genclient:onlyVerbs=create,get
```
生成基本的资源操作方法(Verbs),但排除 watch 方法。其 Tags 形式如下:
```
// +genclient:skipVerbs=watch
```
生成相关扩展(Extensions)函数,例如生成 UpdateScale 函数。在 UpdateScale 函数中会对 scale 子资源进行 update(更新)操作。input 和 result 是用于设置输入和输出的参数。其 Tags 形式如下:
```
// +genclient:method=UpdateScale,verb=update,subresource=scale,input= Scale,result=Scale
```
下面介绍 client-gen 的使用示例和生成规则。

1. client-gen 的使用示例

构建 client-gen 二进制文件,执行 client-gen 二进制文件并给定资源的目录路径作为输入源,解析输入源中的 Tags,生成 ClientSet 代码。构建 client-gen 二进制文件的执行命令如下:
```
$ make all WHAT=vendor/k8s.io/code-generator/cmd/client-gen
```
构建完成,将 client-gen 二进制文件存放在_output/bin/client-gen 下。生成过程分为两步:第 1 步,将 apis 下的资源目录作为输入源(即 k8s.io/kubernetes/pkg/apis);第 2 步,将 api 下的资源目录作为输入源(即 k8s.io/kubernetes/vendor/k8s.io/api)。执行命令如下:
```
$ ./_output/bin/client-gen --input-base=k8s.io/kubernetes/pkg/apis \
  --input=api/,admissionregistration/,apps/,auditregistration/,authentication/,authorization/,autoscaling/,batch/,certificates/,coordinat
```

ion/,extensions/,events/,networking/,node/,policy/,rbac/,scheduling/,settings/,storage/

```
$ ./_output/bin/client-gen --output-base
$GOPATH/src/k8s.io/kubernetes/vendor \
    --output-package=k8s.io/client-go \
    --clientset-name=kubernetes \
    --input-base=k8s.io/kubernetes/vendor/k8s.io/api \
    --input=core/v1,admissionregistration/v1beta1,apps/v1,apps/v1beta1
,apps/v1beta2,auditregistration/v1alpha1,authentication/v1,authentica
tion/v1beta1,authorization/v1,authorization/v1beta1,autoscaling/v1,au
toscaling/v2beta1,autoscaling/v2beta2,batch/v1,batch/v1beta1,batch/v2
alpha1,certificates/v1beta1,coordination/v1beta1,coordination/v1,exte
nsions/v1beta1,events/v1beta1,networking/v1,networking/v1beta1,node/v
1alpha1,node/v1beta1,policy/v1beta1,rbac/v1,rbac/v1beta1,rbac/v1alpha
1,scheduling/v1alpha1,scheduling/v1beta1,scheduling/v1,settings/v1alp
ha1,storage/v1beta1,storage/v1,storage/v1alpha1 \
    --go-header-file $GOPATH/src/k8s.io/kubernetes/hack/boilerplate/
boilerplate.generatego.txt
```

执行以上命令，会在 $GOPATH/src/k8s.io/kubernetes/vendor/k8s.io/client-go/kubernetes 下生成 ClientSet 代码。

> 提示：除手动构建 client-gen 代码生成器并生成代码外，也可以执行 Kubernetes 提供的代码生成脚本，后者的代码生成过程与上述过程完全相同。Kubernetes 代码生成脚本的路径为 hack/update-codegen.sh。

最后，介绍一下 client-gen 二进制文件参数，如表 5-3 所示。

表 5-3 client-gen 二进制文件参数说明

参数	说明
--input-base	api 资源组的基本路径（默认值为 k8s.io/kubernetes/pkg/apis）
--input	输入源，client-gen 为其生成 ClientSet 的资源组、资源版本。每个资源组最多允许有一个资源版本，例如 group1/version1，group2/version2...（默认值为[]）
--output-base	输出的基本路径（默认值为$GOPATH/src/或./，如果没有设置该参数为$GOPATH/src/，那么默认值为/root/gocode/src）
--output-package	输出的基本包路径（默认值为 k8s.io/kubernetes/pkg/client/clientset_generated/）
--clientset-name	生成的 ClientSet 包名称（默认值为 internalclientset）
--go-header-file	指定许可证样式（License Boilerplate）文件。该文件用于存放开源软件作者及开源协议等信息（默认值为 vendor/k8s.io/code-generator/hack/boilerplate.go.txt）

2. client-gen 的生成规则

以 Pod 资源对象为例，Pod 资源定义 // +genclient 标签，该标签负责生成 Pod 资源基本的资源操作方法（Verbs），例如 create、update、delete、get、list、patch、watch 等方法，代码示例如下：

代码路径：**vendor/k8s.io/api/core/v1/types.go**

```
// +genclient

type Pod struct {
    metav1.TypeMeta
    metav1.ObjectMeta
    Spec PodSpec
    Status PodStatus
}
```

每一个代码生成器都提供了一个 GenerateType 函数，它是代码生成器的核心逻辑。在该函数中，util.ParseClientGenTags 会解析并验证 Tags，当 Tags 中含有 get 代码标记时，则为资源对象生成 Get 函数。代码示例如下：

代码路径：**vendor/k8s.io/code-generator/cmd/client-gen/generators/generator_for_type.go**

```
func (g *genClientForType) GenerateType(c *generator.Context, t
*types.Type, w io.Writer) error {
    sw := generator.NewSnippetWriter(w, c, "$", "$")
    pkg := filepath.Base(t.Name.Package)
    tags, err :=
util.ParseClientGenTags(append(t.SecondClosestCommentLines,
t.CommentLines...))
    ...
    if tags.HasVerb("get") {
        sw.Do(getTemplate, m)
    }
    ...
}
```

当 tags.HasVerb("get") 含有 get 代码标记时，为资源对象生成 Get 函数，通过 Go 语言标准库 text/template 模板语言将资源信息渲染到 getTemplate 模板中，代码示例如下：

```
var getTemplate = `
// Get takes name of the $.type|private$, and returns the corresponding
$.resultType|private$ object, and an error if there is any.
```

```
func (c *$.type|privatePlural$) Get(name string, options
$.GetOptions|raw$) (result *$.resultType|raw$, err error) {
    result = &$.resultType|raw${}
    err = c.client.Get().
        $if .namespaced$Namespace(c.ns).$end$
        Resource("$.type|resource$").
        Name(name).
        VersionedParams(&options, $.schemeParameterCodec|raw$).
        Do().
        Into(result)
    return
}
```

> 提示：client-gen 代码生成器基于 gengo 实现，请参考 2.7 节 "gengo 代码生成核心实现"。

5.6.2 lister-gen 代码生成器

lister-gen 代码生成器是一种为资源生成 Lister 的工具。Lister 为每一个 Kubernetes 资源提供 Lister 功能（即提供 get 和 list 方法）。get 和 list 方法为客户端提供只读的本地缓存数据。以上功能由 lister-gen 代码生成器自动生成。

lister-gen 代码生成器的代码生成策略与 Kubernetes 的其他代码生成器类似，都通过 Tags 来识别一个包是否需要生成代码及确定生成代码的方式。

lister-gen 代码生成器与其他代码生成器相比，其并没有可用的 Tags，它依赖于 client-gen 的代码生成器// +genclient 标签。

下面介绍 lister-gen 的使用示例和生成规则。

1. lister-gen 的使用示例

构建 lister-gen 二进制文件，执行 lister-gen 二进制文件并给定资源的目录路径作为输入源。构建 lister-gen 二进制文件的执行命令如下：

```
$ make all WHAT=vendor/k8s.io/code-generator/cmd/lister-gen
```

构建完成，将 lister-gen 二进制文件存放在_output/bin/lister-gen 下。生成过程的执行命令如下：

```
$ ./_output/bin/lister-gen --output-base
$GOPATH/src/k8s.io/kubernetes/vendor \
    --output-package k8s.io/client-go/listers \
    --input-dirs
k8s.io/api/admissionregistration/v1beta1,k8s.io/api/admission/v1beta1
,k8s.io/api/apps/v1,k8s.io/api/apps/v1beta1,k8s.io/api/apps/v1beta2,k
8s.io/api/auditregistration/v1alpha1,k8s.io/api/authentication/v1,k8s
.io/api/authentication/v1beta1,k8s.io/api/authorization/v1,k8s.io/api
/authorization/v1beta1,k8s.io/api/autoscaling/v1,k8s.io/api/autoscali
ng/v2beta1,k8s.io/api/autoscaling/v2beta2,k8s.io/api/batch/v1,k8s.io/
api/batch/v1beta1,k8s.io/api/batch/v2alpha1,k8s.io/api/certificates/v
1beta1,k8s.io/api/coordination/v1,k8s.io/api/coordination/v1beta1,k8s
.io/api/core/v1,k8s.io/api/events/v1beta1,k8s.io/api/extensions/v1bet
a1,k8s.io/api/imagepolicy/v1alpha1,k8s.io/api/networking/v1,k8s.io/ap
i/networking/v1beta1,k8s.io/api/node/v1alpha1,k8s.io/api/node/v1beta1
,k8s.io/api/policy/v1beta1,k8s.io/api/rbac/v1,k8s.io/api/rbac/v1alpha
1,k8s.io/api/rbac/v1beta1,k8s.io/api/scheduling/v1,k8s.io/api/schedul
ing/v1alpha1,k8s.io/api/scheduling/v1beta1,k8s.io/api/settings/v1alph
a1,k8s.io/api/storage/v1,k8s.io/api/storage/v1alpha1,k8s.io/api/stora
ge/v1beta1 \
    --go-header-file
$GOPATH/src/k8s.io/kubernetes/hack/boilerplate/boilerplate.generatego
.txt
```

执行以上命令，会在$GOPATH/src/k8s.io/kubernetes/vendor/k8s.io/ client-go/listers 下生成 Listers 代码。

> 提示：除手动构建 lister-gen 代码生成器并生成代码外，也可以执行 Kubernetes 提供的代码生成脚本，后者的代码生成过程与上述过程完全相同。Kubernetes 代码生成脚本的路径为 hack/update-codegen.sh。

最后，介绍一下 lister-gen 二进制文件参数，如表 5-4 所示。

表 5-4 lister-gen 二进制文件参数说明

参数	说 明
--output-base	输出的基本路径（默认值为$GOPATH/src/或./，如果没有设置该参数为$GOPATH/src/，那么默认值为/root/gocode/src）
--output-package	输出的基本包路径（默认值为 k8s.io/kubernetes/pkg/client/listers）
--input-dirs	输入源，以逗号分隔的导入路径
--go-header-file	指定许可证样式（License Boilerplate）文件。该文件用于存放开源软件作者及开源协议等信息（默认值为 vendor/k8s.io/code-generator/hack/boilerplate.go.txt）

2. lister-gen 的生成规则

lister-gen 代码生成器并没有本身可用的 Tags，它依赖于 client-gen 代码生成器的 // +genclient 标签。当判断是否需要生成某资源类型时，分为 3 个过滤条件：第一，该资源类型拥有 // +genclient 标签；第二，该资源类型拥有 list 字段；第三，该资源类型拥有 get 字段。满足过滤条件以后，为该资源类型生成 list 和 get 方法。代码示例如下：

代码路径：vendor/k8s.io/code-generator/cmd/lister-gen/generators/lister.go

```go
func Packages(context *generator.Context, arguments *args.GeneratorArgs) generator.Packages {
    ...
    var typesToGenerate []*types.Type
    for _, t := range p.Types {
        tags := util.MustParseClientGenTags(append(t.SecondClosestCommentLines, t.CommentLines...))
        if !tags.GenerateClient || !tags.HasVerb("list") || !tags.HasVerb("get") {
            continue
        }

        typesToGenerate = append(typesToGenerate, t)
    }
    ...
}
```

> 提示：lister-gen 代码生成器基于 gengo 实现，请参考 2.7 节 "gengo 代码生成核心实现"。

5.6.3 informer-gen 代码生成器

informer-gen 代码生成器是一种为资源生成 Informer 的工具。Informer 为 client-go 提供了与 Kubernetes API Server 通信的机制，这些功能由 informer-gen 代码生成器自动生成。

informer-gen 代码生成器的代码生成策略与 Kubernetes 的其他代码生成器的类似，都是通过 Tags 来识别一个包是否需要生成代码及确定生成代码的方式。

informer-gen 代码生成器与其他代码生成器相比，其并没有可用的 Tags，它依赖于 client-gen 代码生成器的 // +genclient 标签，类似于 lister-gen 代码生成器。

下面介绍 informer-gen 的使用示例和生成规则。

1. informer-gen 的使用示例

构建 informer-gen 二进制文件，执行 informer-gen 二进制文件并给定资源的目录路径作为输入源。构建 informer-gen 二进制文件的执行命令如下：

```
$ make all WHAT=vendor/k8s.io/code-generator/cmd/informer-gen
```

构建完成，informer-gen 二进制文件存放在 _output/bin/informer-gen 下。生成过程的执行命令如下：

```
$ ./_output/bin/informer-gen --output-base
$GOPATH/src/k8s.io/kubernetes/vendor \
    --output-package k8s.io/client-go/informers \
    --single-directory \
    --input-dirs
k8s.io/api/admissionregistration/v1beta1,k8s.io/api/admission/v1beta1
,k8s.io/api/apps/v1,k8s.io/api/apps/v1beta1,k8s.io/api/apps/v1beta2,k
8s.io/api/auditregistration/v1alpha1,k8s.io/api/authentication/v1,k8s
.io/api/authentication/v1beta1,k8s.io/api/authorization/v1,k8s.io/api
/authorization/v1beta1,k8s.io/api/autoscaling/v1,k8s.io/api/autoscali
ng/v2beta1,k8s.io/api/autoscaling/v2beta2,k8s.io/api/batch/v1,k8s.io/
api/batch/v1beta1,k8s.io/api/batch/v2alpha1,k8s.io/api/certificates/v
1beta1,k8s.io/api/coordination/v1,k8s.io/api/coordination/v1beta1,k8s
.io/api/core/v1,k8s.io/api/events/v1beta1,k8s.io/api/extensions/v1bet
a1,k8s.io/api/imagepolicy/v1alpha1,k8s.io/api/networking/v1,k8s.io/ap
i/networking/v1beta1,k8s.io/api/node/v1alpha1,k8s.io/api/node/v1beta1
,k8s.io/api/policy/v1beta1,k8s.io/api/rbac/v1,k8s.io/api/rbac/v1alpha
1,k8s.io/api/rbac/v1beta1,k8s.io/api/scheduling/v1,k8s.io/api/schedul
ing/v1alpha1,k8s.io/api/scheduling/v1beta1,k8s.io/api/settings/v1alph
a1,k8s.io/api/storage/v1,k8s.io/api/storage/v1alpha1,k8s.io/api/stora
ge/v1beta1 --versioned-clientset-package k8s.io/client-go/kubernetes \
    --listers-package k8s.io/client-go/listers \
    --go-header-file $GOPATH/src/k8s.io/kubernetes/hack/boilerplate/
boilerplate.generatego.txt
```

执行以上命令，会在 $GOPATH/src/k8s.io/kubernetes/vendor/k8s.io/client-go/informers 下生成 Informers 代码。

> 提示：除手动构建 informer-gen 代码生成器并生成代码外，也可以执行 Kubernetes 提供的代码生成脚本，后者的代码生成过程与上述过程完全相同。Kubernetes 代码生成脚本的路径为 hack/update-codegen.sh。

最后，介绍一下 informer-gen 二进制文件参数，如表 5-5 所示。

表 5-5 informer-gen 二进制文件参数说明

参数	说明
--output-base	输出的基本路径（默认值为 $GOPATH/src/ 或 ./。如果没有设置该参数为 $GOPATH/src/，那么默认值为 /root/gocode/src）
--output-package	输出的基本包路径（默认值为 k8s.io/kubernetes/pkg/client/informers/informers_generated）
--single-directory	如果为 true，则忽略 internalversion 和 externalversions 子目录
--input-dirs	输入源，以逗号分隔的导入路径
--versioned-clientset-package	依赖的 ClientSet 完整包路径（默认值为 k8s.io/kubernetes/pkg/client/clientset_generated/clientset）
--listers-package	依赖的 Listers 完整包路径（默认值为 k8s.io/kubernetes/pkg/client/listers）
--go-header-file	指定许可证样式（License Boilerplate）文件。该文件存放开源软件作者及开源协议等信息（默认值为 vendor/k8s.io/code-generator/hack/boilerplate.go.txt）

2. informer-gen 的生成规则

informer-gen 代码生成器并没有本身可用的 Tags，它依赖于 client-gen 代码生成器的 // +genclient 标签。当判断是否需要生成某资源类型时，分为 4 个过滤条件：第一，该资源类型拥有 // +genclient 标签；第二，该资源类型不能拥有 // +genclient:noVerbs 标签；第三，该资源类型拥有 list 字段；第四，该资源类型拥有 watch 字段。满足过滤条件以后，为该资源类型生成 Informer 相关方法。代码示例如下：

代码路径：vendor/k8s.io/code-generator/cmd/informer-gen/generators/packages.go

```
    func Packages(context *generator.Context, arguments
*args.GeneratorArgs) generator.Packages {
    ...
        var typesToGenerate []*types.Type
        for _, t := range p.Types {
            tags :=
util.MustParseClientGenTags(append(t.SecondClosestCommentLines,
t.CommentLines...))
```

```
        if !tags.GenerateClient || tags.NoVerbs
|| !tags.HasVerb("list") || !tags.HasVerb("watch") {
            continue
        }
        typesToGenerate = append(typesToGenerate, t)
        ...
    }
    ...
}
```

> 提示：informer-gen 代码生成器基于 gengo 实现，请参考 2.7 节"gengo 代码生成核心实现"。

5.7 其他客户端

官方支持的 Kubernetes 客户端库，如表 5-6 所示。

表 5-6　官方支持的 Kubernetes 客户端库说明

语　　言	库　链　接
Go	参见链接[4]
Python	参见链接[5]
Java	参见链接[6]
.Net	参见链接[7]
JavaScript	参见链接[8]

社区维护的 Kubernetes 客户端库，如表 5-7 所示。

表 5-7　社区维护的 Kubernetes 客户端库说明

语　　言	库　链　接
Clojure	参见链接[9]
Go	参见链接[10]
Java(OSGi)	参见链接[11]
Java(Fabric8、OSGi)	参见链接[12]
Lisp	参见链接[13]
Lisp	参见链接[14]

续表

语　　言	库　链　接
Node.js(TypeScript)	参见链接[15]
Node.js	参见链接[16]
Node.js	参见链接[17]
Node.js	参见链接[18]
Perl	参见链接[19]
PHP	参见链接[20]
PHP	参见链接[21]
PHP	参见链接[22]
Python	参见链接[23]
Python	参见链接[24]
Ruby	参见链接[25]
Ruby	参见链接[26]
Ruby	参见链接[27]
Rust	参见链接[28]
Rust	参见链接[29]
Scala	参见链接[30]
.Net	参见链接[31]
.Net(RestSharp)	参见链接[32]
Elixir	参见链接[33]
Haskell	参见链接[34]

第 6 章 Etcd 存储核心实现

Kubernetes 系统使用 Etcd 作为 Kubernetes 集群的唯一存储，Etcd 在生产环境中一般以集群形式部署（称为 Etcd 集群）。

Etcd 集群是分布式 K/V 存储集群，提供了可靠的强一致性服务发现。Etcd 集群存储 Kubernetes 系统的集群状态和元数据，其中包括所有 Kubernetes 资源对象信息、资源对象状态、集群节点信息等。Kubernetes 将所有数据存储至 Etcd 集群前缀为 /registry 的目录下。

6.1 Etcd 存储架构设计

Kubernetes 系统对 Etcd 存储进行了大量封装，其架构是分层的，而每一层的封装设计又拥有高度的可扩展性。Etcd 存储架构设计如图 6-1 所示。

Etcd 存储架构设计说明如下。

1. RESTStorage

实现了 RESTful 风格的对外资源存储服务的 API 接口。

2. RegistryStore

实现了资源存储的通用操作，例如，在存储资源对象之前执行某个函数（即 Before Func），在存储资源对象之后执行某个函数（即 After Func）。

3. Storage.Interface

通用存储接口，该接口定义了资源的操作方法（即 Create、Delete、Watch、WatchList、Get、GetToList、List、GuaranteedUpdate、Count、Versioner 等方法）。

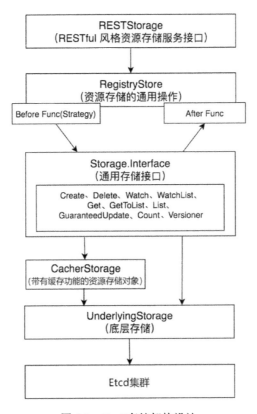

图 6-1　Etcd 存储架构设计

4. CacherStorage

带有缓存功能的资源存储对象，它是 Storage.Interface 通用存储接口的实现。CacherStorage 缓存层的设计有利于 Etcd 集群中的数据能够获得快速的响应，并与 Etcd 集群数据保持一致。

5. UnderlyingStorage

底层存储，也被称为 BackendStorage（后端存储），是真正与 Etcd 集群交互的资源存储对象，CacherStorage 相当于 UnderlyingStorage 的缓存层。UnderlyingStorage 同样也是 Storage.Interface 通用存储接口的实现。

6.2 RESTStorage 存储服务通用接口

Kubernetes 的每种资源（包括子资源）都提供了 RESTful 风格的对外资源存储服务 API 接口（即 RESTStorage 接口），所有通过 RESTful API 对外暴露的资源都必须实现 RESTStorage 接口。RESTStorage 接口代码示例如下：

代码路径：**vendor/k8s.io/apiserver/pkg/registry/rest/rest.go**

```go
type Storage interface {
    New() runtime.Object
}
```

Kubernetes 的每种资源实现的 RESTStorage 接口一般定义在 pkg/registry/<资源组>/<资源>/storage/storage.go 中，它们通过 NewStorage 函数或 NewREST 函数实例化。以 Deployment 资源为例，代码示例如下：

代码路径：**pkg/registry/apps/deployment/storage/storage.go**

```go
type REST struct {
    *genericregistry.Store
    categories []string
}

type StatusREST struct {
    store *genericregistry.Store
}

type DeploymentStorage struct {
    Deployment *REST
    Status     *StatusREST
    ...
}
```

在以上代码中，Deployment 资源定义了 REST 数据结构与 StatusREST 数据结构，其中 REST 数据结构用于实现 deployment 资源的 RESTStorage 接口，而 StatusREST 数据结构用于实现 deployment/status 子资源的 RESTStorage 接口。每一个 RESTStorage 接口都对 RegistryStore 操作进行了封装，例如，对 deployment/status 子资源进行 Get 操作时，实际执行的是 RegistryStore 操作，代码示例如下：

```go
func (r *StatusREST) Get(ctx context.Context, name string, options
*metav1.GetOptions) (runtime.Object, error) {
    return r.store.Get(ctx, name, options)
}
```

6.3 RegistryStore 存储服务通用操作

RegistryStore 实现了资源存储的通用操作，例如，在存储资源对象之前执行某个函数，在存储资源对象之后执行某个函数。RegistryStore 操作如图 6-2 所示。

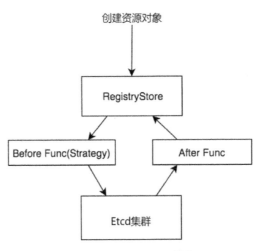

图 6-2　RegistryStore 操作

当通过 RegistryStore 存储了一个资源对象时，RegistryStore 中定义了如下两种函数。

- **Before Func**：也称 Strategy 预处理，它被定义为在创建资源对象之前调用，做一些预处理工作。
- **After Func**：它被定义为在创建资源对象之后调用，做一些收尾工作。

每种资源的特殊化存储需求可以定义在 Before Func 和 After Func 中，但目前在 Kubernetes 系统中并未使用 After Func 功能。RegistryStore 结构如下：

代码路径：vendor/k8s.io/apiserver/pkg/registry/generic/registry/store.go

```
type Store struct {
    CreateStrategy rest.RESTCreateStrategy
    AfterCreate    ObjectFunc
    UpdateStrategy rest.RESTUpdateStrategy
    AfterUpdate    ObjectFunc
    DeleteStrategy rest.RESTDeleteStrategy
    AfterDelete    ObjectFunc
    ExportStrategy rest.RESTExportStrategy
```

```
Storage DryRunnableStorage
...
}
```

RegistryStore 定义了 4 种 Strategy 预处理方法，分别是 CreateStrategy（创建资源对象时的预处理操作）、UpdateStrategy（更新资源对象时的预处理操作）、DeleteStrategy（删除资源对象时的预处理操作）、ExportStrategy（导出资源对象时的预处理操作）。更多关于 Strategy 预处理的内容，请参考 6.8 节 "Strategy 预处理"。

另外，RegistryStore 定义了 3 种创建资源对象后的处理方法，分别是 AfterCreate（创建资源对象后的处理操作）、AfterUpdate（更新资源对象后的处理操作）、AfterDelete（删除资源对象后的处理操作）。

最后，Storage 字段是 RegistryStore 对 Storage.Interface 通用存储接口进行的封装，实现了对 Etcd 集群的读/写操作。以 RegistryStore 的 Create 方法（创建资源对象的方法）为例，代码示例如下：

代码路径：vendor/k8s.io/apiserver/pkg/registry/generic/registry/store.go

```go
func (e *Store) Create(...) (runtime.Object, error) {
    if err := rest.BeforeCreate(e.CreateStrategy, ctx, obj); err != nil {
        return nil, err
    }
    ...
    if err := e.Storage.Create(ctx, key, obj, out, ttl,
dryrun.IsDryRun(options.DryRun)); err != nil {
        ...
    }
    if e.AfterCreate != nil {
        if err := e.AfterCreate(out); err != nil {
            return nil, err
        }
    }
}
```

Create 方法创建资源对象的过程可分为 3 步：第 1 步，通过 rest.BeforeCreate 函数执行预处理操作；第 2 步，通过 s.Storage.Create 函数创建资源对象；第 3 步，通过 e.AfterCreate 函数执行收尾操作。

6.4 Storage.Interface 通用存储接口

Storage.Interface 通用存储接口定义了资源的操作方法，代码示例如下：

代码路径：vendor/k8s.io/apiserver/pkg/storage/interfaces.go

```
type Interface interface {
    Versioner() Versioner
    Create(...) error
    Delete(...) error
    Watch(...) (watch.Interface, error)
    WatchList(...) (watch.Interface, error)
    Get(...) error
    GetToList(..., listObj runtime.Object) error
    List(...) error
    GuaranteedUpdate(...) error
    Count(...) (int64, error)
}
```

Storage.Interface 接口字段说明如下。

- **Versioner**：资源版本管理器，用于管理 Etcd 集群中的数据版本对象。
- **Create**：创建资源对象的方法。
- **Delete**：删除资源对象的方法。
- **Watch**：通过 Watch 机制监控资源对象变化方法，只应用于单个 key。
- **WatchList**：通过 Watch 机制监控资源对象变化方法，应用于多个 key（当前目录及目录下所有的 key）。
- **Get**：获取资源对象的方法。
- **GetToList**：获取资源对象的方法，以列表（List）的形式返回。
- **List**：获取资源对象的方法，以列表（List）的形式返回。
- **GuaranteedUpdate**：保证传入的 tryUpdate 函数运行成功。
- **Count**：获取指定 key 下的条目数量。

Storage.Interface 是通用存储接口，实现通用存储接口的分别是 CacherStorage 资源存储对象和 UnderlyingStorage 资源存储对象，分别介绍如下。

- **CacherStorage**：带有缓存功能的资源存储对象，它定义在 vendor/k8s.io/apiserver/pkg/storage/cacher/cacher.go 中。
- **UnderlyingStorage**：底层存储对象，真正与 Etcd 集群交互的资源存储对象，它定义在 vendor/k8s.io/apiserver/pkg/storage/etcd3/store.go 中。

下面介绍 CacherStorage 与 UnderlyingStorage 的实例化过程，代码示例如下：

代码路径：vendor/k8s.io/apiserver/pkg/server/options/etcd.go

```
func (f *SimpleRestOptionsFactory) GetRESTOptions(resource
schema.GroupResource) (generic.RESTOptions, error) {
    ret := generic.RESTOptions{
        Decorator:         generic.UndecoratedStorage,
        ...
    }
    if f.Options.EnableWatchCache {
        sizes, err := ParseWatchCacheSizes(f.Options.WatchCacheSizes)
        ...
        ret.Decorator = genericregistry.StorageWithCacher(cacheSize)
    }
    return ret, nil
}
```

如果不启用 WatchCache 功能，Kubernetes API Server 通过 generic.UndecoratedStorage 函数直接创建 UnderlyingStorage 底层存储对象并返回。在默认的情况下，Kubernetes API Server 的缓存功能是开启的，可通过--watch-cache 参数设置，如果该参数为 true，则通过 genericregistry.StorageWithCacher 函数创建带有缓存功能的资源存储对象。

CacherStorage 实际上是在 UnderlyingStorage 之上封装了一层缓存层，在 genericregistry.StorageWithCacher 函数实例化的过程中，也会创建 UnderlyingStorage 底层存储对象。

CacherStorage 的实例化过程基于装饰器模式，下面介绍一下装饰器模式。装饰器模式将函数装饰到另一些函数上，这样可以让代码看起来更简练，也可以让一些函数的代码复用性更高。装饰器模式如图 6-3 所示。

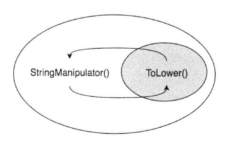

图 6-3　装饰器模式

在 Go 语言中，装饰器模式的代码形式如下：

```go
type StringManipulator func(string) string

func ToLower(m StringManipulator) StringManipulator {
    return func(s string) string {
        lower := strings.ToLower(s)
        return m(lower)
    }
}
```

首先，装饰器基本上是一个函数，它将特定类型的函数作为参数，并返回相同类型的函数。ToLower 函数是一个装饰器函数，ToLower 的函数返回值与其内部函数返回值是相同的类型。

在 CacherStorage 的实例化过程中，在装饰器函数里实现了 UnderlyingStorage 和 CacherStorage 的实例化过程，代码示例如下：

代码路径：vendor/k8s.io/apiserver/pkg/registry/generic/registry/storage_factory.go

```go
func StorageWithCacher(capacity int) generic.StorageDecorator {
    return func(
        ...
        s, d := generic.NewRawStorage(storageConfig)
        ...
        cacher := cacherstorage.NewCacherFromConfig(cacherConfig)
        ...
        return cacher, destroyFunc
    }
}
```

6.5 CacherStorage 缓存层

缓存（Cache）的应用场景非常广泛，可以使用缓存来降低数据库服务器的负载、减少连接数等。例如，将某些业务需要读/写的数据库服务器中的一些数据存储到缓存服务器中，然后这部分业务就可以直接通过缓存服务器进行数据读/写，这样可以加快数据库的请求响应时间。在生产环境下，我们常将 Memcached 或 Redis 等作为 MySQL 的缓存层对外提供服务，缓存层中的数据存储于内存中，所以大大提升了数据库的 I/O 响应能力。缓存的应用场景如图 6-4 所示。

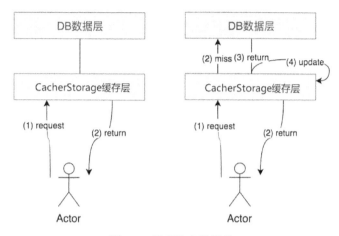

图 6-4 缓存的应用场景

CacherStorage 缓存层为 DB 数据层提供缓存服务,目的是快速响应并减轻 DB 数据层的压力。图 6-4 中提供了缓存的两种应用场景,左边为缓存命中,右边为缓存回源。

- **缓存命中**:客户端发起请求,请求中的数据存于缓存层中,则从缓存层直接返回数据。
- **缓存回源**:客户端发起请求,请求中的数据未存于缓存层中,此时缓存层向 DB 数据层获取数据(该过程被称为回源),DB 数据层将数据返回给缓存层,缓存层收到数据并将数据更新到自身缓存中(以便下次客户端请求时提升缓存命中率),最后将数据返回给客户端。

6.5.1 CacherStorage 缓存层设计

CacherStorage 缓存层的设计有利于快速响应请求并返回所需的数据,这样可以减少 Etcd 集群的连接数,返回的数据也与 Etcd 集群中的数据保持一致。

CacherStoraeg 缓存层并非会为所有操作都缓存数据。对于某些操作,为保证数据一致性,没有必要在其上再封装一层缓存层,例如 Create、Delete、Count 等操作,通过 UnderlyingStorage 直接向 Etcd 集群发出请求即可。只有 Get、GetToList、List、GuaranteedUpdate、Watch、WatchList 等操作是基于缓存设计的。其中 Watch 操作的事件缓存机制(即 watchCache)使用缓存滑动窗口来保证历史事件不会丢失,设计较为巧妙。

CacherStorage 缓存层设计如图 6-5 所示。

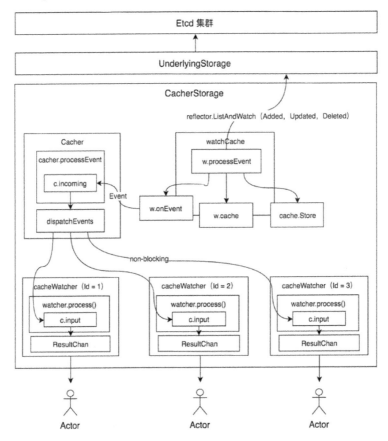

图 6-5　CacherStorage 缓存层设计

如图 6-5 所示，Actor（它可以是 kubectl、Kubernetes 组件等）作为客户端向 CacherStorage 缓存层发送 Watch 请求。CacherStorage 缓存层可分为如下部分。

- **cacheWatcher**：Watcher 观察者管理。
- **watchCache**：通过 Reflector 框架与 UnderlyingStorage 底层存储对象交互，UnderlyingStorage 与 Etcd 集群进行交互，并将回调事件分别存储至 w.onEvent、w.cache、cache.Store 中。
- **Cacher**：用于分发给目前所有已连接的观察者，分发过程通过非阻塞（Non-Blocking）机制实现。

1. cacheWatcher

每一个发送 Watch 请求的客户端都会分配一个 cacheWatcher，用于客户端接收 Watch 事件，代码示例如下：

代码路径：vendor/k8s.io/apiserver/pkg/storage/cacher/cacher.go

```go
func (c *Cacher) Watch(...) (watch.Interface, error) {
    ...
    watcher := newCacheWatcher(...)

    c.watchers.addWatcher(watcher, c.watcherIdx, ...)
    c.watcherIdx++
    return watcher, nil
}
```

当客户端发起 Watch 请求时，通过 newCacheWatcher 函数实例化 cacheWatcher 对象，并为其分配一个 id，该 id 是唯一的，从 0 开始计数，每次有新的客户端发送 Watch 请求时，该 id 会自增 1，但在 Kubernetes API Server 重启时其会被清零。最后，将该对象添加到 c.watchers 中进行统一管理，例如执行 Add（添加）、Delete（删除）、Terminate（终止）等操作。

cacheWatcher 通过 map 数据结构进行管理，其中 key 为 id，value 为 cacheWatcher，代码示例如下：

```go
type watchersMap map[int]*cacheWatcher
```

在通过 newCacheWatcher 函数进行实例化时，内部会运行一个 goroutine（即 watcher.process 函数），用于监控 c.input Channel 中的数据。当其中没有数据时，监控 c.input Channel 时处于阻塞状态；当其中有数据时，数据会通过 ResultChan 函数对外暴露，只发送大于 ResourceVersion 资源版本号的数据。代码示例如下：

```go
func (c *cacheWatcher) process(initEvents []*watchCacheEvent,
resourceVersion uint64) {
    ...
    for event := range c.input {
        if event.ResourceVersion > resourceVersion {
            c.sendWatchCacheEvent(event)
        }
    }
}
```

2. watchCache

CacherStorage 在实例化过程中会使用 Reflector 框架的 ListAndWatch 函数通过 UnderlyingStorage 监控 Etcd 集群的 Watch 事件。

watchCache 接收 Reflector 框架的事件回调，并实现了 Add、Update、Delete 方法，分别用于接收 watch.Added、watch.Modified、watch.Deleted 事件。通过 goroutine（即 w.processEvent 函数）将事件分别存储到如下 3 个地方。

- **w.onEvent**：将事件回调给 CacherStorage，CacherStorage 将其分发给目前所有已连接的观察者，该过程通过非阻塞机制实现。
- **w.cache**：将事件存储至缓存滑动窗口，它提供了对 Watch 操作的缓存数据，防止因网络或其他原因观察者连接中断，导致事件丢失。
- **cache.Store**：将事件存储至本地缓存，cache.Store 与 client-go 下的 Indexer 功能相同。更多关于 Indexer 的内容，请参考 5.3.4 节 "Indexer"。

代码路径：vendor/k8s.io/apiserver/pkg/storage/cacher/watch_cache.go

```
func (w *watchCache) processEvent(event watch.Event, resourceVersion uint64, updateFunc func(*storeElement) error) error {
    ...
    if w.onEvent != nil {
        w.onEvent(watchCacheEvent)
    }
    w.updateCache(resourceVersion, watchCacheEvent)
    ...
    return updateFunc(elem)
}
```

在上述代码中，watchCache 将接收到的事件通过 w.onEvent 函数回调给 CacherStorage，通过 w.updateCache 存储至缓存滑动窗口，通过 updateFunc 函数存储至 cache.Store 本地缓存中。

其中 w.onEvent 函数（实际使用的是 cacher.processEvent 函数）将事件回调给 Cacher，代码示例如下：

代码路径：vendor/k8s.io/apiserver/pkg/storage/cacher/cacher.go

```
func (c *Cacher) processEvent(event *watchCacheEvent) {
    ...
    c.incoming <- *event
}
```

3. Cacher

Cacher 接收到 watchCache 回调的事件，遍历目前所有已连接的观察者，并将事件逐个分发给每个观察者，该过程通过非阻塞机制实现，不会阻塞任何一个观察者。dispatchEvents→dispatchEvent→watcher.add 代码示例如下：

代码路径：vendor/k8s.io/apiserver/pkg/storage/cacher/cacher.go

```go
func (c *cacheWatcher) add(event *watchCacheEvent, timer *time.Timer, budget *timeBudget) {
    select {
    case c.input <- event:
        return
    default:
    }
    ...
}
```

对于每一个 cacheWatcher，其内部都会运行一个 goroutine（即 watcher.process 函数），用于监控 c.input Channel 中的数据，从而 cacheWatcher 获得相关事件，最终数据会通过 ResultChan 函数对外暴露。

6.5.2 ResourceVersion 资源版本号

所有 Kubernetes 资源都有一个资源版本号（ResourceVersion），其用于表示资源存储版本，一般定义于资源的元数据中。以 Pod 资源对象为例，ResourceVersion 资源版本号如图 6-6 所示。

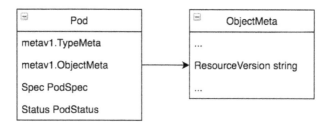

图 6-6　ResourceVersion 资源版本号

每次在修改 Etcd 集群存储的资源对象时，Kubernetes API Server 都会更改 ResourceVersion，使得 client-go 执行 Watch 操作时可以根据 ResourceVersion 来确定资源对象是否发生变化。当 client-go 断开时，只要从上一次的 ResourceVersion 继续监控（Watch 操作），就能够获取历史事件，这样可以防止事件遗漏或丢失。

Kubernetes API Server 对 ResourceVersion 资源版本号并没有实现一套管理机制，而是依赖于 Etcd 集群中的全局 Index 机制来进行管理的。在 Etcd 集群中，有两个比较关键的 Index，分别是 createdIndex 和 modifiedIndex，它们用于跟踪 Etcd 集群中的数据发生了什么。

- **createdIndex**：全局唯一且递增的正整数。每次在 Etcd 集群中创建 key 时其会递增。
- **modifiedIndex**：与 createdIndex 功能类似，每次在 Etcd 集群中修改 key 时其会递增。

createdIndex 和 modifiedIndex 都是原子操作，其中 modifiedIndex 机制被 Kubernetes 系统用于获取资源版本号（ResourceVersion）。Kubernetes 系统通过资源版本号的概念来实现乐观并发控制，也称乐观锁（Optimistic Concurrency Control）。它是一种并发控制的方法，当处理多客户端并发的事务时，事物之间不会互相影响，各事务能够在不产生锁的情况下处理各自影响的那部分数据。在提交更新数据之前，每个事务都会先检查在自己读取数据之后，有没有其他事务又修改了该数据。如果其他事务有更新过数据，那么正在提交数据的事务会进行回滚。

以 Pod 资源为例，通过 ClientSet 获取 nginx-deployment-6dd86d77d-cddph 的 ResourceVersion，代码示例如下：

```
podClient, err := clientset.CoreV1().Pods(apiv1.NamespaceDefault).
    Get("nginx-deployment-6dd86d77d-cddph", metav1.GetOptions{})
if err != nil {
    panic(err)
}
fmt.Printf("ResourceVersion: %v\n", podClient.ResourceVersion)

// output:
// ResourceVersion: 2315
```

当前 Pod 资源的 ResourceVersion 为 2315，更新该 Pod 资源时，Kubernetes 会将该 Pod 资源的 ResourceVersion 与 Etcd 集群中存储的该资源对象 key 的 modifiedIndex 进行比较，在两者一致的情况下才会更新该数据。若数据发生了变化，该资源对象的 ResourceVersion 也会随之改变。当两者不一致时，则更新失败并返回 HTTP 409 StatusConflict 信息。

6.5.3 watchCache 缓存滑动窗口

前面介绍了 watchCache，它接收 Reflector 框架的事件回调，并将事件存储至 3 个地方，其中有一个地方就是 w.cache（即缓存滑动窗口），其提供了对 Watch 操作的缓存数据（事件的历史数据），防止客户端因网络或其他原因连接中断，导致事件丢失。在介绍缓存滑动窗口之前，先了解一下目前常用的一些缓存算法。

在生产环境中，缓存算法的实现有很多种方案，常用的缓存算法有 FIFO、LRU、LFU 等。不同的缓存算法有不同的特点和应用场景，分别介绍如下。

1. FIFO（First Input First Output）

- **特点**：即先进先出，实现简单。
- **数据结构**：队列。
- **淘汰原则**：当缓存满的时候，将最先进入缓存的数据淘汰。

2. LRU（Least Recently Used）

- **特点**：即最近最少使用，优先移除最久未使用的数据，按时间维度衡量。
- **数据结构**：链表和 HashMap。
- **淘汰原则**：根据缓存数据使用的时间，将最不经常使用的缓存数据优先淘汰。如果一个数据在最近一段时间内都没有被访问，那么在将来它被访问的可能性也很小。

3. LFU（Least Frequently Used）

- **特点**：即最近最不常用，优先移除访问次数最少的数据，按统计维度衡量。
- **数据结构**：数组、HashMap 和堆。
- **淘汰原则**：根据缓存数据使用的次数，将访问次数最少的缓存数据优先淘汰。如果一个数据在最近一段时间内使用次数很少，那么在将来被使用的可能性也很小。

watchCache 使用缓存滑动窗口（即数组）保存事件，其功能有些类似于 FIFO 队列，但实现方式不同，其数据结构如下：

代码路径：**vendor/k8s.io/apiserver/pkg/storage/cacher/watch_cache.go**

```
type watchCache struct {
    capacity int
```

```
    cache       []watchCacheElement
    startIndex  int
    endIndex    int
    ...
}
```

watchCache 缓存滑动窗口数据结构字段说明如下。

- **capacity**：缓存滑动窗口的大小，其值通过--default-watch-cache-size 参数指定，默认的缓存滑动窗口的大小为 100。如果将其设置为 0，则表示禁用 watchCache。
- **cache**：缓存滑动窗口，可以通过一个固定大小的数组向前滑动。当缓存窗口满的时候，将最先进入缓存滑动窗口的数据淘汰。
- **startIndex**：开始下标。
- **endIndex**：结束下标。

watchCache 滑动窗口工作原理如图 6-7 所示。

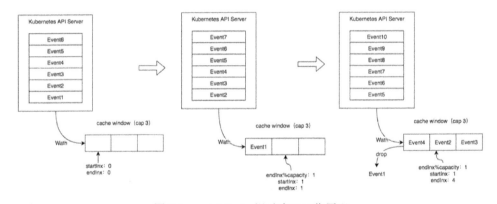

图 6-7　watchCache 滑动窗口工作原理

如图 6-7 所示，假设缓存滑动窗口初始时的固定大小为 3，startIndex 与 endIndex 都为 0。在接收到 Reflector 框架的事件回调后，将事件放入缓存滑动窗口的头部，此时 endIndex 与 capacity 会通过取模运算得到下一个事件的位置，然后 endIndex 会自增 1。当缓存滑动窗口满的时候，endIndex 与 capacity 会通过取模运算指定最先进入缓存滑动窗口的数据并覆盖该数据。watchCache 缓存滑动窗口代码示例如下：

代码路径：vendor/k8s.io/apiserver/pkg/storage/cacher/watch_cache.go

```
    func (w *watchCache) updateCache(resourceVersion uint64, event
*watchCacheEvent) {
```

```
    if w.endIndex == w.startIndex+w.capacity {
        w.startIndex++
    }

    w.cache[w.endIndex%w.capacity] =
watchCacheElement{resourceVersion, event}
    w.endIndex++
}
```

将 watchCache 与 ResourceVersion 结合，提供 Watch 操作的历史事件数据。执行 Watch 操作时使用查询参数指定 ResourceVersion，它用于指定开始监控资源的 ResourceVersion，其可用于确保资源事件不会在发送时遗漏。这也是 ResourceVersion 会在整个 Kubernetes API Server 存储上相互传递的主要原因。ResourceVersion 断点续传机制如图 6-8 所示。

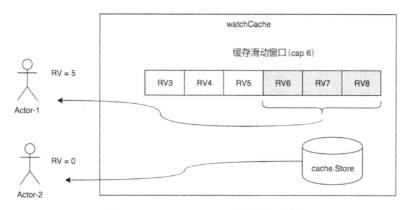

图 6-8 ResourceVersion 断点续传机制

如图 6-8 所示，Actor-1 由于网络或其他原因，导致 Watch 操作中断，中断前只监控到了 RV5（ResourceVersion）的数据，等网络恢复后，请求继续执行 Watch 操作并携带上 RV=5 的参数，这时 watchCache 则会从缓存滑动窗口中将历史 RV6、RV7、RV8 事件一次性返回给 Actor-1。假设 Actor-2 请求执行 Watch 操作并携带上 RV=0 的参数，这时 watchCache 则会从 cache.Store 本地缓存中获取历史事件返回给 Actor-2。代码示例如下：

```
func (w *watchCache) GetAllEventsSinceThreadUnsafe(resourceVersion
uint64) ([]*watchCacheEvent, error) {
    size := w.endIndex - w.startIndex
    ...
    if resourceVersion == 0 {
        allItems := w.store.List()
```

```go
        result := make([]*watchCacheEvent, len(allItems))
        ...
        return result, nil
    }
    ...

    f := func(i int) bool {
        return w.cache[(w.startIndex+i)%w.capacity].resourceVersion > resourceVersion
    }
    first := sort.Search(size, f)
    result := make([]*watchCacheEvent, size-first)
    for i := 0; i < size-first; i++ {
        result[i] = w.cache[(w.startIndex+first+i)%w.capacity].watchCacheEvent
    }
    return result, nil
}
```

在上述代码中，GetAllEventsSinceThreadUnsafe 函数接收 resourceVersion 参数，当 resourceVersion 为 0 时，从 cache.Store 本地缓存中获取历史事件并返回；当 resourceVersion 大于 0 时，将 w.cache 缓存滑动窗口根据 resourceVersion 值的大小进行排序，并根据传入的 resourceVersion 按照区间获取历史事件。

6.6　UnderlyingStorage 底层存储对象

UnderlyingStorage（底层存储），也称为 BackendStorage（后端存储），是真正与 Etcd 集群交互的资源存储对象，CacherStorage 相当于 UnderlyingStorage 的缓存层。数据回源操作最终还是由 UnderlyingStorage 代替执行的。

UnderlyingStorage 对 Etcd 的官方库进行了封装，早期版本的 Kubernetes 系统中同时支持 Etcd v2 与 Etcd v3。但当前 Kubernetes 系统已经将 Etcd v2 抛弃了，只支持 Etcd v3，因为 Etcd v3 的性能和通信方式都优于 Etcd v2。UnderlyingStorage 通过 newETCD3Storage 函数进行实例化，代码示例如下：

代码路径：vendor/k8s.io/apiserver/pkg/storage/storagebackend/factory/factory.go

```go
func Create(c storagebackend.Config) (storage.Interface, DestroyFunc, error) {
    switch c.Type {
    case "etcd2":
```

```
            return nil, nil, fmt.Errorf("%v is no longer a supported storage
backend", c.Type)
        case storagebackend.StorageTypeUnset,
storagebackend.StorageTypeETCD3:
            return newETCD3Storage(c)
        default:
            return nil, nil, fmt.Errorf("unknown storage type: %s", c.Type)
        }
    }
```

UnderlyingStorage 底层存储是对 Storage.Interface 通用存储接口的实现，分别提供了 Versioner、Create、Delete、Watch、WatchList、Get、GetToList、List、GuaranteedUpdate、Count 方法。

资源对象在 Etcd 集群中以二进制形式存储（即 application/vnd.kubernetes.protobuf），存储与获取过程都通过 protobufSerializer 编解码器进行数据的编码和解码。数据的编码和解码如图 6-9 所示。

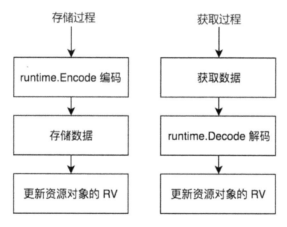

图 6-9　数据的编码和解码

以 Get 操作为例，代码示例如下：

代码路径：vendor/k8s.io/apiserver/pkg/storage/etcd3/store.go

```
    func (s *store) Get(ctx context.Context, key string, resourceVersion
string, out runtime.Object, ignoreNotFound bool) error {
        key = path.Join(s.pathPrefix, key)
        getResp, err := s.client.KV.Get(ctx, key, s.getOps...)
        ...
        return decode(s.codec, s.versioner, data, out, kv.ModRevision)
    }
```

```
func decode(codec runtime.Codec, versioner storage.Versioner, value
[]byte, objPtr runtime.Object, rev int64) error {
    ...
    _, _, err := codec.Decode(value, nil, objPtr)
    if err != nil {
        return err
    }
    versioner.UpdateObject(objPtr, uint64(rev))
    return nil
}
```

Get 操作流程说明如下。

（1）通过 s.client.KV.Get 获取 Etcd 集群中 Pod 资源对象的数据。

（2）通过 protobufSerializer 编解码器（即 codec.Decode 函数）解码二进制数据，解码后的数据存放至 objPtr 中。

（3）最后通过 versioner.UpdateObject 函数更新最新的资源对象的 resourceVersion 资源版本号（即 kv.ModRevision，也称为 modifiedIndex）。

6.7　Codec 编解码数据

Kubernetes 系统将资源对象以二进制形式存储在 Etcd 集群中。在 Kubernetes 系统外部，通过 Codec Example 代码示例直接编/解码 Etcd 集群中的资源对象数据，理解会更深刻。Codec Example 代码示例如下：

```
package main

import (
    "context"
    "fmt"
    "time"

    "github.com/coreos/etcd/clientv3"
    corev1 "k8s.io/api/core/v1"
    "k8s.io/apimachinery/pkg/runtime"
    "k8s.io/apimachinery/pkg/runtime/schema"
    "k8s.io/apimachinery/pkg/runtime/serializer"
)

var Scheme = runtime.NewScheme()
```

```go
    var Codecs = serializer.NewCodecFactory(Scheme)
    var inMediaType = "application/vnd.kubernetes.protobuf"
    var outMediaType = "application/json"

    func init() {
        corev1.AddToScheme(Scheme)
    }

    func main() {
        cli, err := clientv3.New(clientv3.Config{
            Endpoints:   []string{"localhost:4012"},
            DialTimeout: 5 * time.Second,
        })
        if err != nil {
            panic(err)
        }
        defer cli.Close()

        resp, err := cli.Get(context.Background(),
"/registry/pods/default/centos-59db99c6bc-m6tsz")
        if err != nil {
            panic(err)
        }
        kv := resp.Kvs[0]

        inCodec := newCodec(inMediaType)
        outCodec := newCodec(outMediaType)

        obj, err := runtime.Decode(inCodec, kv.Value)
        if err != nil {
            panic(err)
        }
        fmt.Println("Decode ---")
        fmt.Println(obj)

        encoded, err := runtime.Encode(outCodec, obj)
        if err != nil {
            panic(err)
        }
        fmt.Println("Encode ---")
        fmt.Println(string(encoded))
    }

    func newCodec(mediaTypes string) runtime.Codec {
        info, ok := runtime.SerializerInfoForMediaType(Codecs.
SupportedMediaTypes(), mediaTypes)
        if !ok {
```

```
            panic(fmt.Errorf("no serializers registered for %v",
mediaTypes))
        }
        cfactory := serializer.DirectCodecFactory{CodecFactory: Codecs}

        gv, err := schema.ParseGroupVersion("v1")
        if err != nil {
            panic("unexpected error")
        }
        encoder := cfactory.EncoderForVersion(info.Serializer, gv)
        decoder := cfactory.DecoderToVersion(info.Serializer, gv)
        return cfactory.CodecForVersions(encoder, decoder, gv, gv)
}
```

在 Codec Example 代码示例中，第 1 步，实例化 Scheme 资源注册表及 Codecs 编解码器，并通过 init 函数将 corev1 资源组下的资源注册至 Scheme 资源注册表中，这是因为要对 Pod 资源数据进行解码操作。inMediaType 定义了编码类型（即 Protobuf 格式），outMediaType 定义了解码类型（即 JSON 格式）。

第 2 步，通过 clientv3.New 函数实例化 Etcd Client 对象，并设置一些参数，例如将 Endpoints 参数连接至 Etcd 集群的地址，将 DialTimeout 参数连接至集群的超时时间等。通过 cli.Get 函数获取 Etcd 集群中 /registry/pods/default/centos-59db99c6bc-m6tsz 下的 Pod 资源对象数据。

第 3 步，通过 newCodec 函数实例化 runtime.Codec 编解码器，分别实例化 inCodec 编码器对象、outCodec 解码器对象。

第 4 步，通过 runtime.Decode 解码器（即 protobufSerializer）解码资源对象数据并通过 fmt.Println 函数输出。

第 5 步，通过 runtime.Encode 编码器（即 jsonSerializer）解码资源对象数据并通过 fmt.Println 函数输出。

> 提示：Kubernetes 资源对象以二进制格式存储在 Etcd 集群中，所以需要额外的解码步骤，直接从 Etcd 集群中获取对象的体验并不友好。可以通过第三方工具 github.com/jpbetz/auger 直接访问数据对象存储，auger 用于对 Kubernetes 资源对象存储在 Etcd 集群中的二进制数据进行编码和解码，支持将数据转换为 YAML、JSON 和 Protobuf 格式。auger 命令示例如下：

```
$ ETCDCTL_API=3; etcdctl get /registry/pods/default/<pod-name> |
 auger decode
apiVersion: v1
kind: Pod
metadata:
  annotations: ...
  creationTimestamp: ...
...
```

6.8 Strategy 预处理

在 Kubernetes 系统中，每种资源都有自己的预处理（Strategy）操作，其用于资源存储对象创建（Create）、更新（Update）、删除（Delete）、导出（Export）资源对象之前对资源执行预处理操作，例如在存储资源对象之前验证或者修改该对象。每个资源的特殊需求都可以在自己的 Strategy 预处理接口中实现。每个资源的 Strategy 预处理接口代码实现一般定义在 pkg/registry/<资源组>/<资源>/strategy.go 中。

Strategy 预处理接口定义如下：

代码路径：**vendor/k8s.io/apiserver/pkg/registry/generic/registry/store.go**

```go
type GenericStore interface {
    GetCreateStrategy() rest.RESTCreateStrategy
    GetUpdateStrategy() rest.RESTUpdateStrategy
    GetDeleteStrategy() rest.RESTDeleteStrategy
    GetExportStrategy() rest.RESTExportStrategy
}
```

Strategy 预处理接口字段说明如下。

- **CreateStrategy**：创建资源对象时的预处理操作。
- **UpdateStrategy**：更新资源对象时的预处理操作。
- **DeleteStrategy**：删除资源对象时的预处理操作。
- **ExportStrategy**：导出资源对象时的预处理操作。

6.8.1 创建资源对象时的预处理操作

CreateStrategy 是创建资源对象时的预处理操作，它提供了 BeforeCreate 函数，用于在创建资源对象之前执行该操作。CreateStrategy 操作的接口定义如下：

代码路径：vendor/k8s.io/apiserver/pkg/registry/rest/create.go

```
type RESTCreateStrategy interface {
    NamespaceScoped() bool
    PrepareForCreate(...)
    Validate(...) field.ErrorList
    Canonicalize(...)
}
```

CreateStrategy 操作的接口字段说明如下。

- **NamespaceScoped**：判断当前资源对象是否拥有所属的命名空间，如有所属的命名空间，则返回 true，否则返回 false。
- **PrepareForCreate**：创建当前资源对象之前的处理函数。
- **Validate**：创建当前资源对象之前的验证函数。验证资源对象的字段信息，此方法不会修改资源对象。
- **Canonicalize**：在创建当前资源对象之前将存储的资源对象规范化。在当前的 Kubernetes 系统中，并未使用该方法。

CreateStrategy 操作提供了 BeforeCreate 函数，它对 CreateStrategy 操作的方法进行了打包、封装，并使各方法按顺序执行，在创建资源对象之前只需要执行 BeforeCreate 函数即可，BeforeCreate 函数定义在 vendor/k8s.io/apiserver/pkg/registry/rest/create.go 中，该函数的执行流程，即 CreateStrategy 操作的运行流程如图 6-10 所示。

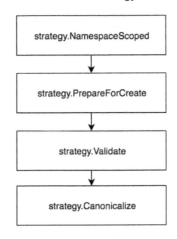

图 6-10 CreateStrategy 操作的运行流程

首先通过 strategy.NamespaceScoped 判断资源对象是否拥有所属的命名空间，并验证资源对象所属的命名空间与请求发送的命名空间是否匹配，如果不匹配，则返回错误。然后执行 strategy.PrepareForCreate，其一般用于修改资源对象的属性、清除资源对象的状态等。接着由 strategy.Validate 对修改后的资源对象验证其是否合法，如果其不合法，则直接拒绝。最后通过 strategy.Canonicalize，将存储的资源对象规范化，例如将无序的数据进行排序，使其利于分析预测等，但在当前的 Kubernetes 系统中，其并未使用。

6.8.2 更新资源对象时的预处理操作

UpdateStrategy 是更新资源对象时的预处理操作，它提供了 BeforeUpdate 函数，用于在更新资源对象之前先执行该操作。UpdateStrategy 操作的接口定义如下：

代码路径：vendor/k8s.io/apiserver/pkg/registry/rest/update.go

```
type RESTUpdateStrategy interface {
    NamespaceScoped() bool
    AllowCreateOnUpdate() bool
    PrepareForUpdate(...)
    ValidateUpdate(...) field.ErrorList
    Canonicalize(...)
    AllowUnconditionalUpdate() bool
}
```

UpdateStrategy 操作的接口字段说明如下。

- **NamespaceScoped**：判断当前资源对象是否拥有所属的命名空间，如有所属的命名空间，则返回 true，否则返回 false。
- **AllowCreateOnUpdate**：在更新当前资源对象时，如果资源对象已存在，确定是否允许重新创建资源对象。
- **PrepareForUpdate**：更新当前资源对象之前的处理函数。
- **ValidateUpdate**：更新当前资源对象之前的验证函数。验证资源对象的字段信息，此方法不会修改资源对象。
- **Canonicalize**：在更新当前资源对象之前将存储的资源对象规范化。在当前的 Kubernetes 系统中，并未使用该方法。
- **AllowUnconditionalUpdate**：在更新当前资源对象时，如果未指定资源版本，确定是否运行更新操作。

UpdateStrategy 操作提供了 BeforeUpdate 函数，它对 UpdateStrategy 操作的方法进行了打包、封装，并使各方法按顺序执行，在更新资源对象之前只需要执行 BeforeUpdate 函数即可，BeforeUpdate 函数定义在 vendor/k8s.io/apiserver/pkg/registry/rest/update.go 中。此 BeforeUpdate 函数与 CreateStrategy 操作提供的 BeforeCreate 函数的流程大致相同，故不再赘述。

6.8.3　删除资源对象时的预处理操作

DeleteStrategy 是删除资源对象时的预处理操作，它提供了 BeforeDelete 函数，用于在删除资源对象之前先执行该操作。DeleteStrategy 操作的接口定义如下：

代码路径：vendor/k8s.io/apiserver/pkg/registry/rest/delete.go

```
type RESTDeleteStrategy interface {
    ...
}

type RESTGracefulDeleteStrategy interface {
    CheckGracefulDelete(...) bool
}
```

RESTDeleteStrategy 接口并没有定义任何预处理方法，但它可以显式地转换为 RESTGracefulDeleteStrategy 接口，该接口的 CheckGracefulDelete 方法用于检查资源对象是否支持优雅删除，如果其支持优雅删除，则返回 true，否则返回 false。

DeleteStrategy 操作提供了 BeforeDelete 函数，它对 DeleteStrategy 操作的方法进行了打包、封装，在更新资源对象之前只需要执行 BeforeDelete 函数即可，BeforeUpdate 函数代码示例如下：

代码路径：vendor/k8s.io/apiserver/pkg/registry/rest/delete.go

```
func BeforeDelete(strategy RESTDeleteStrategy, ...) (...) {
    ...
    gracefulStrategy, ok := strategy.(RESTGracefulDeleteStrategy)
    ...
    if !gracefulStrategy.CheckGracefulDelete(ctx, obj, options) {
        return false, false, nil
    }
    ...
}
```

6.8.4 导出资源对象时的预处理操作

ExportStrategy 是导出资源对象时的预处理操作。ExportStrategy 操作的接口定义如下：

代码路径：**vendor/k8s.io/apiserver/pkg/registry/rest/export.go**

```go
type RESTExportStrategy interface {
    Export(...) error
}
```

ExportStrategy 操作的接口只定义了 Export 方法，只有部分资源实现了该方法，例如 Service 资源。在导出 Service 资源对象时，对该资源对象的 Spec.ClusterIP、Spec.Type 属性进行判断并修改，代码示例如下：

代码路径：**pkg/registry/core/service/strategy.go**

```go
func (svcStrategy) Export(ctx context.Context, obj runtime.Object,
exact bool) error {
    t, ok := obj.(*api.Service)
    ...
    if t.Spec.ClusterIP != api.ClusterIPNone {
        t.Spec.ClusterIP = ""
    }
    if t.Spec.Type == api.ServiceTypeNodePort {
        for i := range t.Spec.Ports {
            t.Spec.Ports[i].NodePort = 0
        }
    }
    return nil
}
```

第 7 章
kube-apiserver 核心实现

kube-apiserver 组件负责将 Kubernetes 的 "资源组、资源版本、资源" 以 RESTful 风格的形式对外暴露并提供服务。该组件是 Kubernetes 系统集群中所有组件沟通的桥梁，例如在创建 Pod 资源对象时，所有组件都需要与 kube-apiserver 组件进行交互。Kubernetes Pod 资源对象创建流程如图 7-1 所示。

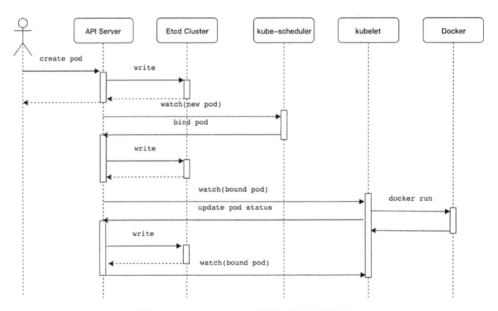

图 7-1　Kubernetes Pod 资源对象创建流程

Kubernetes Pod 资源对象创建流程介绍如下。

（1）使用 kubectl 工具向 Kubernetes API Server 发起创建 Pod 资源对象的请求。

（2）Kubernetes API Server 验证请求并将其持久保存到 Etcd 集群中。

(3) Kubernetes API Server 基于 Watch 机制通知 kube-scheduler 调度器。

(4) kube-scheduler 调度器根据预选和优选调度算法为 Pod 资源对象选择最优的节点并通知 Kubernetes API Server。

(5) Kubernetes API Server 将最优节点持久保存到 Etcd 集群中。

(6) Kubernetes API Server 通知最优节点上的 kubelet 组件。

(7) kubelet 组件在所在的节点上通过与容器进程交互创建容器。

(8) kubelet 组件将容器状态上报至 Kubernetes API Server。

(9) Kubernetes API Server 将容器状态持久保存到 Etcd 集群中。

7.1 热身概念

在阅读 kube-apiserver 核心组件源码之前，先了解与 HTTP 服务相关的概念，这样有助于阅读源码时提高效率。

7.1.1 go-restful 核心原理

1. RESTful 概念

REST（Representational State Transfer）是现代客户端应用程序通过 HTTP 协议与 HTTP Server 通信的机制，也是目前最流行的 API 设计规范。它支持基本的 CRUD（CREATE、READ、UPDATE 和 DELETE）操作，RESTful API 设计规范如图 7-2 所示。

图 7-2　RESTful API 设计规范

2. go-restful 概念

Go 语言中的 RESTful 框架有很多，例如 echo、gin、iris、beego 等。在 Kubernetes 源码中使用了 go-restful 框架，主要原因在于 go-restful 框架可定制程度高。下面重点讲解 go-restful 的核心原理。go-restful 概念如图 7-3 所示。

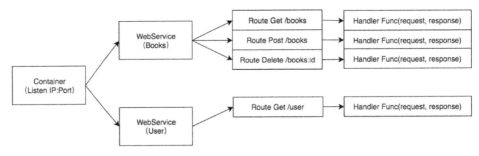

图 7-3　go-restful 概念

go-restful 框架支持多个 Container（容器）。一个 Container 就相当于一个 HTTP Server，不同 Container 之间监控不同的地址和端口，对外提供不同的 HTTP 服务。每个 Container 可以包含多个 WebService（Web 服务），WebService 相当于一组不同服务的分类，go-restful 概念如图 7-3 所示，其中可分为 Books、User 等类别。每个 WebService 下又包含了多个 Router（路由），Router 根据 HTTP 请求的 URL 路由到对应的处理函数（即 Handler Func）。

> 注意：go-restful 框架中的 Container 概念，并非指 Docker 容器，其仅是 go-restful 中的概念。

3. go-restful 核心原理

go-restful 核心数据结构如图 7-4 所示。

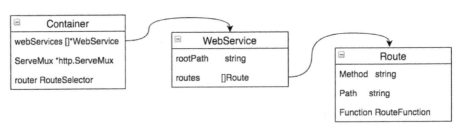

图 7-4　go-restful 核心数据结构

go-restful 核心数据结构有 Container、WebService、Route。其核心原理是将 Container 接收到的 HTTP 请求分发给匹配的 WebService，再由 WebService 分发给 Router 中的 Handler 函数。代码示例如下：

代码路径：vendor/github.com/emicklei/go-restful/container.go

```
func (c *Container) dispatch(httpWriter http.ResponseWriter,
httpRequest *http.Request) {
    ...
    var webService *WebService
    var route *Route
    var err error
    func() {
        c.webServicesLock.RLock()
        defer c.webServicesLock.RUnlock()
        webService, route, err = c.router.SelectRoute(
            c.webServices,
            httpRequest)
    }()
    ...
    route.Function(wrappedRequest, wrappedResponse)
    ...
}
```

dispatch 函数进行分发的过程可分为两步：第 1 步，通过 c.router.SelectRoute 根据请求匹配到最优的 WebService→Router，其中包含两种 RouteSelector，分别是 RouterJSR311 和 CurlyRouter，CurlyRoute 是基于 routerJSR311 实现的，在其基础上支持正则表达式和动态参数，默认 go-restful 框架使用 CurlyRoute；第 2 步，根据请求路径调用对应的 Handler 函数，执行 route.Function 函数。

4. go-restful Example 代码示例

通过下面的 go-restful Example 代码示例来理解 go-restful 框架的工作原理：

```
package main
import (
    "github.com/emicklei/go-restful"
    "io"
    "log"
    "net/http"
)
func main() {
    ws := new(restful.WebService)
```

```
    ws.Route(ws.GET("/hello").To(hello))
    restful.Add(ws)
    log.Fatal(http.ListenAndServe(":8080", nil))
}
func hello(req *restful.Request, resp *restful.Response) {
    io.WriteString(resp, "world\n")
}
```

在 main 函数中未实例化 Container 操作,默认会使用 restful.DefaultContainer 和 DefaultServeMux,可以通过 restful.NewContainer 函数来创建一个 Container。

实例化 restful.WebService,为 WebService 添加一个 Router。在 Router 中定义请求方法(GET 方法)、请求路径(/hello)、Handler 函数(hello 函数)。其中请求方法接收 Request 和 Response,并与用户数据进行交互。通过 Add 方法将 Router 添加到 WebService 中。最后通过 Go 语言标准库 http.ListenAndServer 监控地址和端口。

运行以上程序,监控 8080 端口。当我们发送 GET 请求到 http://localhost:8080/hello 时,会得到响应"world"。该程序提供了 HTTP 短连接(非持久连接)服务请求。客户端和服务端在进行一次 HTTP 请求/响应之后,会关闭连接,下一次的 HTTP 请求/响应操作需要重新建立连接。

7.1.2 一次 HTTP 请求的完整生命周期

一次 HTTP 请求的完整生命周期,如图 7-5 所示。

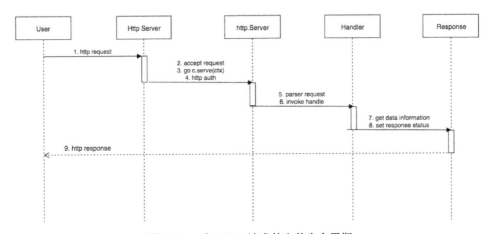

图 7-5 一次 HTTP 请求的完整生命周期

一次 HTTP 请求的完整生命周期过程如下。

（1）用户向 Kubernetes API Server 发出 HTTP 请求。

（2）Kubernetes API Server 接收到用户发出的请求。

（3）Kubernetes API Server 启用 goroutine 处理接收到的请求。

（4）Kubernetes API Server 验证请求内容中的认证（auth）信息。

（5）Kubernetes API Server 解析请求内容。

（6）Kubernetes API Server 调用路由项对应的 Handle 回调函数。

（7）Kubernetes API Server 获取 Handle 回调函数的数据信息。

（8）Kubernetes API Server 设置请求状态码。

（9）Kubernetes API Server 响应用户的请求。

> 提示：go-restful Example 代码示例并未增加认证（auth）过程，上述请求周期中添加了验证请求内容中的 auth 信息的步骤，这是为读者描述正式环境下的完整请求过程。

7.1.3　OpenAPI/Swagger 核心原理

OpenAPI 规范（早期称为 Swagger 规范）通过定义一种用于描述 API 的格式（也可以理解成 API 定义的语言，使用 JSON 或 YAML 格式），来规范 RESTful 服务开发过程。OpenAPI 规范能够更简单、更快速地表述 API。OpenAPI 规范的另一个好处是，它不需要重写现有的 API。但是，OpenAPI 不是一个通用的解决方案，并非所有服务都可以由 OpenAPI 规范描述，它并不能涵盖 RESTful API 的所有情况。目前 OpenAPI 最新的规范是 3.0 版本的规范，但 Kubernetes 源码中使用 2.0 版本的规范。

OpenAPI 规范的目标是：定义标准的、独立于语言的、指向 REST API 的接口，无须访问源码、文档，或是借助于网络流量检查，可被人类和计算机发现并理解。通过对 OpenAPI 做适当定义，消费者可使用最小的成本理解远程服务的逻辑，并与远程服务交互。

Swagger 是 OpenAPI 规范的落地实现，通过 Swagger 可以编写基于 OpenAPI 规范的 REST API，从文档生成、编辑、测试到各种主流语言的的代码自动生成都能完成。

主要的 Swagger 工具如下。

- **Swagger Editor**：基于浏览器的编辑器，可以在线编写 OpenAPI 规范。
- **Swagger UI**：将 OpenAPI 规范呈现为交互式 API 文档。
- **Swagger Codegen**：根据 OpenAPI 规范生成服务器和客户端库。

在 Kubernetes 1.14 版本源码中，官方删除了一些 Swagger 相关接口。我们可以通过访问/openapi/v2 接口查看完整的 API 文档详细信息。另外，源码中的 swagger.json 文件定义在 api/openapi-spec/swagger.json 文件中，而对于 Swagger 的语法，可参考 Swagger 的官方文档。

根据 swagger.json 文件生成 API 详情文档，我们可以通过 Swagger 在线编辑器或单独搭建 Swagger 环境，将 swagger.json 文件导入其中，可以查询 Kubernetes 所有接口的详情。Kubernetes Swagger 接口详情如图 7-6 所示。

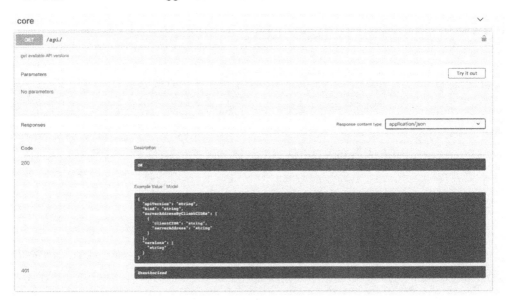

图 7-6　Kubernetes Swagger 接口详情

Kubernetes 在原生的 OpenAPI 上还扩展了自定义属性，用于描述标准 OpenAPI

规范未涵盖的额外功能。

OpenAPI 自定义扩展属性以 "x-" 开头，例如，在 Kubernetes swagger.json 文件中定义的 "x-kubernetes-g roup-version-kind"。Kubernetes 所支持的 OpenAPI 自定义扩展属性如下。

- **x-kubernetes-group-version-kind**：定义与 Kubernetes GVK 相关联。
- **x-kubernetes-action**：定义与 Kubernetes 资源操作（Action）相关联。例如 Get、List、Put、Patch、Post、Delete、Deletecollection、Watch、Watchlist、Proxy 或 Connect 等操作。

我们以 "x-kubernetes-group-version-kind" 和 "x-kubernetes-action" 为例，它们在 swagger.json 中的定义如下：

```
"paths": {
   ...
   "/api/v1/namespaces/{namespace}/pods/{name}": {
      ...
      "get": {
         ...
         "x-kubernetes-action": "list",
         "x-kubernetes-group-version-kind": {
            "group": "",
            "version": "v1",
            "kind": "Pod"
         }
      }
   }
}
```

Kubernetes 在注册 go-restful 路由时，将资源信息与 OpenAPI 自定义扩展属性进行了关联，代码示例如下：

代码路径：vendor/k8s.io/apiserver/pkg/endpoints/installer.go

```
const (
   ROUTE_META_GVK    = "x-kubernetes-group-version-kind"
   ROUTE_META_ACTION = "x-kubernetes-action"
)

for _, route := range routes {
   route.Metadata(ROUTE_META_GVK, metav1.GroupVersionKind{
      Group:   reqScope.Kind.Group,
      Version: reqScope.Kind.Version,
```

```
        Kind:       reqScope.Kind.Kind,
    })
    route.Metadata(ROUTE_META_ACTION, strings.ToLower(action.Verb))
    ws.Route(route)
}
```

7.1.4　HTTPS 核心原理

在介绍 HTTPS 协议之前，先了解一下 HTTP 协议。HTTP 协议（Hyper Text Transfer Protocol），被称为超文本传输协议，其是客户端浏览器或其他程序与 Web 服务器之间的应用层通信协议。

HTTPS 协议（Hyper Text Transfer Protocol over Secure Socket Layer），被称为超文本传输安全协议。HTTPS 相当于在 HTTP 协议上增加了一层 TLS/SSL 安全基础层（HTTP+TLS/SSL=HTTPS），用于在 HTTP 协议上安全地传输数据。HTTP 与 HTTPS 协议如图 7-7 所示。

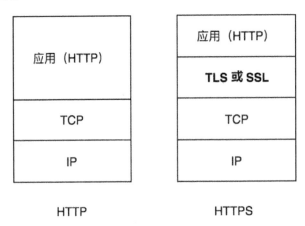

图 7-7　HTTP 与 HTTPS 协议

SSL（Secure Socket Layer），即安全套接字层，属于早期协议，为数据通信提供安全支持。其曾出现过严重的安全漏洞，目前基本被禁用了。

TLS（Transport Layer Security），即传输层安全，前身是 SSL。经过多次版本的迭代，其目前应用最为广泛。

HTTPS 协议与 HTTP 协议相比具有如下特征。

- 所有信息都是加密传播的，第三方无法窃听。
- 具有校验数据完整性机制，确保数据在传输过程中不被篡改。
- 配备身份证书，防止身份造假。

HTTPS 加密传输如图 7-8 所示。

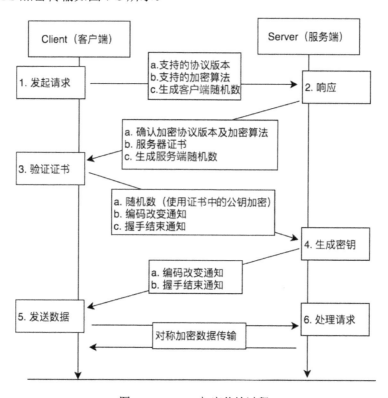

图 7-8　HTTPS 加密传输过程

（1）客户端首次请求服务端，告诉服务端自己支持的协议版本、支持的加密算法及压缩算法，并生成一个客户端随机数（Client Random）并告知服务端。

（2）服务端确认双方使用的加密算法，并返回给客户端证书及一个服务端生成的服务端随机数（Server Random）。

（3）客户端收到证书后，首先验证证书的有效性，然后生成一个新的随机数（即 Premaster Secret），使用数字证书中的公钥来加密这个随机数，并发送给服务端。

（4）服务端接收到已加密的随机数后，使用私钥进行解密，获取这个随机数（即

Premaster Secret）。

（5）服务端和客户端根据约定的加密算法，使用前面的 3 个随机数（Client Random、Server Random、Premaster Secret），生成对话密钥（Session Key），用来加密接下来的整个对话过程。

7.1.5　gRPC 核心原理

gRPC 是由 Google 公司开发的 RPC（Romote Procedure Call，远程过程调用）服务，在 2015 年 2 月下旬对外发布并开源。在 gRPC 开源之前，许多开发者都习惯使用 Thrift 框架，Thrift 由 Facebook 公司发布并开源，它的性能也是最优的，但由于使用时复杂度较高，目前很多开发者转而使用 gRPC。

gRPC 分为两部分，分别是 RPC 框架和数据序列化（Data Serialization）框架。

（1）gRPC 是一个超快速、超高效的 RPC 服务，可以在许多主流的编程语言（例如 C、C++、Java、Go、Node.js、Python、Ruby、Objective-C 等）、平台、框架中轻松创建高性能、可扩展的 API 和微服务。Google 内部积累了多年使用 gRPC 构建分布式系统的经验，gRPG 可用于创建跨数据中心的大规模分布式系统，以及强大的移动应用程序、实时通信、物联网设备和 API 等服务。

（2）gRPC 默认使用 Protocol Buffers 作为 IDL（Interface Description Language）语言，Protocol Buffers 主要用于结构化数据的序列化和反序列化。Protocol Buffers，简称 Protobuf，是一种高性能的开源二进制序列化协议，可以轻松定义服务并自动生成客户端库。目前在最新版本的 Protocol Buffer 3（简称 Proto3）中，已支持生成更多主流语言的客户端库，并提供了 Proto 到 JSON 的规范映射。

gRPC 基于 HTTP/2 协议标准实现，它复用了很多 HTTP/2 的特性，例如双向流、流控制、报头压缩，以及通过单个 TCP 连接的多路复用请求等。HTTP/2 可以使程序更快、更简单、更强大。另外，Protocol Buffers 协议在数据帧上内置了 HTTP/2 的流控制，这样用户可以方便地控制系统吞吐量，但在诊断架构中的问题时确实会增加额外的复杂性，因为客户端或服务端都可以设置自己的流量控制值。

Kubernetes 使用开源库的组合，以 gRPC 协议和 HTTP REST 协议提供 gRPC 服务，使用 API 多路复用器（API Multiplexer，即 Mux）为用户提供最佳服务。

gRPC 使用 IDL 定义客户端和服务端进行通信的数据结构,通过 IDL 文件编译、生成相应的代码供客户端和服务端使用,RPC 框架一般都具备跨语言的特性,这样客户端和服务端可以分别基于不同的语言进行通信。gRPC 跨语言通信过程如图 7-9 所示。

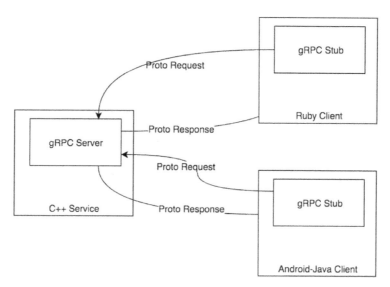

图 7-9　gRPC 跨语言通信过程

gRPC 跨语言通信过程介绍如下。

（1）客户端（gRPC Stub）调用 A 方法，发起 RPC 调用。

（2）对请求信息使用 Protobuf 进行对象序列化压缩（IDL）。

（3）服务端（gRPC Server）接收到请求后，解码请求体，进行业务逻辑处理并返回。

（4）对响应结果使用 Protobuf 进行对象序列化压缩（IDL）。

（5）客户端接收到服务端响应，解码请求体。回调被调用的 A 方法，唤醒正在等待响应（阻塞）的客户端调用并返回响应结果。

7.1.6　go-to-protobuf 代码生成器

go-to-protobuf 是一种为资源生成 Protobuf IDL（即*.proto 文件）文件的工具。

Protobuf IDL 主要用于结构化数据的序列化和反序列化。这些功能由 go-to-protobuf 代码生成器自动生成。

go-to-protobuf 代码生成策略与 Kubernetes 的其他代码生成器类似，都是通过 Tags 来识别一个包是否需要生成代码及确定生成代码的方式。

go-to-protobuf 代码生成器与其他代码生成器相比支持的 Tags 更多，可扩展性非常高。它支持 4 种 Tags 形式，分别为基础类 Tags、引用类 Tags、嵌入类 Tags、选项类 Tags，分别介绍如下。

1. 基础类 Tags

基础类 Tags（protobuf=true | false）决定是否生成 protobuf 相关代码。其 Tags 形式如下：

```
// +protobuf=true
// +protobuf=false
// +protobuf.nullable=true
```

当 protobuf=true 时，为当前 Struct 结构体生成代码。当 protobuf=false 时，不为当前 Struct 结构体生成代码。而如果 protobuf.nullable 为 true，则为当前 Struct 结构体生成指针的字段（只在具有 types.Map 和 types.Slice 的 Struct 结构体中生效）。

2. 引用类 Tags

引用类 Tags（protobuf.as）可以引用另一个 Struct 结构体，并为其生成代码。其 Tags 形式如下：

```
// +protobuf.as=Timestamp
```

protobuf.as 引用了 Timestamp 结构体，并同时为 Timestamp 结构体生成代码，代码示例如下：

代码路径：vendor/k8s.io/apimachinery/pkg/apis/meta/v1/time.go

```
// +protobuf.as=Timestamp
type Time struct {
    time.Time `protobuf:"-"`
}
```

代码路径：vendor/k8s.io/apimachinery/pkg/apis/meta/v1/time_proto.go

```go
type Timestamp struct {
    Seconds int64 `json:"seconds" protobuf:"varint,1,opt,name=seconds"`
    Nanos int32 `json:"nanos" protobuf:"varint,2,opt,name=nanos"`
}
```

Time 结构体通过 protobuf.as 引用 Timestamp 结构体，通过 go-to-protobuf 代码生成器生成代码，生成后的代码示例如下：

代码路径：vendor/k8s.io/apimachinery/pkg/apis/meta/v1/generated.proto

```
message Timestamp {
  optional int64 seconds = 1;
  optional int32 nanos = 2;
}
```

3. 嵌入类 Tags

嵌入类 Tags（protobuf.embed）可以嵌入一个类型，并为其生成代码。其 Tags 形式如下：

```
// +protobuf.embed=string
```

protobuf.embed 指定了 string 类型，生成代码时，将其指定为 string 类型，代码示例如下：

代码路径：vendor/k8s.io/apimachinery/pkg/api/resource/quantity.go

```go
// +protobuf.embed=string
type Quantity struct {
    i int64Amount
    d infDecAmount
    s string
    Format
}
```

Quantity 结构体通过 protobuf.embed 指定了 string 类型，通过 go-to-protobuf 代码生成器生成代码，生成后的代码示例如下：

代码路径：vendor/k8s.io/apimachinery/pkg/api/resource/generated.proto

```
message Quantity {
  optional string string = 1;
}
```

4. 选项类 Tags

选项类 Tags（protobuf.options.）可以设置生成的结构。其 Tags 形式如下：

```
// +protobuf.options.(gogoproto.goproto_stringer)=false
// +protobuf.options.marshal=false
```

protobuf.options.(gogoproto.goproto_stringer)的默认值为 true，当其为 false 时，代码生成器生成代码时不为当前 Struct 结构体生成 String 方法。

当 protobuf.options.marshal 为 false 时，代码生成器生成代码时不为当前 Struct 结构体生成 Marshal、MarshalTo、Size、Unmarshal 方法。

> 提示：选项类 Tags 实际由 gogoproto 控制，它支持更多的选项（option）。目前 go-to-protobuf 代码生成器仅使用了其中几种选项。

下面介绍 go-to-protobuf 的使用示例和生存规则。

1. go-to-protobuf 的使用示例

go-to-protobuf 代码生成器依赖于外部的 protoc 二进制文件，须单独安装。建议安装 protoc 3.0 以上版本，本书推荐使用 protoc 3.8 版本。在 Linux 系统下，protoc 的安装过程较为简单，复制二进制代码到$GOPATH/bin 路径下即可，故不再描述该过程。

构建 go-to-protobuf 和 protoc-gen-gogo 代码生成器工具，命令示例如下：

```
$ make all WHAT=vendor/k8s.io/code-generator/cmd/go-to-protobuf
$ make all WHAT=vendor/k8s.io/code-generator/cmd/go-to-protobuf/protoc-gen-gogo
```

protoc-gen-gogo 是 gogoprotobuf 的插件库，在 protoc 编辑器生成 Go 代码时会引用该库。go-to-protobuf 是 Kubernetes 代码生成器，它对 protoc 进行了封装，生成过程可分为两步：第 1 步，根据输入源中的 Struct 结构体生成 generated.proto（即 Protobuf IDL）文件；第 2 步，将 Protobuf IDL 文件通过 protoc 二进制命令生成 generated.pb.go 文件（Go 语言代码文件），其中包括序列化/反序列化代码。

执行以上构建命令需要依赖于 goimports 二进制文件，如果未安装它，可执行 go get golang.org/x/tools/cmd/goimports 命令安装 goimports。通过 make 命令完成构建后，将 go-to-protobuf 和 protoc-gen-gogo 二进制文件存放在_output/bin/目录下。生成过程

的执行命令如下：

```
PATH=$GOPATH/bin:$GOPATH/src/k8s.io/kubernetes/_output/bin:${PATH}

$ ./_output/bin/go-to-protobuf \
--proto-import="$GOPATH/src/k8s.io/kubernetes/vendor" \
--proto-import="$GOPATH/src/k8s.io/kubernetes/third_party/protobuf" \
--packages=k8s.io/api/admissionregistration/v1beta1,k8s.io/api/admission/v1beta1,k8s.io/api/apps/v1,k8s.io/api/apps/v1beta1,k8s.io/api/apps/v1beta2,k8s.io/api/auditregistration/v1alpha1,k8s.io/api/authentication/v1,k8s.io/api/authentication/v1beta1,k8s.io/api/authorization/v1,k8s.io/api/authorization/v1beta1,k8s.io/api/autoscaling/v1,k8s.io/api/autoscaling/v2beta1,k8s.io/api/autoscaling/v2beta2,k8s.io/api/batch/v1,k8s.io/api/batch/v1beta1,k8s.io/api/batch/v2alpha1,k8s.io/api/certificates/v1beta1,k8s.io/api/coordination/v1,k8s.io/api/coordination/v1beta1,k8s.io/api/core/v1,k8s.io/api/events/v1beta1,k8s.io/apiextensions-apiserver/pkg/apis/apiextensions/v1beta1,k8s.io/api/extensions/v1beta1,k8s.io/api/imagepolicy/v1alpha1,k8s.io/api/networking/v1,k8s.io/api/networking/v1beta1,k8s.io/api/policy/v1beta1,k8s.io/api/rbac/v1,k8s.io/api/rbac/v1alpha1,k8s.io/api/rbac/v1beta1,k8s.io/api/scheduling/v1,k8s.io/api/scheduling/v1alpha1,k8s.io/api/scheduling/v1beta1,k8s.io/apiserver/pkg/apis/audit/v1,k8s.io/apiserver/pkg/apis/audit/v1alpha1,k8s.io/apiserver/pkg/apis/audit/v1beta1,k8s.io/apiserver/pkg/apis/example/v1,k8s.io/api/settings/v1alpha1,k8s.io/api/storage/v1,k8s.io/api/storage/v1alpha1,k8s.io/api/storage/v1beta1,k8s.io/kube-aggregator/pkg/apis/apiregistration/v1,k8s.io/kube-aggregator/pkg/apis/apiregistration/v1beta1,k8s.io/metrics/pkg/apis/custom_metrics/v1beta1,k8s.io/metrics/pkg/apis/custom_metrics/v1beta2,k8s.io/metrics/pkg/apis/external_metrics/v1beta1,k8s.io/metrics/pkg/apis/metrics/v1alpha1,k8s.io/metrics/pkg/apis/metrics/v1beta1 \
--go-header-file $GOPATH/src/k8s.io/kubernetes/hack/boilerplate/boilerplate.generatego.txt
```

首先定义$PATH 环境变量，然后将$GOPATH/bin 路径和$GOPATH/src/k8s.io/kubernetes/_output/bin 路径加入$PATH 中，这是因为在代码生成过程中需要引用 go-to-protobuf、protoc-gen-gogo 和 protoc 二进制文件。执行以上命令，代码生成器会为每个输入源生成 generated.pb.go 和 generated.proto 代码文件，可存放在如 $GOPATH/src/k8s.io/kubernetes/vendor/k8s.io/api/core/v1/的路径下。

> 提示：除手动构建 go-to-protobuf 代码生成器和生成代码以外，也可以执行 Kubernetes 提供的代码生成脚本，两种方式的代码生成过程完全相同。Kubernetes 代码生成脚本路径为 hack/update-generated-protobuf.sh。

下面介绍一下 go-to-protobuf 二进制文件参数，如表 7-1 所示。

表 7-1　go-to-protobuf 二进制文件参数说明

参　　数	说　　明
--proto-import	核心 .proto 文件的搜索路径，可多次指定，将按顺序搜索多个目录（该参数的默认值为 $GOPATH/src/k8s.io/kubernetes/vendor/github.com/gogo/protobuf/protobuf）
--packages	输入源，以逗号分隔的导入路径
--go-header-file	指定 license boilerplate 文件，其中存放开源软件作者及开源协议等信息（该参数的默认值为 vendor/k8s.io/code-generator/hack/boilerplate.go.txt）

2. go-to-protobuf 的生成规则

go-to-protobuf 代码生成器为输入源目录生成了两个文件，分别是 generated.proto 文件（即 Protobuf IDL）和 generated.pb.go 文件（Go 语言代码文件）。首先生成 generated.proto 文件，然后根据 Protobuf IDL 通过 protoc 二进制命令生成 generated.pb.go 文件。

- go-to-protobuf 代码生成器遍历输入源包中的所有类型，若类型为 types.Struct，则为该类型生成 generated.proto 文件，代码示例如下：

代码路径：vendor/k8s.io/code-generator/cmd/go-to-protobuf/protobuf/generator.go

```
func isProtoable(seen map[*types.Type]bool, t *types.Type) bool {
    ...
    case types.Struct:
        if len(t.Members) == 0 {
            return true
        }
        for _, m := range t.Members {
            if isProtoable(seen, m.Type) {
                return true
            }
        }
    ...
}
```

- 在 go-to-protobuf 代码生成器生成 generated.proto 文件后，通过 protoc 二进制命令生成 generated.pb.go 文件，代码示例如下：

代码路径：vendor/k8s.io/code-generator/cmd/go-to-protobuf/protobuf/cmd.go

```
func Run(g *Generator) {
    ...
```

```go
    cmd := exec.Command("protoc", append(args, path)...)

    cmd = exec.Command("goimports", "-w", outputPath)

    cmd = exec.Command("gofmt", "-s", "-w", outputPath)
    ...
}
```

go-to-protobuf 代码生成器中的 Run 函数会执行 3 条命令，分别是 protoc、goimports 和 gofmt。后两条命令用于统一代码风格。为了方便读者理解，我们以 k8s.io/api/core/v1 下的 generated.proto 代码生成为例，执行命令如下：

```
$ protoc -I . -I $GOPATH/src -I $GOPATH/src/k8s.io/kubernetes/vendor
-I $GOPATH/src/k8s.io/kubernetes/third_party/protobuf
--gogo_out=$GOPATH/src $GOPATH/src/k8s.io/kubernetes/vendor/k8s.io/
api/core/v1/generated.proto

$ goimports -w
$GOPATH/src/k8s.io/kubernetes/vendor/k8s.io/api/core/v1/generated.pb.
go

$ gofmt -s -w $GOPATH/src/k8s.io/kubernetes/vendor/k8s.io/api/
core/v1/generated.pb.go
```

protoc 命令用于生成 generated.pb.go 文件；goimports 命令用于对 Go 代码文件中的 import 代码块进行自动修正；gofmt 命令用于对 Go 代码进行格式化，统一代码风格。

> 提示：go-to-protobuf 代码生成器基于 gengo 实现，请参考 2.7 节 "gengo 代码生成核心实现"。

7.2　kube-apiserver 命令行参数详解

kube-apiserver 的命令行参数较多，flags 参数与 kubectl 中的同名参数类似。kube-apiserver 的命令行参数可分为如下几类。

- **Generic flags**：通用参数。
- **Etcd flags**：Etcd 存储相关参数。
- **Secure serving flags**：HTTPS 服务相关参数。

- **Insecure serving flags**：HTTP 服务相关参数。
- **Auditing flags**：审计相关参数。
- **Features flags**：新特性相关参数。
- **Authentication flags**：认证相关参数。
- **Authorization flags**：授权相关参数。
- **Cloud provider flags**：云服务提供商相关参数。
- **Api enablement flags**：控制开启/禁用特定的资源版本或资源参数。
- **Admission flags**：准入控制器相关参数。
- **Misc flags**：其他参数。
- **Global flags**：全局参数。

kube-apiserver 还拥有很多 Deprecated flags（已被弃用）参数，故不再描述。下面对上述各参数类别分别进行介绍。

1. 通用参数说明（如表 7-2 所示）

表 7-2 通用参数说明

参数	参数类型	说明
--advertise-address	ip	用于设置向集群中的其他组件发布 kube-apiserver 的 IP 地址。该地址必须能够被集群中的其他组件访问。如果该参数值为空，则使用--bind-address。如果未指定--bind-address，则使用主机的默认端口
--cloud-provider-gce-lb-src-cidrs	cidrs	用于设置在 GCE 防火墙中打开 CIDR（无类别域间路由）以进行 LB 流量代理和运行状况检查（默认值为 130.211.0.0/22,209.85.152.0/22,209.85.204.0/22,35.191.0.0/16）
--cors-allowed-origins	strings	用于设置 HTTP 跨域资源共享（CORS），该参数指定 CORS 允许的来源列表，以逗号分隔。如果此列表为空，则不会启用 CORS
--default-not-ready-toleration-seconds	int	用于设置对 notReady 状态的容忍时间（默认值为 300）
--default-unreachable-toleration-seconds	int	用于设置对 unreachable 状态的容忍时间（默认值为 300）
--external-hostname	string	用于为 Master 生成对外开放的 URL 地址，例如 Swagger API 文档中的 URL 地址

续表

参 数	参数类型	说 明
--feature-gates	mapStringBool	用于设置一组 Alpha 阶段的特性功能，通过键值对进行描述。针对每个组件，使用--feature-gates 参数来开启或关闭一个特性。当前 Kubernetes 版本目前支持大约 68 个 feature-gates 特性
--master-service-namespace	string	该参数已被弃用。将 Kubernetes Master 服务的命名空间注入 Pod 资源（默认值为 default）
--max-mutating-requests-inflight	int	用于设置给定时间内的最大 mutating 请求数。当请求数超过此值时，服务器会拒绝客户端请求。当该参数值为 0 时，表示对请求数无限制（默认值为 200）
--max-requests-inflight	int	用于设置给定时间内的最大 non-mutating 请求数。当请求数超过此值时，服务器会拒绝客户端请求。当该参数值为 0 时，表示对请求数无限制（默认值为 400）
--min-request-timeout	int	该参数可选，用于设置最短请求超时时间，即打开连接的最短时间（默认值为 1800）
--request-timeout	duration	该参数可选，用于设置请求的超时时间，但其值可能会被其他参数值覆盖（例如--min-request-timeout）（默认值为 1 分钟）
--target-ram-mb	int	用于设置 kube-apiserver 的内存限制（MB），可配置缓存大小

2. Etcd 存储相关参数说明（如表 7-3 所示）

表 7-3　Etcd 存储相关参数说明

参 数	参数类型	说 明
--default-watch-cache-size	int	用于设置默认的 watch 缓存大小。如果该参数值为 0，对于未设置默认的 watch 缓存大小的资源，将禁用 watch 缓存（默认值为 100）
--delete-collection-workers	int	用于设置执行 DeleteCollection（删除多个资源对象）操作时的并发数量（默认值为 1）
--enable-garbage-collector	bool	用于启用/禁用垃圾回收器，该参数值必须与 kube-controller-manager 相应的参数值相同（默认值为 true）
--encryption-provider-config	string	用于启用/禁用加密特性，配置 Etcd 中存储 secrets 的加密程序的文件
--etcd-cafile	string	用于指定 Etcd CA 文件，保护 Etcd 通信中的 SSL 证书颁发机构文件

续表

参数	参数类型	说明
--etcd-certfile	string	用于指定 Etcd Cert 文件，保护 Etcd 通信中的 SSL 认证文件
--etcd-compaction-interval	duration	用于设置压缩请求（request）的时间间隔。如果该参数值为 0，则禁用来自 kube-apiserver 的压缩请求
--etcd-count-metric-poll-period	duration	用于设置每种资源类型的 metric 指标采集时间。0 表示禁用收集 metric（默认值为 1 分钟）
--etcd-keyfile	string	用于指定 Etcd Key 文件，保护 Etcd 通信中的 SSL 密钥文件
--etcd-prefix	string	用于设置存储在 Etcd 中的所有资源路径的前缀（默认值为 /registry）
--etcd-servers	strings	用于设置 Etcd 服务器集群列表（格式为 scheme://ip:port），多个服务器之间使用逗号分隔
--etcd-servers-overrides	strings	为扩大 Kubernetes 集群，可将资源配置到单独的 Etcd 集群，可以将 Events 资源配置到单独的 Etcd 集群，例如 --etcd-servers-overrides="/events#http://etcdA:2379,http://etcdB:2379,http://etcdC:2379"，以逗号分隔不同资源
--storage-backend	string	用于设置 kube-apiserver 后端持久化存储（默认值为 etcd3）
--storage-media-type	string	用于设置 Etcd 存储 kube-apiserver 资源对象的媒体类型（格式）（默认为 application/vnd.kubernetes.protobuf）
--watch-cache	bool	用于设置在 kube-apiserver 中启用/禁用 watch 缓存（默认值为 true）
--watch-cache-sizes	strings	用于设置每个资源的 watch 缓存大小列表，各资源的 watch 缓存大小以逗号分隔，格式为 resource [.group] #size。该参数在启用 --watch-cache 参数后生效。某些资源的 watch 缓存大小拥有系统默认值，其他资源默认使用 --default-watch-cache-size 参数

3. HTTPS 服务相关参数说明（如表 7-4 所示）

表 7-4 HTTPS 服务相关参数说明

参数	参数类型	说明
--bind-address	ip	用于设置 HTTPS 安全端口的 IP 地址。该地址可以被集群中的其他组件或 CLI/Web 访问。如果该参数值为空，则 IPv4 接口均为 0.0.0.0，IPv6 接口为::（默认值为 0.0.0.0）

续表

参　数	参数类型	说　明
--cert-dir	string	用于设置 TLS 证书所在的目录。如果提供了 --tls-cert-file 参数和 --tls-private-key-file 参数，则可以忽略该参数（默认值为 /var/run/kubernetes）
--http2-max-streams-per-connection	int	用于设置 kube-apiserver 为正处于 HTTP/2 连接中的客户端提供的最大流量限制
--secure-port	int	用于设置 HTTP 安全端口，即使用身份验证和授权为 HTTPS 提供服务的端口（默认值为 6443）
--tls-cert-file	string	用于设置 HTTPS 的 x509 证书文件所在的路径
--tls-cipher-suites	strings	用于提供 kube-apiserver 所使用的密码套件列表，多个密码套件以逗号分隔。如果未指定该参数，则使用默认的 Go 语言密码套件。该参数支持的密码套件有 TLS_ECDHE_ECDSA_WITH_AES_128_CBC_SHA、TLS_ECDHE_ECDSA_WITH_AES_128_CBC_SHA256、TLS_ECDHE_ECDSA_WITH_AES_128_GCM_SHA256、TLS_ECDHE_ECDSA_WITH_AES_256_CBC_SHA、TLS_ECDHE_ECDSA_WITH_AES_256_GCM_SHA384、TLS_ECDHE_ECDSA_WITH_CHACHA20_POLY1305、TLS_ECDHE_ECDSA_WITH_RC4_128_SHA、TLS_ECDHE_RSA_WITH_3DES_EDE_CBC_SHA、TLS_ECDHE_RSA_WITH_AES_128_CBC_SHA、TLS_ECDHE_RSA_WITH_AES_128_CBC_SHA256、TLS_ECDHE_RSA_WITH_AES_128_GCM_SHA256、TLS_ECDHE_RSA_WITH_AES_256_CBC_SHA、TLS_ECDHE_RSA_WITH_AES_256_GCM_SHA384、TLS_ECDHE_RSA_WITH_CHACHA20_POLY1305、TLS_ECDHE_RSA_WITH_RC4_128_SHA、TLS_RSA_WITH_3DES_EDE_CBC_SHA、TLS_RSA_WITH_AES_128_CBC_SHA、TLS_RSA_WITH_AES_128_CBC_SHA256、TLS_RSA_WITH_AES_128_GCM_SHA256、TLS_RSA_WITH_AES_256_CBC_SHA、TLS_RSA_WITH_AES_256_GCM_SHA384、TLS_RSA_WITH_RC4_128_SHA
--tls-min-version	string	用于设置 kube-apiserver 支持的最低 TLS 版本，可供选择的参数值有 VersionTLS10、VersionTLS11、VersionTLS12

续表

参　数	参数类型	说　明
--tls-private-key-file	string	用于设置与--tls-cert-file参数相匹配的默认的x509私钥
--tls-sni-cert-key	namedCertKey	用于设置x509的证书和密钥文件路径，对于多个密钥/证书对，可以多次使用--tls-sni-cert-key参数。例如"example.crt，example.key"或"foo.crt, foo.key: *.foo.com, foo.com"（默认值为[]）

4. HTTP服务相关参数说明（如表7-5所示）

表7-5　HTTP服务相关参数说明

参　数	参数类型	说　明
--address	ip	该参数已被弃用，可参阅--bind-address参数
--insecure-bind-address	ip	该参数已被弃用
--insecure-port	int	该参数已被弃用
--port	int	该参数已被弃用，可参阅--secure-port参数

5. 审计相关参数说明（如表7-6所示）

表7-6　审计相关参数说明

参　数	参数类型	说　明
--audit-dynamic-configuration	bool	用于启用/禁用动态审计配置，此功能依赖--feature-gates参数的DynamicAuditing特性
--audit-log-batch-buffer-size	int	用于设置在批处理写入之前存储事件的缓冲区大小，仅用于批处理模式（默认值为10000）
--audit-log-batch-max-size	int	用于设置批处理最大的大小，仅用于批处理模式（默认值为1）
--audit-log-batch-max-wait	duration	用于设置强制写入未达到最大大小的批处理之前等待的时间，仅用于批处理模式
--audit-log-batch-throttle-burst	int	如果之前未使用ThrottleQPS，则该参数用于设置同一时刻发送的最大请求数，仅用于批处理模式
--audit-log-batch-throttle-enable	bool	用于设置是否启用batching throttling流量限制，仅用于批处理模式
--audit-log-batch-throttle-qps	float32	用于设置每秒最大平均批处理次数，仅用于批处理模式

续表

参　　数	参数类型	说　　明
--audit-log-format	string	用于设置审计（Audit）日志的格式。若该参数值为 legacy，表示每个事件为单行文本格式；若该参数值为 json，表示结构化的 JSON 格式（默认值为 json）
--audit-log-maxage	int	用于设置根据文件名中编码的时间戳，保留旧的审计日志文件的最大天数
--audit-log-maxbackup	int	用于设置要保留的审计日志文件的最大数量
--audit-log-maxsize	int	用于设置审计日志文件的最大大小（MB）
--audit-log-mode	string	用于设置发送审计日志事件的策略（模式）。若该参数值为 blocking，表示发送审计事件应阻塞服务器响应；若该参数值为 batch，表示后端缓冲并异步写入事件。已知的策略（模式）有 batch、blocking、blocking-strict（默认值为 blocking）
--audit-log-path	string	用于设置写入审计日志事件的日志文件路径。如果指定该参数，则所有进入 kube-apiserver 的请求都将记录到此文件中。如果不指定该参数，则会禁用日志后端。另外，"-"表示标准输出
--audit-log-truncate-enabled	bool	用于设置是否启用 event 事件和 batch 截断功能
--audit-log-truncate-max-batch-size	int	用于设置发送到底层后端的批处理的最大大小。实际的序列化大小可以大于几百字节。如果批处理大小超过该参数值，则会将其拆分为多个较小的批次（默认值为 10485760）
--audit-log-truncate-max-event-size	int	用于设置发送到底层后端的审计事件的最大大小。如果审计事件的大小超过这个值，则会删除第一个请求和响应，如果删除后还没有达到足够的大小，则会丢弃事件（默认值为 102400）
--audit-log-version	string	用于设置序列化写入审计日志事件的资源组和资源版本（默认值为 audit.k8s.io/v1）
--audit-policy-file	string	用于设置审计策略（模式）配置的文件路径
--audit-webhook-batch-buffer-size	int	用于设置批处理写入之前要缓存的事件数。如果传入事件的速率溢出缓存区，则会丢弃事件（默认值为 10000）
--audit-webhook-batch-max-size	int	用于设置批处理的最大事件数（默认值为 400）
--audit-webhook-batch-max-wait	duration	用于设置强制批处理队列中的事件之前等待的最长时间（默认值为 30 秒）

续表

参　数	参数类型	说　明
--audit-webhook-batch-throttle-burst	int	如果之前未使用 ThrottleQPS，则该参数用于设置同一时间发送的最大请求数，仅用于批处理模式（默认值为 15）
--audit-webhook-batch-throttle-enable	bool	用于设置是否启用批量限制（Batching Throttling），仅用于批处理模式（默认值为 true）
--audit-webhook-batch-throttle-qps	float32	用于设置每秒最大平均批处理次数，仅用于批处理模式（默认值为 10）
--audit-webhook-config-file	string	用于设置审计 Webhook 配置的 kubeconfig 格式文件的路径
--audit-webhook-initial-backoff	duration	用于设置第一次请求失败后重试请求等待的时间（默认值为 10 秒）
--audit-webhook-mode	string	用于设置发送审计日志事件的模式（策略）。若该参数值为 blocking，表示发送审计事件应阻塞 kube-apiserver 响应。若该参数值为 batch，表示以异步缓冲和批量写入事件。已知的模式(策略)有 batch、blocking、blocking-strict（默认值为 batch）
--audit-webhook-truncate-enabled	bool	用于设置是否启用事件和批处理截断功能
--audit-webhook-truncate-max-batch-size	int	用于设置发送到后端的批处理的最大大小。如果批处理大小超过该参数值，则将其拆分为几个较小的批次（默认值为 10485760）
--audit-webhook-truncate-max-event-size	int	用于设置发送到底层后端的审计日志事件的最大大小。如果事件的大小大于该参数值，则会删除第一个请求和响应，如果删除后还不没有达到足够的大小，则会丢弃事件（默认值为 102400）
--audit-webhook-version	string	用于设置序列化写入 Webhook 的审计日志事件的资源组和资源版本（默认值为 audit.k8s.io/v1）

6. 新特性相关参数说明（如表 7-7 所示）

表 7-7　新特性相关参数说明

参　数	参数类型	说　明
--contention-profiling	bool	如果启用了 profiling 性能分析功能，则启用锁争用性分析
--profiling	bool	用于启用/禁用性能分析，可以通过 Web 页面进行访问，访问方式为 host:port/debug/pprof/（默认值为 true）

7. 认证相关参数说明（如表 7-8 所示）

表 7-8　认证相关参数说明

参　　数	参 数 类 型	说　　明
--anonymous-auth	bool	用于启用/禁用匿名（Anonymous）认证。允许匿名请求到 kube-apiserver 的安全端口。未被其他身份验证方法拒绝的请求将被视为匿名请求。匿名请求的用户名为 system:anonymous，组名为 system:unauthenticated（默认值为 true）
--api-audiences	strings	用于设置 API 的标识符列表
--authentication-token-webhook-cache-ttl	duration	用于设置缓存认证时间（默认值为 2 分钟）
--authentication-token-webhook-config-file	string	用于设置 Webhook 配置文件，该文件描述了如何访问远程 Webhook 服务
--basic-auth-file	string	用于启用 BasicAuth 认证
--client-ca-file	string	用于启用 ClientCA 认证
--enable-bootstrap-token-auth	bool	用于启用 Bootstrap Token 认证
--oidc-ca-file	string	用于设置签署身份提供商的 Web 证书的 CA 证书的路径，默认值为主机的根 CA（即/etc/kubernetes/ssl/kc-ca.pem）
--oidc-client-id	string	用于设置颁发所有 Token 的客户端 ID
--oidc-groups-claim	string	用于设置 JWT（JSON Web Token）声明的用户组名称
--oidc-groups-prefix	string	用于设置组名前缀，所有组都将以此值为前缀，以避免与其他身份验证策略冲突
--oidc-issuer-url	string	用于设置 Auth Server 服务的 URL。例如使用 Google Accounts 服务，其 URL 为 https://accounts.google.com
--oidc-required-claim	mapStringString	设置键值对，用于描述 ID Token 中必要的声明。如果设置更改参数值，则验证该声明是否以匹配值存在于 ID Token 中。重复指定该参数可以设置多个声明
--oidc-signing-algs	strings	用于设置 JOSE 非对称签名算法列表，算法以逗号分隔。如果以 alg 开头的 JWTs 不在此列表中，会被拒绝（默认值为[RS256]）
--oidc-username-claim	string	用于设置 JWT（JSON Web Token）声明的用户名称（默认值为 sub）
--oidc-username-prefix	string	用于设置用户名称前缀，所有用户名称都将以该值为前缀，以避免与其他身份验证策略冲突。如果要跳过任何前缀，可以设置该参数为 -

续表

参　数	参数类型	说　明
--requestheader-allowed-names	strings	用于设置通用名称（Common Name）
--requestheader-client-ca-file	string	用于设置有效的客户端 CA 证书
--requestheader-extra-headers-prefix	strings	用于设置额外的列表，建议使用 X-Remote-Extra-
--requestheader-group-headers	strings	用于设置组列表，建议使用 X-Remote-Group
--requestheader-username-headers	strings	用于设置用户名列表，建议使用 X-Remote-User
--service-account-issuer	string	Service Account Token 发布者的标识符。发布者将在发布的 Token 的 iss 字段中声明该标识符。该参数值是字符串或 URI
--service-account-key-file	stringArray	用于设置签名承载 Token 的 PEM 编码密钥的文件。用于验证 Service Account Token。如果未指定该参数，则使用 kube-apiserver 的 TLS 私钥
--service-account-lookup	bool	用于验证 Service Account Token 是否存在于 Etcd 中（默认值为 true）
--service-account-max-token-expiration	duration	用于设置 Service Account Token 发布者创建 Token 的最长有效期
--token-auth-file	string	用于启用 TokenAuth 认证

8. 授权相关参数说明（如表 7-9 所示）

表 7-9　授权相关参数说明

参　数	参数类型	说　明
--authorization-mode	strings	用于设置在安全端口上启用授权器。以逗号分隔列表：AlwaysAllow、AlwaysDeny、ABAC、Webhook、RBAC、Node（默认值为[AlwaysAllow]）
--authorization-policy-file	string	用于设置基于 ABAC 模式的策略文件，该文件使用 JSON 格式进行描述，每一行都是一个策略对象
--authorization-webhook-cache-authorized-ttl	duration	用于设置从 Webhook 授权服务中缓存 authorized（已授权）响应的缓存时间（默认值为 5 分钟）
--authorization-webhook-cache-unauthorized-ttl	duration	用于设置从 Webhook 授权服务中缓存 unauthorized（未授权）响应的缓存时间（默认值为 30 秒）
--authorization-webhook-config-file	string	用于设置使用 kubeconfig 格式的 Webhook 配置文件，该参数与--authorization-mode＝webhook 参数一起使用

9. 云服务提供商相关参数说明（如表 7-10 所示）

表 7-10　云服务提供商相关参数说明

参　　数	参数类型	说　　明
--cloud-config	string	用于设置云服务提供商的配置文件路径。如果该参数是空字符串，表示无配置文件
--cloud-provider	string	用于设置云服务提供商，如果该参数是空字符串，表示无云服务提供商

10. 控制开启/禁用特定的资源版本或资源参数说明（如表 7-11 所示）

表 7-11　控制开启/禁用特定的资源版本或资源参数说明

参　　数	参数类型	说　　明
--cloud-config	mapStringString	用于设置传递给 kube-apiserver 的描述运行时配置的键值对集合。apis/\<groupVersion\>键可以被用来开启/禁用特定的 API 资源版本。apis/\<groupVersion\>/\<resource\>键可以被用来开启/禁用特定的资源。api/all 和 api/legacy 键可以分别被用来控制所有的资源版本

11. 准入控制器相关参数说明（如表 7-12 所示）

表 7-12　准入控制器相关参数说明

参　　数	参数类型	说　　明
--admission-control	strings	该参数已被弃用，其用于指定准入控制器顺序列表（默认值为[AlwaysAdmit]）
--admission-control-config-file	string	用于指定准入控制器的配置文件
--disable-admission-plugins	strings	用于指定禁用的准入控制器列表
--enable-admission-plugins	strings	用于指定启用的准入控制器列表

12. 其他参数说明（如表 7-13 所示）

表 7-13　其他参数说明

参　　数	参数类型	说　　明
--allow-privileged	bool	如果该参数为 true，则允许特权容器（Privileged Container）（默认值为 false）
--apiserver-count	int	用于设置集群中运行的 kube-apiserver 组件数量，该参数值必须为正数，当使用--endpoint-reconciler-type 参数时开启（默认值为 1）

续表

参　　数	参数类型	说　　明
--enable-aggregator-routing	bool	用于设置启用 AggregatorServer 聚合器，可以将指定服务的路由请求发送到该服务
--enable-logs-handler	bool	用于设置 kube-apiserver 日志功能，安装一个 /logs 处理器（默认值为 true）
--endpoint-reconciler-type	string	用于设置 kube-apiserver 组件高可用功能，默认使用 endpoint 资源锁机制进行领导者选举（默认值为 lease）
--event-ttl	duration	用于设置 Kubernetes 集群事件存留时间（默认值为 1 小时）
--kubelet-certificate-authority	string	用于设置证书 authority 的文件路径
--kubelet-client-certificate	string	用于设置 TLS 的客户端证书文件路径
--kubelet-client-key	string	用于设置 TLS 的客户端证书密钥文件路径
--kubelet-https		用于为 kubelet 启用 HTTPS（默认值为 true）
--kubelet-preferred-address-types	strings	用于设置 kubelet 连接的首选 NodeAddressTypes 列表（默认值为[Hostname,InternalDNS,InternalIP,ExternalDNS, ExternalIP]）
--kubelet-read-only-port	uint	该参数已被弃用，其用于设置 kubelet 端口（默认值为 10255）
--kubelet-timeout	duration	用于设置 kubelet 操作超时时间（默认值为 5 秒）
--kubernetes-service-node-port	int	如果该参数值不为 0，Kubernetes Master 服务将会使用 NodePort 类型，并将更改参数值作为端口号。如果该参数值为 0，Kubernetes Master 服务将会使用 ClusterIP 类型
--max-connection-bytes-per-sec	int	用于设置每个用户连接的限速值（bytes/sec），该参数只应用于长时间运行的请求
--proxy-client-cert-file	string	用于设置调用外部程序的 TLS 验证的证书文件路径，例如请求 Webhook 准入控制器
--proxy-client-key-file	string	用于设置调用外部程序的 TLS 验证的私钥文件路径，例如请求 Webhook 准入控制器
--service-account-signing-key-file	string	用于设置 Service Account Token 签发方当前私钥文件的路径
--service-cluster-ip-range	ipNet	用于设置 CIDR 表示的 IP 范围，服务的 ClusterIP 将从中分配。该参数值一定不要与分配给 Node 和 Pod 的 IP 范围产生重叠（默认值为 10.0.0.0/24）
--service-node-port-range	portRange	用于设置为 NodePort 服务保留的端口范围（默认值为 30000-32767）

7.3 kube-apiserver 架构设计详解

kube-apiserver 为丰富周边工具和库生态系统，提供了 3 种 HTTP Server 服务，用于将庞大的 kube-apiserver 组件功能进行解耦，这 3 种 HTTP Server 分别是 APIExtensionsSerer、KubeAPIServer、AggregatorServer。不同服务的应用场景不同，提供的资源也不同，但它们都可以通过 kubectl 工具或接口进行资源管理。kube-apiserver 架构设计如图 7-10 所示。

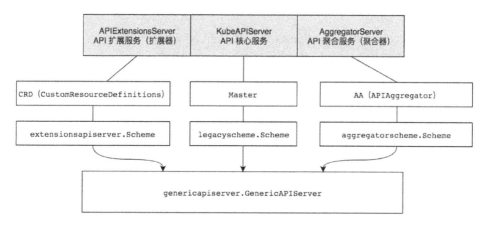

图 7-10 kube-apiserver 架构设计

上面提到的 3 种服务分别介绍如下。

- **APIExtensionsServer**：API 扩展服务（扩展器）。该服务提供了 CRD（CustomResourceDefinitions）自定义资源服务，开发者可通过 CRD 对 Kubernetes 资源进行扩展，例如，通过 crd-example 扩展 Kubernetes 资源。该服务通过 CustomResourceDefinitions 对象进行管理，并通过 extensionsapiserver.Scheme 资源注册表管理 CRD 相关资源。
- **AggregatorServer**：API 聚合服务（聚合器）。该服务提供了 AA（APIAggregator）聚合服务，开发者可通过 AA 对 Kubernetes 聚合服务进行扩展，例如，metrics-server 是 Kubernetes 系统集群的核心监控数据的聚合器，它是 AggregatorServer 服务的扩展实现。API 聚合服务通过 APIAggregator 对象进行管理，并通过 aggregatorscheme.Scheme 资源注册表管理 AA 相关资源。

- **KubeAPIServer**：API 核心服务。该服务提供了 Kubernetes 内置核心资源服务，不允许开发者随意更改相关资源，例如，Pod、Service 等内置核心资源会由 Kubernetes 官方维护。API 核心服务通过 Master 对象进行管理，并通过 legacyscheme.Scheme 资源注册表管理 Master 相关资源。

APIExtensionsServer 扩展服务和 AggregatorServer 聚合服务都是可以在不修改 Kubernetes 核心代码的前提下扩展 Kubernetes API 的方式。只有 KubeAPIServer 核心服务是 Kubernetes 系统运行的基础，不建议随意修改它。

> 提示：无论是 APIExtensionsServer、KubeAPIServer 还是 AggregatorServer，它们都在底层依赖于 GenericAPIServer。通过 GenericAPIServer 可以将 Kubernetes 资源与 REST API 进行映射。

7.4 kube-apiserver 启动流程

在 Kubernetes 系统中，kube-apiserver 组件的设计是比较重的，它是所有资源控制的入口，启动流程也略复杂，kube-apiserver 启动流程如图 7-11 所示。

在 kube-apiserver 组件启动过程中，代码逻辑可分为 9 个步骤，分别介绍如下。

（1）资源注册。

（2）Cobra 命令行参数解析。

（3）创建 APIServer 通用配置。

（4）创建 APIExtensionsServer。

（5）创建 KubeAPIServer。

（6）创建 AggregatorServer。

（7）创建 GenericAPIServer。

（8）启动 HTTP 服务。

（9）启动 HTTPS 服务。

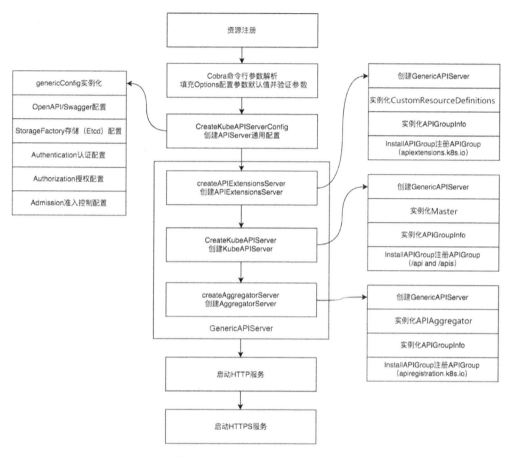

图 7-11 kube-apiserver 启动流程

7.4.1 资源注册

kube-apiserver 组件启动后的第一件事情是将 Kubernetes 所支持的资源注册到 Scheme 资源注册表中，这样后面启动的逻辑才能够从 Scheme 资源注册表中拿到资源信息并启动和运行 APIExtensionsServer、KubeAPIServer、AggregatorServer 这 3 种服务。

资源的注册过程并不是通过函数调用触发的，而是通过 Go 语言的导入（import）和初始化（init）机制触发的。导入和初始化机制如图 7-12 所示。

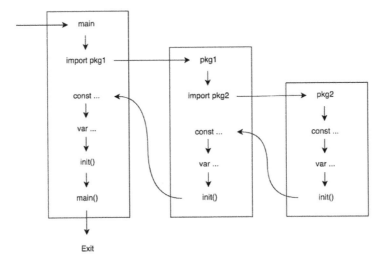

图 7-12 导入和初始化机制

在 Go 语言中，main 包依赖于 pkg1 包，pkg1 包依赖于 pkg2 包，其表现形式为 main→pkg1→pkg2，那么 const、var 和 init 函数的初始化顺序为 pkg2→pkg1→main，而 main 函数则在最后调用。另外，每一个被导入的包，会按照导入顺序进行初始化操作。

根据 Go 语言的导入和初始化机制来理解 kube-apiserver 的资源注册过程，这样就很好理解了，代码示例如下：

代码路径：**cmd/kube-apiserver/app/server.go**

```
import (
"k8s.io/kubernetes/pkg/api/legacyscheme"
"k8s.io/kubernetes/pkg/master"
...
)
```

以 KubeAPIServer（API 核心服务）为例，kube-apiserver 导入了 legacyscheme 和 master 包。kube-apiserver 资源注册分为两步：第 1 步，初始化 Scheme 资源注册表；第 2 步，注册 Kubernetes 所支持的资源。

1. 初始化 Scheme 资源注册表

代码路径：**pkg/api/legacyscheme/scheme.go**

```
var Scheme = runtime.NewScheme()
var Codecs = serializer.NewCodecFactory(Scheme)
var ParameterCodec = runtime.NewParameterCodec(Scheme)
```

在 legacyscheme 包中，定义了 Scheme 资源注册表、Codec 编解码器及 ParameterCodec 参数编解码器。它们被定义为全局变量，这些全局变量在 kube-apiserver 的任何地方都可以被调用，服务于 KubeAPIServer。kube-apiserver 使用全局资源注册表，代码示例如下：

```
legacyscheme.Scheme
legacyscheme.Codecs
legacyscheme.ParameterCodec
```

2. 注册 Kubernetes 所支持的资源

kube-apiserver 启动时导入了 master 包，master 包中的 import_known_versions.go 文件调用了 Kubernetes 资源下的 install 包，通过导入包的机制触发初始化函数，代码示例如下：

代码路径：pkg/master/import_known_versions.go

```
import (
    _ "k8s.io/kubernetes/pkg/apis/admission/install"
    _ "k8s.io/kubernetes/pkg/apis/admissionregistration/install"
    _ "k8s.io/kubernetes/pkg/apis/apps/install"
    _ "k8s.io/kubernetes/pkg/apis/auditregistration/install"
    _ "k8s.io/kubernetes/pkg/apis/authentication/install"
    _ "k8s.io/kubernetes/pkg/apis/authorization/install"
    _ "k8s.io/kubernetes/pkg/apis/autoscaling/install"
    _ "k8s.io/kubernetes/pkg/apis/batch/install"
    _ "k8s.io/kubernetes/pkg/apis/certificates/install"
    _ "k8s.io/kubernetes/pkg/apis/coordination/install"
    _ "k8s.io/kubernetes/pkg/apis/core/install"
    _ "k8s.io/kubernetes/pkg/apis/events/install"
    _ "k8s.io/kubernetes/pkg/apis/extensions/install"
    _ "k8s.io/kubernetes/pkg/apis/imagepolicy/install"
    _ "k8s.io/kubernetes/pkg/apis/networking/install"
    _ "k8s.io/kubernetes/pkg/apis/node/install"
    _ "k8s.io/kubernetes/pkg/apis/policy/install"
    _ "k8s.io/kubernetes/pkg/apis/rbac/install"
    _ "k8s.io/kubernetes/pkg/apis/scheduling/install"
    _ "k8s.io/kubernetes/pkg/apis/settings/install"
    _ "k8s.io/kubernetes/pkg/apis/storage/install"
)
```

每个 Kubernetes 内部版本资源都定义 install 包，用于在 kube-apiserver 启动时注册资源。以 core 资源组为例，根据 Go 语言的导入和初始化机制，会触发每个资源 install 包下的 init 函数来完成资源的注册过程，代码示例如下：

代码路径：pkg/apis/core/install/install.go

```go
func init() {
    Install(legacyscheme.Scheme)
}

func Install(scheme *runtime.Scheme) {
    utilruntime.Must(core.AddToScheme(scheme))
    utilruntime.Must(v1.AddToScheme(scheme))
    utilruntime.Must(scheme.SetVersionPriority
(v1.SchemeGroupVersion))
}
```

在上述代码中，core.AddToScheme 函数注册了 core 资源组内部版本的资源，v1.AddToScheme 函数注册了 core 资源组外部版本的资源，scheme.SetVersionPriority 函数注册了资源组的版本顺序。如果有多个资源版本，排在最前面的为资源首选版本。

> 提示：除将 KubeAPIServer（API 核心服务）注册至 legacyscheme.Scheme 资源注册表以外，还需要了解 APIExtensionsServer 和 AggregatorServer 资源注册过程。
> - 将 APIExtensionsServer（API 扩展服务）注册至 extensionsapiserver.Scheme 资源注册表，注册过程定义在 vendor/k8s.io/apiextensions-apiserver/pkg/apiserver/apiserver.go 中。
> - 将 AggregatorServer（API 聚合服务）注册至 aggregatorscheme.Scheme 资源注册表，注册过程定义在 vendor/k8s.io/kube-aggregator/pkg/apiserver/scheme/scheme.go 中。

7.4.2 Cobra 命令行参数解析

Cobra 功能强大，是 Kubernetes 系统中所有组件统一使用的命令行参数解析库，所有的 Kubernetes 组件都使用 Cobra 来解析命令行参数。更多关于 Cobra 命令行参数解析的内容，请参考 4.2 节"Cobra 命令行参数解析"。

kube-apiserver 组件通过 Cobra 填充配置参数默认值并验证参数，代码示例如下：

代码路径：cmd/kube-apiserver/app/server.go

```go
func NewAPIServerCommand(stopCh <-chan struct{}) *cobra.Command {
    s := options.NewServerRunOptions()
```

```go
    cmd := &cobra.Command{
    ...
        RunE: func(cmd *cobra.Command, args []string) error {
        ...
            completedOptions, err := Complete(s)
            ...

            if errs := completedOptions.Validate(); len(errs) != 0 {
                return utilerrors.NewAggregate(errs)
            }

            return Run(completedOptions, stopCh)
        },
    }
    ...
}
```

首先 kube-apiserver 组件通过 options.NewServerRunOptions 初始化各个模块的默认配置，例如初始化 Etcd、Audit、Admission 等模块的默认配置。然后通过 Complete 函数填充默认的配置参数，并通过 Validate 函数验证配置参数的合法性和可用性。最后将 ServerRunOptions（kube-apiserver 组件的运行配置）对象传入 Run 函数，Run 函数定义了 kube-apiserver 组件启动的逻辑，它是一个运行不退出的常驻进程。至此，完成了 kube-apiserver 组件启动之前的环境配置。

7.4.3　创建 APIServer 通用配置

APIServer 通用配置是 kube-apiserver 不同模块实例化所需的配置，APIServer 通用配置流程如图 7-13 所示。

图 7-13　APIServer 通用配置流程

1. genericConfig 实例化

通过 genericapiserver.NewConfig 函数实例化 genericConfig 对象,并为 genericConfig 对象设置默认值,代码示例如下:

代码路径:**cmd/kube-apiserver/app/server.go**

```
genericConfig = genericapiserver.NewConfig(legacyscheme.Codecs)
genericConfig.MergedResourceConfig =
master.DefaultAPIResourceConfigSource()
```

genericConfig.MergedResourceConfig 用于设置启用/禁用 GV(资源组、资源版本)及其 Resource(资源)。如果未在命令行参数中指定启用/禁用的 GV,则通过 master.DefaultAPIResourceConfigSource 启用默认设置的 GV 及其资源。master.DefaultAPIResourceConfigSource 将启用资源版本为 Stable 和 Beta 的资源,默认不启用 Alpha 资源版本的资源。通过 EnableVersions 函数启用指定资源,而通过 DisableVersions 函数禁用指定资源,代码示例如下:

代码路径:**pkg/master/master.go**

```
func DefaultAPIResourceConfigSource() *serverstorage.ResourceConfig
{
    ret := serverstorage.NewResourceConfig()
    ret.EnableVersions(
        admissionregistrationv1beta1.SchemeGroupVersion,
        apiv1.SchemeGroupVersion,
        ...
    )
    ...
    ret.DisableVersions(
        auditregistrationv1alpha1.SchemeGroupVersion,
        batchapiv2alpha1.SchemeGroupVersion,
        ...
    )
    ...
}
```

2. OpenAPI/Swagger 配置

genericConfig.OpenAPIConfig 用于生成 OpenAPI 规范。在默认的情况下,通过 DefaultOpenAPIConfig 函数为其设置默认值,代码示例如下:

代码路径：cmd/kube-apiserver/app/server.go

```
genericConfig.OpenAPIConfig =
genericapiserver.DefaultOpenAPIConfig(generatedopenapi.GetOpenAPIDefi
nitions, openapinamer.NewDefinitionNamer(legacyscheme.Scheme,
extensionsapiserver.Scheme, aggregatorscheme.Scheme))
```

其中 generatedopenapi.GetOpenAPIDefinitions 定义了 OpenAPIDefinition 文件（OpenAPI 定义文件），该文件由 openapi-gen 代码生成器自动生成。

3. StorageFactory 存储（Etcd）配置

kube-apiserver 组件使用 Etcd 作为 Kubernetes 系统集群的存储，系统中所有资源信息、集群状态、配置信息等都存储于 Etcd 中，代码示例如下：

```
storageFactoryConfig := kubeapiserver.NewStorageFactoryConfig()
...
storageFactory, lastErr = completedStorageFactoryConfig.New()
if lastErr != nil {
    return
}
```

kubeapiserver.NewStorageFactoryConfig 函数实例化了 storageFactoryConfig 对象，该对象定义了 kube-apiserver 与 Etcd 的交互方式，例如 Etcd 认证、Etcd 地址、存储前缀等。另外，该对象也定义了资源存储方式，例如资源信息、资源编码类型、资源状态等。

4. Authentication 认证配置

kube-apiserver 作为 Kubernetes 集群的请求入口，接收组件与客户端的访问请求，每个请求都需要经过认证（Authentication）、授权（Authorization）及准入控制器（Admission Controller）3 个阶段，之后才能真正地操作资源。

kube-apiserver 目前提供了 9 种认证机制，分别是 BasicAuth、ClientCA、TokenAuth、BootstrapToken、RequestHeader、WebhookTokenAuth、Anonymous、OIDC、ServiceAccountAuth。每一种认证机制被实例化后会成为认证器（Authenticator），每一个认证器都被封装在 http.Handler 请求处理函数中，它们接收组件或客户端的请求并认证请求。kube-apiserver 通过 BuildAuthenticator 函数实例化认证器，代码示例如下：

```
BuildAuthenticator(s, clientgoExternalClient, versionedInformers)
```

BuildAuthenticator 函数会生成认证器。在该函数中，首先生成认证器的配置文件，然后调用 authenticatorConfig.New 函数实例化认证器。认证实例化流程如图 7-14 所示。

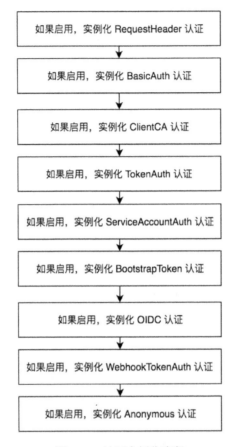

图 7-14　认证实例化流程

authenticatorConfig.New 函数在实例化认证器的过程中，会根据认证的配置信息（由 flags 命令行参数传入）决定是否启用认证方法，并对启用的认证方法生成对应的 HTTP Handler 函数，最后通过 union 函数将已启用的认证器合并到 authenticators 数组对象中，代码示例如下：

代码路径：pkg/kubeapiserver/authenticator/config.go

```
authenticator := union.New(authenticators...)
```

authenticators 中存放的是已启用的认证器列表。union.New 函数将 authenticators 合并

成一个 authenticator 认证器，实际上将认证器列表存放在 union 结构的 Handlers []authenticator.Request 对象中。当客户端请求到达 kube-apiserver 时，kube-apiserver 会遍历认证器列表，尝试执行每个认证器，当有一个认证器返回 true 时，则认证成功。

5. Authorization 授权配置

在 Kubernetes 系统组件或客户端请求通过认证阶段之后，会来到授权阶段。kube-apiserver 同样支持多种授权机制，并支持同时开启多个授权功能，客户端发起一个请求，在经过授权阶段时，只要有一个授权器通过则授权成功。

kube-apiserver 目前提供了 6 种授权机制，分别是 AlwaysAllow、AlwaysDeny、Webhook、Node、ABAC、RBAC。每一种授权机制被实例化后会成为授权器（Authorizer），每一个授权器都被封装在 http.Handler 请求处理函数中，它们接收组件或客户端的请求并授权请求。kube-apiserver 通过 BuildAuthorizer 函数实例化授权器，代码示例如下：

BuildAuthorizer(s, versionedInformers)

BuildAuthorizer 函数会生成授权器。在该函数中，首先生成授权器的配置文件，然后调用 authorizationConfig.New 函数实例化授权器。授权实例化流程如图 7-15 所示。

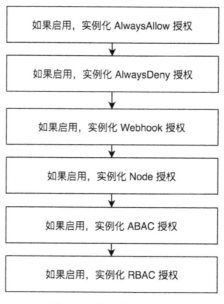

图 7-15　授权实例化流程

authorizationConfig.New 函数在实例化授权器的过程中，会根据--authorization-mode 参数的配置信息（由 flags 命令行参数传入）决定是否启用授权方法，并对启用的授权方法生成对应的 HTTP Handler 函数，最后通过 union 函数将已启用的授权器合并到 authorizers 数组对象中，代码示例如下：

代码路径：pkg/kubeapiserver/authorizer/config.go

```
var (
    authorizers   []authorizer.Authorizer
    ruleResolvers []authorizer.RuleResolver
)
...
return union.New(authorizers...),
union.NewRuleResolvers(ruleResolvers...), nil
```

authorizers 中存放的是已启用的授权器列表，ruleResolvers 中存放的是已启用的授权器规则解析器，实际上分别将它们存放在 union 结构的[]authorizer.Authorizer 和[]authorizer.RuleResolver 对象中。当客户端请求到达 kube-apiserver 时，kube-apiserver 会遍历授权器列表，并按照顺序执行授权器，排在前面的授权器具有更高的优先级（允许或拒绝请求）。客户端发起一个请求，在经过授权阶段时，只要有一个授权器通过，则授权成功。

6. Admission 准入控制器配置

Kubernetes 系统组件或客户端请求通过授权阶段之后，会来到准入控制器阶段，它会在认证和授权请求之后，对象被持久化之前，拦截 kube-apiserver 的请求，拦截后的请求进入准入控制器中处理，对请求的资源对象进行自定义（校验、修改或拒绝）等操作。kube-apiserver 支持多种准入控制器机制，并支持同时开启多个准入控制器功能，如果开启了多个准入控制器，则按照顺序执行准入控制器。

kube-apiserver 目前提供了 31 种准入控制器，分别是 AlwaysAdmit、AlwaysDeny、AlwaysPullImages、DefaultStorageClass、DefaultTolerationSeconds、DenyEscalatingExec、DenyExecOnPrivileged、EventRateLimit、ExtendedResourceToleration、ImagePolicyWebhook、LimitPodHardAntiAffinityTopology、LimitRanger、MutatingAdmissionWebhook、NamespaceAutoProvision、NamespaceExists、NamespaceLifecycle、NodeRestriction、OwnerReferencesPermissionEnforcement、PersistentVolumeClaimResize、PersistentVolumeLabel、PodNodeSelector、PodPreset、PodSecurityPolicy、PodTolerationRestriction、

Priority、ResourceQuota、SecurityContextDeny、ServiceAccount、StorageObjectInUse Protection、TaintNodesByCondition、ValidatingAdmissionWebhook。

kube-apiserver 在启动时注册所有准入控制器，准入控制器通过 Plugins 数据结构统一注册、存放、管理所有的准入控制器。Plugins 数据结构如下：

代码路径：vendor/k8s.io/apiserver/pkg/admission/plugins.go

```
type Factory func(config io.Reader) (Interface, error)

type Plugins struct {
    lock     sync.Mutex
    registry map[string]Factory
}
```

Plugins 数据结构字段说明如下。

- **registry**：以键值对形式存放插件，key 为准入控制器的名称，例如 AlwaysPullImages、LimitRanger 等；value 为对应的准入控制器名称的代码实现。
- **lock**：用于保护 registry 字段的并发一致性。

其中 Factory 为准入控制器实现的接口定义，它接收准入控制器的 config 配置信息，通过 --admission-control-config-file 参数指定准入控制器的配置文件，返回准入控制器的插件实现。Plugins 数据结构提供了 Register 方法，为外部提供了准入控制器的注册方法。

kube-apiserver 提供了 31 种准入控制器，kube-apiserver 组件在启动时分别在两个位置注册它们，代码示例如下：

代码路径：vendor/k8s.io/apiserver/pkg/server/plugins.go

```
func RegisterAllAdmissionPlugins(plugins *admission.Plugins) {
    lifecycle.Register(plugins)
    validatingwebhook.Register(plugins)
    mutatingwebhook.Register(plugins)
}

pkg/kubeapiserver/options/plugins.go
func RegisterAllAdmissionPlugins(plugins *admission.Plugins) {
    admit.Register(plugins) // DEPRECATED
    alwayspullimages.Register(plugins)
    antiaffinity.Register(plugins)
```

```
        defaulttolerationseconds.Register(plugins)
        deny.Register(plugins)  // DEPRECATED
        eventratelimit.Register(plugins)
        exec.Register(plugins)
        extendedresourcetoleration.Register(plugins)
        gc.Register(plugins)
        imagepolicy.Register(plugins)
        limitranger.Register(plugins)
        autoprovision.Register(plugins)
        exists.Register(plugins)
        noderestriction.Register(plugins)
        nodetaint.Register(plugins)
        label.Register(plugins)  // DEPRECATED
        podnodeselector.Register(plugins)
        podpreset.Register(plugins)
        podtolerationrestriction.Register(plugins)
        resourcequota.Register(plugins)
        podsecuritypolicy.Register(plugins)
        podpriority.Register(plugins)
        scdeny.Register(plugins)
        serviceaccount.Register(plugins)
        setdefault.Register(plugins)
        resize.Register(plugins)
        storageobjectinuseprotection.Register(plugins)
}
```

其中 admit（AlwaysAdmit）、deny（AlwaysDeny）和 label（PersistentVolumeLabel）准入控制器在当前的 Kubernetes 系统中已被弃用。exec.Register(plugins)中注册了两个准入控制器，分别为 DenyEscalatingExec、DenyExecOnPrivileged。所有注册的准入控制器全都存放在 Plugins 数据结构的 registry 字段中。

每个准入控制器都实现了 Register 方法，通过 Register 方法可以在 Plugins 数据结构中注册当前准入控制器。以 AlwaysPullImages 准入控制器为例，注册方法代码示例如下：

代码路径：plugin/pkg/admission/alwayspullimages/admission.go

```
    const PluginName = "AlwaysPullImages"

    func Register(plugins *admission.Plugins) {
        plugins.Register(PluginName, func(config io.Reader)
(admission.Interface, error) {
            return NewAlwaysPullImages(), nil
        })
    }
```

7.4.4 创建 APIExtensionsServer

创建 APIExtensionsServer 的流程如图 7-16 所示。

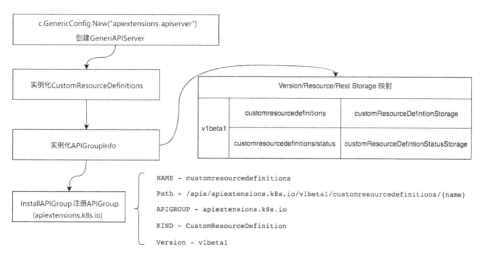

图 7-16 创建 APIExtensionsServer 的流程

具体流程介绍如下。

（1）创建 GenericAPIServer。

（2）实例化 CustomResourceDefinitions。

（3）实例化 APIGroupInfo，将资源版本、资源、资源存储对象进行相互映射。

（4）InstallAPIGroup 注册 APIGroup（apiextensions.k8s.io）。

1. 创建 GenericAPIServer

代码路径：vendor/k8s.io/apiextensions-apiserver/pkg/apiserver/apiserver.go

```
genericServer, err := c.GenericConfig.New("apiextensions-apiserver", delegationTarget)
```

APIExtensionsServer 的运行依赖于 GenericAPIServer，通过 c.GenericConfig.New 函数创建名为 apiextensions-apiserver 的服务。

2. 实例化 CustomResourceDefinitions

```
s := &CustomResourceDefinitions{
    GenericAPIServer: genericServer,
}
```

APIExtensionsServer（API 扩展服务）通过 CustomResourceDefinitions 对象进行管理，实例化该对象后才能注册 APIExtensionsServer 下的资源。

3. 实例化 APIGroupInfo

APIGroupInfo 对象用于描述资源组信息，其中该对象的 VersionedResourcesStorageMap 字段用于存储资源与资源存储对象的对应关系，其表现形式为 map[string]map[string]rest.Storage（即 <资源版本>/<资源>/<资源存储对象>），例如 CustomResourceDefinitions 资源与资源存储对象的映射关系是 v1beta1/customresourcedefinitions/customResourceDefintionStorage。

APIExtensionsServer 通过 genericapiserver.NewDefaultAPIGroupInfo 函数实例化 APIGroupInfo 对象，代码示例如下：

代码路径：vendor/k8s.io/apiextensions-apiserver/pkg/apiserver/apiserver.go

```
    apiGroupInfo := genericapiserver.NewDefaultAPIGroupInfo
(apiextensions.GroupName, Scheme, metav1.ParameterCodec, Codecs)

    if apiResourceConfig.VersionEnabled(v1beta1.SchemeGroupVersion) {
        storage := map[string]rest.Storage{}
        customResourceDefintionStorage :=
customresourcedefinition.NewREST(Scheme,
c.GenericConfig.RESTOptionsGetter)
        storage["customresourcedefinitions"] =
customResourceDefintionStorage
        storage["customresourcedefinitions/status"] =
customresourcedefinition.NewStatusREST(Scheme,
customResourceDefintionStorage)

        apiGroupInfo.VersionedResourcesStorageMap["v1beta1"] = storage
    }
```

> 提示：一个资源组对应一个 APIGroupInfo 对象，每个资源（包括子资源）对应一个资源存储对象。

在实例化 APIGroupInfo 对象后，完成其资源与资源存储对象的映射，

APIExtensionsServer 会先判断 apiextensions.k8s.io/v1beta1 资源组/资源版本是否已启用，如果其已启用，则将该资源组、资源版本下的资源与资源存储对象进行映射并存储至 APIGroupInfo 对象的 VersionedResourcesStorageMap 字段中。

每个资源（包括子资源）都通过类似于 NewREST 的函数创建资源存储对象（即 RESTStorage）。kube-apiserver 将 RESTStorage 封装成 HTTP Handler 函数，资源存储对象以 RESTful 的方式运行，一个 RESTStorage 对象负责一个资源的增、删、改、查操作。当操作 CustomResourceDefinitions 资源数据时，通过对应的 RESTStorage 资源存储对象与 genericregistry.Store 进行交互。

4. InstallAPIGroup 注册 APIGroup

代码路径：vendor/k8s.io/apiextensions-apiserver/pkg/apiserver/apiserver.go

```
if err := s.GenericAPIServer.InstallAPIGroup(&apiGroupInfo); err != nil {
    return nil, err
}
```

InstallAPIGroup 注册 APIGroupInfo 的过程非常重要，将 APIGroupInfo 对象中的 <资源组>/<资源版本>/<资源>/<子资源>（包括资源存储对象）注册到 APIExtensionsServerHandler 函数。其过程是遍历 APIGroupInfo，将<资源组>/<资源版本>/<资源名称>映射到 HTTP PATH 请求路径，通过 InstallREST 函数将资源存储对象作为资源的 Handlers 方法，最后使用 go-restful 的 ws.Route 将定义好的请求路径和 Handlers 方法添加路由到 go-restful 中。整个过程为 InstallAPIGroup→s.installAPIResources→InstallREST，代码示例如下：

代码路径：vendor/k8s.io/apiserver/pkg/endpoints/groupversion.go

```
func (g *APIGroupVersion) InstallREST(container *restful.Container) error {
    prefix := path.Join(g.Root, g.GroupVersion.Group, g.GroupVersion.Version)
    installer := &APIInstaller{
        group:                     g,
        prefix:                    prefix,
        minRequestTimeout:         g.MinRequestTimeout,
        enableAPIResponseCompression: g.EnableAPIResponseCompression,
    }
```

```
        apiResources, ws, registrationErrors := installer.Install()
        ...
        container.Add(ws)
}
```

InstallREST 函数接收 restful.Container 指针对象。安装过程分为 4 步，分别介绍如下。

（1）prefix 定义了 HTTP PATH 请求路径，其表现形式为<apiPrefix>/<group>/<version>（即/apis/apiextensions.k8s.io/v1beta1）。

（2）实例化 APIInstaller 安装器。

（3）在 installer.Install 安装器内部创建一个 go-restful WebService，然后通过 a.registerResourceHandlers 函数，为资源注册对应的 Handlers 方法（即资源存储对象 Resource Storage），完成资源与资源 Handlers 方法的绑定并为 go-restful WebService 添加该路由。

（4）最后通过 container.Add 函数将 WebService 添加到 go-restful Container 中。

APIExtensionsServer 负责管理 apiextensions.k8s.io 资源组下的所有资源，该资源有 v1beta1 版本。通过访问 http://127.0.0.1:8080/apis/apiextensions.k8s.io/v1 获得该资源/子资源的详细信息，命令示例如下：

```
$ curl http://127.0.0.1:8080/apis/apiextensions.k8s.io/v1beta1
{
  "kind": "APIResourceList",
  "apiVersion": "v1",
  "groupVersion": "apiextensions.k8s.io/v1beta1",
  "resources": [
    {
      "name": "customresourcedefinitions",
      "singularName": "",
      "namespaced": false,
      "kind": "CustomResourceDefinition",
      "verbs": [
        "create",
        "delete",
        "deletecollection",
        "get",
        "list",
        "patch",
        "update",
        "watch"
```

```
    ],
    "shortNames": [
      "crd",
      "crds"
    ]
  },
  {
    "name": "customresourcedefinitions/status",
    "singularName": "",
    "namespaced": false,
    "kind": "CustomResourceDefinition",
    "verbs": [
      "get",
      "patch",
      "update"
    ]
  }
 ]
}
```

7.4.5 创建 KubeAPIServer

创建 KubeAPIServer 的流程与创建 APIExtensionsServer 的流程类似，其原理都是将<资源组>/<资源版本>/<资源>与资源存储对象进行映射并将其存储至 APIGroupInfo 对象的 VersionedResourcesStorageMap 字段中。通过 installer.Install 安装器为资源注册对应的 Handlers 方法（即资源存储对象 Resource Storage），完成资源与资源 Handlers 方法的绑定并为 go-restful WebService 添加该路由。最后将 WebService 添加到 go-restful Container 中。创建 KubeAPIServer 的流程如图 7-17 所示。

创建 KubeAPIServer 的流程说明如下。

（1）创建 GenericAPIServer。

（2）实例化 Master。

（3）InstallLegacyAPI 注册/api 资源。

（4）InstallAPIs 注册/apis 资源。

在第 3 章中介绍过资源组，在当前的 Kubernetes 系统中，支持两类资源组，分别是拥有组名的资源组和没有组名的资源组。

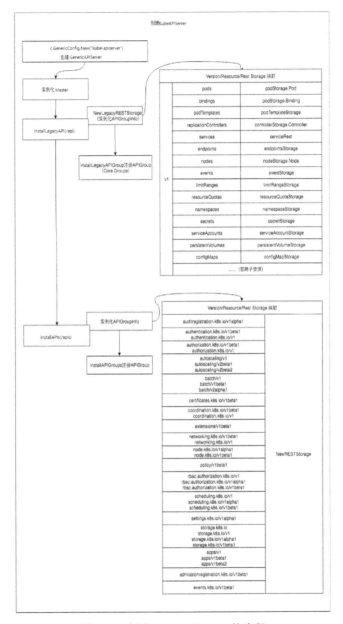

图 7-17 创建 KubeAPIServer 的流程

KubeAPIServer通过InstallLegacyAPI函数将没有组名的资源组注册到/api前缀的路径下，其表现形式为/api/<version>/<resource>，例如 http://localhost:8080/api/v1/pods。

KubeAPIServer 通过 InstallAPIs 函数将拥有组名的资源组注册到 /apis 前缀的路径下，其表现形式为 /apis/<group>/<version>/<resource>，例如 http://localhost:8080/apis/apps/v1/deployments。

1. 创建 GenericAPIServer

代码路径：pkg/master/master.go

```
s, err := c.GenericConfig.New("kube-apiserver", delegationTarget)
```

KubeAPIServer 的运行依赖于 GenericAPIServer，通过 c.GenericConfig.New 函数创建名为 kube-apiserver 的服务。

2. 实例化 Master

```
m := &Master{
    GenericAPIServer: s,
}
```

KubeAPIServer（API 核心服务）通过 Master 对象进行管理，实例化该对象后才能注册 KubeAPIServer 下的资源。

3. InstallLegacyAPI 注册 /api 资源

代码路径：pkg/master/master.go

```
if c.ExtraConfig.APIResourceConfigSource.VersionEnabled
(apiv1.SchemeGroupVersion) {
    ...
    m.InstallLegacyAPI(..., legacyRESTStorageProvider)
}
```

KubeAPIServer 会先判断 Core Groups/v1（即核心资源组/资源版本）是否已启用，如果其已启用，则通过 m.InstallLegacyAPI 函数将 Core Groups/v1 注册到 KubeAPIServer 的 /api/v1 下。可以通过访问 http://127.0.0.1:8080/api/v1 获得 Core Groups/v1 下的资源与子资源信息。

InstallLegacyAPI 函数的执行过程分为两步，分别介绍如下。

第 1 步，通过 legacyRESTStorageProvider.NewLegacyRESTStorage 函数实例化 APIGroupInfo，APIGroupInfo 对象用于描述资源组信息，该对象的 VersionedResourcesStorageMap 字段用于存储资源与资源存储对象的映射关系，其表

现形式为 map[string]map[string]rest.Storage（即<资源版本>/<资源>/<资源存储对象>），例如 Pod 资源与资源存储对象的映射关系是 v1/pods/PodStorage。使 Core Groups/v1 下的资源与资源存储对象相互映射，代码示例如下：

代码路径：pkg/registry/core/rest/storage_core.go

```
restStorageMap := map[string]rest.Storage{
    "pods":           podStorage.Pod,
    "pods/attach":    podStorage.Attach,
    "pods/status":    podStorage.Status,
    "pods/log":       podStorage.Log,
    "pods/exec":      podStorage.Exec,
    ...
}
...
apiGroupInfo.VersionedResourcesStorageMap["v1"] = restStorageMap
```

每个资源（包括子资源）都通过类似于 NewREST 的函数创建资源存储对象（即 RESTStorage）。kube-apiserver 将 RESTStorage 封装成 HTTP Handler 函数，资源存储对象以 RESTful 的方式运行，一个 RESTStorage 对象负责一个资源的增、删、改、查操作。当操作 CustomResourceDefinitions 资源数据时，通过对应的 RESTStorage 资源存储对象与 genericregistry.Store 进行交互。

第 2 步，通过 m.GenericAPIServer.InstallLegacyAPIGroup 函数将 APIGroupInfo 对象中的<资源组>/<资源版本>/<资源>/<子资源>（包括资源存储对象）注册到 KubeAPIServer Handlers 方法。其过程是遍历 APIGroupInfo，将<资源组>/<资源版本>/<资源名称>映射到 HTTP PATH 请求路径，通过 InstallREST 函数将资源存储对象作为资源的 Handlers 方法。最后使用 go-restful 的 ws.Route 将定义好的请求路径和 Handlers 方法添加路由到 go-restful 中。整个过程为 InstallLegacyAPIGroup→s.installAPIResources→InstallREST，该过程与 APIExtensionsServer 注册 APIGroupInfo 的过程类似，故不再赘述。

4. InstallAPIs 注册/apis 资源

代码路径：pkg/master/master.go

```
restStorageProviders := []RESTStorageProvider{
    ...
}
m.InstallAPIs(..., restStorageProviders...)
```

通过 m.InstallLegacyAPI 函数将拥有组名的资源组注册到 KubeAPIServer 的/apis 下。可以通过访问 http://localhost:8080/apis/apps/v1/deployments 获得其下的资源与子资源信息。

InstallLegacyAPI 函数的执行过程分为两步，分别介绍如下。

第 1 步，实例化所有已启用的资源组的 APIGroupInfo，APIGroupInfo 对象用于描述资源组信息，该对象的 VersionedResourcesStorageMap 字段用于存储资源与资源存储对象的映射关系，其表现形式为 map[string]map[string]rest.Storage（即<资源版本>/<资源>/<资源存储对象>），例如 Deployment 资源与资源存储对象的映射关系是 v1/deployments/deploymentStorage。通过 restStorageBuilder.NewRESTStorage→v1Storage 函数可实现 apps 资源组下的资源与资源存储对象的映射，代码示例如下：

代码路径：pkg/registry/apps/rest/storage_apps.go

```
func (p RESTStorageProvider) v1Storage(...) map[string]rest.Storage
{
    storage := map[string]rest.Storage{}

    deploymentStorage := 
deploymentstore.NewStorage(restOptionsGetter)
    storage["deployments"] = deploymentStorage.Deployment
    storage["deployments/status"] = deploymentStorage.Status
    ...
}
```

每个资源（包括子资源）都通过类似于 NewStorage 的函数创建资源存储对象（即 RESTStorage）。kube-apiserver 将 RESTStorage 封装成 HTTP Handler 函数，资源存储对象以 RESTful 的方式运行，一个 RESTStorage 对象负责一个资源的增、删、改、查操作。当操作 CustomResourceDefinitions 资源数据时，通过对应的 RESTStorage 资源存储对象与 genericregistry.Store 进行交互。

第 2 步，通过 m.GenericAPIServer.InstallLegacyAPIGroup 函数将 APIGroupInfo 对象中的<资源组>/<资源版本>/<资源>/<子资源>（包括资源存储对象）注册到 KubeAPIServer Handlers 方法。其过程是遍历 APIGroupInfo，将<资源组>/<资源版本>/<资源名称>映射到 HTTP PATH 请求路径，通过 InstallREST 函数将资源存储对象作为资源的 Handlers 方法。最后使用 go-restful 的 ws.Route 将定义好的请求路径和 Handlers 方法添加路由到 go-restful 中。整个过程为 InstallAPIGroups→

s.installAPIResources→InstallREST，该过程与 APIExtensionsServer 注册 APIGroupInfo 的过程类似，故不再赘述。

KubeAPIServer 负责管理众多资源组，以 apps 资源组为例，通过访问 http://127.0.0.1:8080/apis/apps/v1 可以获得该资源/子资源的详细信息。

7.4.6　创建 AggregatorServer

同样，创建 AggregatorServer 的流程与创建 APIExtensionsServer 的流程类似，其原理都是将<资源组>/<资源版本>/<资源>与资源存储对象进行映射并将其存储至 APIGroupInfo 对象的 VersionedResourcesStorageMap 字段中。通过 installer.Install 安装器为资源注册对应的 Handlers 方法（即资源存储对象 Resource Storage），完成资源与资源 Handlers 方法的绑定并为 go-restful WebService 添加该路由。最后将 WebService 添加到 go-restful Container 中。创建 AggregatorServer 的流程如图 7-18 所示。

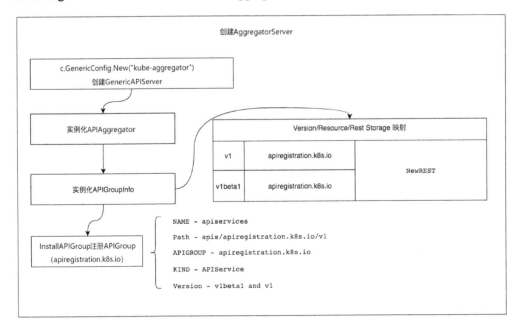

图 7-18　创建 AggregatorServer 的流程

创建 AggregatorServer 的流程说明如下。

（1）创建 GenericAPIServer。

（2）实例化 APIAggregator。

（3）实例化 APIGroupInfo，将资源版本、资源、资源存储对象进行相互映射。

（4）installAPIGroup 注册 APIGroup（apiregistration.k8s.io）。

1. 创建 GenericAPIServer

代码路径：vendor/k8s.io/kube-aggregator/pkg/apiserver/apiserver.go

```
genericServer, err := c.GenericConfig.New("kube-aggregator", delegationTarget)
```

AggregatorServer 的运行依赖于 GenericAPIServer，通过 c.GenericConfig.New 函数创建名为 kube-aggregator 的服务。

2. 实例化 APIAggregator

```
s := &APIAggregator{
    GenericAPIServer:        genericServer,
    ...
}
```

AggregatorServer（API 聚合服务）通过 APIAggregator 对象进行管理，实例化该对象后才能注册 AggregatorServer 下的资源。

3. 实例化 APIGroupInfo

APIGroupInfo 对象用于描述资源组信息，该对象的 VersionedResourcesStorageMap 字段用于存储资源与资源存储对象的映射关系，其表现形式为 map[string]map[string]rest.Storage（即<资源版本>/<资源>/<资源存储对象>），例如 apiservices 资源与资源存储对象的映射关系是 v1/apiservices/apiServiceREST。

AggregatorServer 通过 apiservicerest.NewRESTStorage 函数实例化 APIGroupInfo 对象并在内部实现其资源与资源存储对象的映射，代码示例如下：

代码路径：vendor/k8s.io/kube-aggregator/pkg/apiserver/apiserver.go

```
apiservicerest.NewRESTStorage(c.GenericConfig.MergedResourceConfig,
c.GenericConfig.RESTOptionsGetter)

k8s.io/kube-aggregator/pkg/registry/apiservice/rest/storage_apiservice.go
func NewRESTStorage(...) genericapiserver.APIGroupInfo {
```

```
    ...
    if apiResourceConfigSource.VersionEnabled(v1.SchemeGroupVersion)
{
        storage := map[string]rest.Storage{}
        apiServiceREST :=
apiservicestorage.NewREST(aggregatorscheme.Scheme, restOptionsGetter)
        storage["apiservices"] = apiServiceREST
        storage["apiservices/status"] =
apiservicestorage.NewStatusREST(aggregatorscheme.Scheme,
apiServiceREST)
        apiGroupInfo.VersionedResourcesStorageMap["v1"] = storage
    }
    ...
}
```

AggregatorServer 会先判断 apiregistration.k8s.io/v1 资源组/资源版本是否已启用，如果其已启用，则将该资源组/资源版本下的资源与资源存储对象进行映射，并将其存储至 APIGroupInfo 对象的 VersionedResourcesStorageMap 字段中。

每个资源（包括子资源）都通过类似于 NewREST 的函数创建资源存储对象（即 RESTStorage）。kube-apiserver 将 RESTStorage 封装成 HTTP Handler 方法，资源存储对象以 RESTful 的方式运行，一个 RESTStorage 对象负责一个资源的增、删、改、查操作。当操作 apiservices 资源数据时，通过对应的 RESTStorage 资源存储对象与 genericregistry.Store 进行交互。

4. installAPIGroup 注册 APIGroup

代码路径：vendor/k8s.io/kube-aggregator/pkg/apiserver/apiserver.go

```
    if err := s.GenericAPIServer.InstallAPIGroup(&apiGroupInfo); err !=
nil {
        return nil, err
    }
```

通过 s.GenericAPIServer.InstallAPIGroup 函数将 APIGroupInfo 对象中的<资源组>/<资源版本>/<资源>/<子资源>（包括资源存储对象）注册到 AggregatorServer Handlers 函数。其过程是遍历 APIGroupInfo，将<资源组>/<资源版本>/<资源名称>映射到 HTTP PATH 请求路径，通过 InstallREST 函数将资源存储对象作为资源的 Handlers 方法，最后使用 go-restful 的 ws.Route 将定义好的请求路径和 Handlers 方法添加路由到 go-restful 中。整个过程为 InstallAPIGroups→s.installAPIResources→InstallREST，该过程与 APIExtensionsServer 注册 APIGroupInfo 的过程类似，故不再

赘述。

AggregatorServer 负责管理 apiregistration.k8s.io 资源组下的所有资源,这些资源有 v1beta1 和 v1 版本,通过访问 http://127.0.0.1:8080/apis/apiregistration.k8s.io/v1 可以获得资源/子资源的详细信息。

7.4.7 创建 GenericAPIServer

无论创建 APIExtensionsServer、KubeAPIServer,还是 AggregatorServer,它们在底层都依赖于 GenericAPIServer。通过 GenericAPIServer 将 Kubernetes 资源与 REST API 进行映射。创建 GenericAPIServer 的流程如图 7-19 所示。

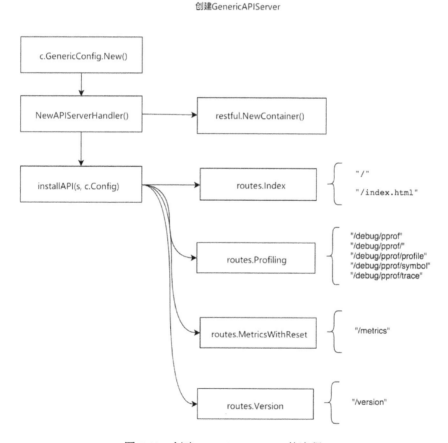

图 7-19　创建 GenericAPIServer 的流程

以创建 APIExtensionsServer 为例，代码示例如下：

代码路径：vendor/k8s.io/apiextensions-apiserver/pkg/apiserver/apiserver.go

```
c.GenericConfig.New("apiextensions-apiserver", delegationTarget)
```

通过 c.GenericConfig.New 函数创建 GenericAPIServer。在 NewAPIServerHandler 函数的内部，通过 restful.NewContainer 创建 restful Container 实例，并设置 Router 路由。代码示例如下：

代码路径：vendor/k8s.io/apiserver/pkg/server/handler.go

```
gorestfulContainer := restful.NewContainer()
gorestfulContainer.ServeMux = http.NewServeMux()
gorestfulContainer.Router(restful.CurlyRouter{})
```

installAPI 通过 routes 注册 GenericAPIServer 的相关 API。

- **routes.Index**：用于获取 index 索引页面。
- **routes.Profiling**：用于分析性能的可视化页面。
- **routes.MetricsWithReset**：用于获取 metrics 指标信息，一般用于 Prometheus 指标采集。
- **routes.Version**：用于获取 Kubernetes 系统版本信息。

7.4.8 启动 HTTP 服务

Go 语言提供的 HTTP 标准库非常强大，Kubernetes API Server 在其基础上并没有过多的封装，因为它的功能和性能已经很完善了，可直接拿来用。在 Go 语言中开启 HTTP 服务有很多种方法，例如通过 http.ListenAndServe 函数可以直接启动 HTTP 服务，其内部实现了创建 Socket、监控端口等操作。下面看看 Kubernetes API Server 通过自定义 http.Server 的方式创建 HTTP 服务的过程，代码示例如下：

代码路径：cmd/kube-apiserver/app/server.go

```
insecureServingInfo.Serve(insecureHandlerChain, ..., stopCh)

vendor/k8s.io/apiserver/pkg/server/deprecated_insecure_serving.go
insecureServer := &http.Server{
    Addr:           s.Listener.Addr().String(),
    Handler:        handler,
    MaxHeaderBytes: 1 << 20,
```

}
```

在自定义的 http.Server 结构体中，Addr 字段用于配置监控地址与端口，该地址与端口来自用户命令行参数（--insecure-bind-address 和--insecure-port 参数）；Handler 字段用于配置 Handler 函数；MaxHeaderBytes 字段用于配置请求头的最大字节数。启动 HTTP 服务，代码示例如下：

**代码路径：vendor/k8s.io/apiserver/pkg/server/secure_serving.go**

```
func RunServer(
    server *http.Server,
    ln net.Listener,
    shutDownTimeout time.Duration,
    stopCh <-chan struct{},
) (<-chan struct{}, error) {
    ...
    go func() {
        err := server.Serve(listener)
    }()
}
```

在 RunServer 函数中，通过 Go 语言标准库的 serverServe 监听 listener，并在运行过程中为每个连接创建一个 goroutine。goroutine 读取请求，然后调用 Handler 函数来处理并响应请求。

另外，在 Kubernetes API Server 的代码中还实现了平滑关闭 HTTP 服务的功能，利用 Go 语言标准库的 HTTP Server.Shutdown 函数可以在不干扰任何活跃连接的情况下关闭服务。其原理是，首先关闭所有的监听 listener，然后关闭所有的空闲连接，接着无限期地等待所有连接变成空闲状态并关闭。如果设置带有超时的 Context，将在 HTTP 服务关闭之前返回 Context 超时错误。代码示例如下：

```
stoppedCh := make(chan struct{})
go func() {
    defer close(stoppedCh)
    <-stopCh
    ctx, cancel := context.WithTimeout(context.Background(),
shutDownTimeout)
    server.Shutdown(ctx)
    cancel()
}()
```
```

7.4.9 启动 HTTPS 服务

HTTPS 协议在 HTTP 协议的基础上增加了传输层安全协议（Transport Layer Security，缩写是 TLS），目的是为互联网通信提供安全传输机制。更多关于 HTTPS 协议核心原理的内容，请参考 7.1.4 节 "HTTPS 核心原理"。启动 HTTPS 服务的过程与启动 HTTP 服务的过程类似，故不再赘述，下面只简述不同的部分，Run→s.NonBlockingRun 代码示例如下：

代码路径：vendor/k8s.io/apiserver/pkg/server/genericapiserver.go

```go
var err error
stoppedCh, err = s.SecureServingInfo.Serve(s.Handler,
s.ShutdownTimeout, internalStopCh)
if err != nil {
    close(internalStopCh)
    return err
}

vendor/k8s.io/apiserver/pkg/server/secure_serving.go
secureServer := &http.Server{
    Addr:           s.Listener.Addr().String(),
    Handler:        handler,
    MaxHeaderBytes: 1 << 20,
    TLSConfig: &tls.Config{
        NameToCertificate: s.SNICerts,
        MinVersion: tls.VersionTLS12,
        NextProtos: []string{"h2", "http/1.1"},
    },
}
```

HTTPS 服务在 http.Server 上增加了 TLSConfig 配置，TLSConfig 用于配置相关证书，可以通过命令行相关参数（--client-ca-file、--tls-private-key-file、--tls-cert-file 参数）进行配置。

7.5 权限控制

kube-apiserver（Kubernetes API Server）作为 Kubernetes 集群的请求入口，接收集群中组件与客户端的访问请求，kube-apiserver 对接口请求访问，提供了 3 种安全权限控制，每个请求都需要经过认证、授权及准入控制器才有权限操作资源对象。Kubernetes API Server 权限控制如图 7-20 所示。

Kubernetes 支持 3 种安全权限控制，分别介绍如下。

- 认证：针对请求的认证，确认是否具有访问 Kubernetes 集群的权限。
- 授权：针对资源的授权，确认是否对资源具有相关权限。
- 准入控制器：在认证和授权之后，对象被持久化之前，拦截 kube-apiserver 的请求，拦截后的请求进入准入控制器中处理，对请求的资源对象进行自定义（校验、修改或拒绝）等操作。

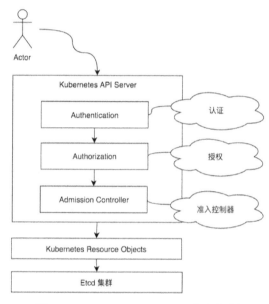

图 7-20　Kubernetes API Server 权限控制

7.6　认证

在开启 HTTPS 服务后，所有的请求都需要经过认证。kube-apiserver 支持多种认证机制，并支持同时开启多个认证功能。当客户端发起一个请求，经过认证阶段时，只要有一个认证器通过，则认证成功。如果认证成功，用户名就会传入授权阶段做进一步的授权验证，而对于认证失败的请求则返回 HTTP 401 状态码。

kube-apiserver 目前提供了 9 种认证机制，分别是 BasicAuth、ClientCA、TokenAuth、BootstrapToken、RequestHeader、WebhookTokenAuth、Anonymous、OIDC、ServiceAccountAuth。每一种认证机制被实例化后会成为认证器（Authenticator），每一个认证器都被封装

在 http.Handler 请求处理函数中，它们接收组件或客户端的请求并认证请求。当客户端请求通过认证器并返回 true 时，则表示认证通过。认证流程如图 7-21 所示。

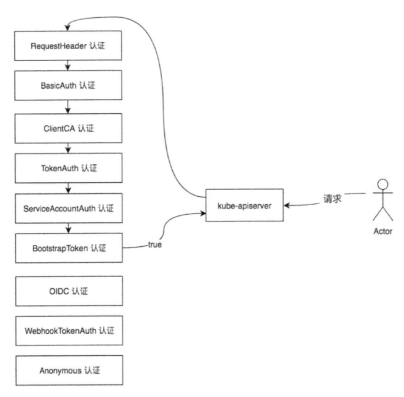

图 7-21　认证流程

假设所有的认证器都被启用，当客户端发送请求到 kube-apiserver 服务，该请求会进入 Authentication Handler 函数（处理认证相关的 Handler 函数），在 Authentication Handler 函数中，会遍历已启用的认证器列表，尝试执行每个认证器，当有一个认证器返回 true 时，则认证成功，否则继续尝试下一个认证器。代码示例如下：

代码路径：vendor/k8s.io/apiserver/pkg/endpoints/filters/authentication.go

```go
func WithAuthentication(handler http.Handler, auth authenticator.Request, failed http.Handler, apiAuds authenticator.Audiences) http.Handler {
    if auth == nil {
        klog.Warningf("Authentication is disabled")
        return handler
    }
```

```go
        return http.HandlerFunc(func(w http.ResponseWriter, req
*http.Request) {
            ...
            resp, ok, err := auth.AuthenticateRequest(req)
            if err != nil || !ok {
                ...
                failed.ServeHTTP(w, req)
                return
            }
            req.Header.Del("Authorization")
            ...
            handler.ServeHTTP(w, req)
        })
    }
```

WithAuthentication 函数可以作为 kube-apiserver 的认证 Handler 函数。如果 auth 认证器为空，说明 kube-apiserver 未启用任何认证功能；如果其不为空，则通过 auth.AuthenticateRequest 函数对请求进行认证。如果身份认证失败，则通过 failed.ServeHTTP 函数返回 HTTP 401 Unauthorized，表示认证被拒绝；如果身份认证成功，则不再需要 Authorization 请求头并进入授权阶段。

在 auth.AuthenticateRequest 函数对请求进行认证的过程中，遍历已启用的认证器列表并执行每个认证器，代码示例如下：

代码路径：vendor/k8s.io/apiserver/pkg/authentication/request/union/union.go

```go
func (authHandler *unionAuthRequestHandler) AuthenticateRequest(req
*http.Request) (*authenticator.Response, bool, error) {
    var errlist []error
    for _, currAuthRequestHandler := range authHandler.Handlers {
        resp, ok, err :=
currAuthRequestHandler.AuthenticateRequest(req)
        if err != nil {
            ...
            errlist = append(errlist, err)
            continue
        }
        if ok {
            return resp, ok, err
        }
    }

    return nil, false, utilerrors.NewAggregate(errlist)
}
```

7.6.1 BasicAuth 认证

BasicAuth 是一种简单的 HTTP 协议上的认证机制，客户端将用户、密码写入请求头中，HTTP 服务端尝试从请求头中验证用户、密码信息，从而实现身份验证。客户端发送的请求头示例如下：

```
Authorization: Basic BASE64ENCODED(USER:PASSWORD)
```

请求头的 key 为 Authorization，value 为 Basic BASE64ENCODED(USER:PASSWORD)，其中用户名及密码是通过 Base64 编码后的字符串。

1. 启用 BasicAuth 认证

kube-apiserver 通过指定 --basic-auth-file 参数启用 BasicAuth 认证。AUTH_FILE 是一个 CSV 文件，每个用户在 CSV 中的表现形式为 password、username、uid，代码示例如下：

```
a0d715cf548f66596b2f2b8019614164,derek,1
```

2. BasicAuth 认证接口定义

代码路径：vendor/k8s.io/apiserver/pkg/authentication/authenticator/interfaces.go

```go
type Request interface {
    AuthenticateRequest(req *http.Request) (*Response, bool, error)
}
```

BasicAuth 认证接口定义了 AuthenticateRequest 方法，该方法接收客户端请求。若验证失败，bool 值会为 false；若验证成功，bool 值会为 true，并返回 *authenticator.Response，*authenticator.Response 中携带了身份验证用户的信息，例如 Name、UID、Groups、Extra 等信息。

3. BasicAuth 认证实现

代码路径：vendor/k8s.io/apiserver/plugin/pkg/authenticator/request/basicauth/basicauth.go

```go
func (a *Authenticator) AuthenticateRequest(req *http.Request) (*authenticator.Response, bool, error) {
    username, password, found := req.BasicAuth()
    ...
    resp, ok, err := a.auth.AuthenticatePassword(req.Context(), username, password)
    if !ok && err == nil {
```

```
            err = errInvalidAuth
        }
    }
    return resp, ok, err
}
```

在进行 BasicAuth 认证时，通过 req.BasicAuth 函数尝试从请求头中读取 Authorization 字段，通过 Base64 解码出用户、密码信息，并通过 a.auth. AuthenticatePassword 函数进行认证，认证失败会返回 false，而认证成功会返回 true。

7.6.2 ClientCA 认证

ClientCA 认证，也被称为 TLS 双向认证，即服务端与客户端互相验证证书的正确性。使用 ClientCA 认证的时候，只要是 CA 签名过的证书都可以通过验证。

1. 启用 ClientCA 认证

kube-apiserver 通过指定 --client-ca-file 参数启用 ClientCA 认证。

2. ClientCA 认证接口定义

代码路径：vendor/k8s.io/apiserver/pkg/authentication/authenticator/interfaces.go

```go
type Request interface {
    AuthenticateRequest(req *http.Request) (*Response, bool, error)
}
```

ClientCA 认证接口定义了 AuthenticateRequest 方法，该方法接收客户端请求。若验证失败，bool 值会为 false；若验证成功，bool 值会为 true，并返回 *authenticator. Response，*authenticator.Response 中携带了身份验证用户的信息，例如 Name、UID、Groups、Extra 等信息。

3. ClientCA 认证实现

代码路径：vendor/k8s.io/apiserver/pkg/authentication/request/x509/x509.go

```go
func (a *Authenticator) AuthenticateRequest(req *http.Request) (*authenticator.Response, bool, error) {
    if req.TLS == nil || len(req.TLS.PeerCertificates) == 0 {
        return nil, false, nil
    }
    ...
    chains, err := req.TLS.PeerCertificates[0].Verify(optsCopy)
```

```go
    if err != nil {
        return nil, false, err
    }

    var errlist []error
    for _, chain := range chains {
        user, ok, err := a.user.User(chain)
        if err != nil {
            errlist = append(errlist, err)
            continue
        }

        if ok {
            return user, ok, err
        }
    }
    return nil, false, utilerrors.NewAggregate(errlist)
}
```

在进行 ClientCA 认证时，通过 req.TLS.PeerCertificates[0].Verify 验证证书，如果是 CA 签名过的证书，都可以通过验证，认证失败会返回 false，而认证成功会返回 true。

7.6.3　TokenAuth 认证

Token 也被称为令牌，服务端为了验证客户端的身份，需要客户端向服务端提供一个可靠的验证信息，这个验证信息就是 Token。TokenAuth 是基于 Token 的认证，Token 一般是一个字符串。

1. 启用 TokenAuth 认证

kube-apiserver 通过指定 --token-auth-file 参数启用 TokenAuth 认证。TOKEN_FILE 是一个 CSV 文件，每个用户在 CSV 中的表现形式为 token、user、userid、group，代码示例如下：

```
a0d715cf548f66596b2f2b8019614164,kubelet-bootstrap,10001,"system:kubelet-bootstrap"
```

2. Token 认证接口定义

代码路径：vendor/k8s.io/apiserver/pkg/authentication/authenticator/interfaces.go

```go
type Token interface {
```

```
        AuthenticateToken(ctx context.Context, token string) (*Response,
bool, error)
    }
```

Token 认证接口定义了 AuthenticateToken 方法，该方法接收 token 字符串。若验证失败，bool 值会为 false；若验证成功，bool 值会为 true，并返回 *authenticator. Response，*authenticator.Response 中携带了身份验证用户的信息，例如 Name、UID、Groups、Extra 等信息。

3. Token 认证实现

代码路径：vendor/k8s.io/apiserver/pkg/authentication/token/tokenfile/tokenfile.go

```
func (a *TokenAuthenticator) AuthenticateToken(ctx context.Context,
value string) (*authenticator.Response, bool, error) {
    user, ok := a.tokens[value]
    if !ok {
        return nil, false, nil
    }
    return &authenticator.Response{User: user}, true, nil
}
```

在进行 Token 认证时，a.tokens 中存储了服务端的 Token 列表，通过 a.tokens 查询客户端提供的 Token，如果查询不到，则认证失败返回 false，反之则认证成功返回 true。

7.6.4 BootstrapToken 认证

当 Kubernetes 集群中有非常多的节点时，手动为每个节点配置 TLS 认证比较烦琐，为此 Kubernetes 提供了 BootstrapToken 认证，其也被称为引导 Token。客户端的 Token 信息与服务端的 Token 相匹配，则认证通过，自动为节点颁发证书，这是一种引导 Token 的机制。客户端发送的请求头示例如下：

```
Authorization: Bearer 07401b.f395accd246ae52d
```

请求头的 key 为 Authorization，value 为 Bearer <TOKENS>，其中 TOKENS 的表现形式为[a-z0-9]{6}.[a-z0-9]{16}。第一个组是 Token ID，第二个组是 Token Secret。

1. 启用 BootstrapToken 认证

kube-apiserver 通过指定--enable-bootstrap-token-auth 参数启用 BootstrapToken 认证。

2. BootstrapToken 认证接口定义

代码路径：**vendor/k8s.io/apiserver/pkg/authentication/authenticator/interfaces.go**

```
type Token interface {
    AuthenticateToken(ctx context.Context, token string) (*Response, bool, error)
}
```

BootstrapToken 认证接口定义了 AuthenticateToken 方法，该方法接收 token 字符串。若验证失败，bool 值会为 false；若验证成功，bool 值会为 true，并返回 *authenticator.Response，*authenticator.Response 中携带了身份验证用户的信息，例如 Name、UID、Groups、Extra 等信息。

3. BootstrapToken 认证实现

代码路径：**plugin/pkg/auth/authenticator/token/bootstrap/bootstrap.go**

```
func (t *TokenAuthenticator) AuthenticateToken(ctx context.Context, token string) (*authenticator.Response, bool, error) {
    tokenID, tokenSecret, err := parseToken(token)
    ...
    if string(secret.Type) != string(bootstrapapi.SecretTypeBootstrapToken) || secret.Data == nil {
        return nil, false, nil
    }
    ...
    if isSecretExpired(secret) {
        return nil, false, nil
    }
    ...
    return &authenticator.Response{
        User: &user.DefaultInfo{
            Name:    bootstrapapi.BootstrapUserPrefix + string(id),
            Groups: groups,
        },
    }, true, nil
}
```

在进行 BootstrapToken 认证时，通过 paseToken 函数解析出 Token ID 和 Token Secret，验证 Token Secret 中的 Expire（过期）、Data、Type 等，认证失败会返回 false，而认证成功会返回 true。

7.6.5 RequestHeader 认证

Kubernetes 可以设置一个认证代理，客户端发送的认证请求可以通过认证代理将验证信息发送给 kube-apiserver 组件。RequestHeader 认证使用的就是这种代理方式，它使用请求头将用户名和组信息发送给 kube-apiserver。

RequestHeader 认证有几个列表，分别介绍如下。

- **用户名列表**。建议使用 X-Remote-User，如果启用 RequestHeader 认证，该参数必选。
- **组列表**。建议使用 X-Remote-Group，如果启用 RequestHeader 认证，该参数可选。
- **额外列表**。建议使用 X-Remote-Extra-，如果启用 RequestHeader 认证，该参数可选。

当客户端发送认证请求时，kube-apiserver 根据 Header Values 中的用户名列表来识别用户，例如返回 X-Remote-User: Bob 则表示验证成功。

1. 启用 RequestHeader 认证

kube-apiserver 通过指定如下参数启用 RequestHeader 认证。

- **--requestheader-client-ca-file**：指定有效的客户端 CA 证书。
- **--requestheader-allowed-names**：指定通用名称（Common Name）。
- **--requestheader-extra-headers-prefix**：指定额外列表。
- **--requestheader-group-headers**：指定组列表。
- **--requestheader-username-headers**：指定用户名列表。

kube-apiserver 收到客户端验证请求后，会先通过--requestheader-client-ca-file 参数对客户端证书进行验证。

--requestheader-username-headers 参数指定了 Header 中包含的用户名，这一参数中的列表确定了有效的用户名列表，如果该列表为空，则所有通过--requestheader-client-ca-file 参数校验的请求都允许通过。

2. RequestHeader 认证接口定义

代码路径：vendor/k8s.io/apiserver/pkg/authentication/authenticator/interfaces.go

```
type Request interface {
    AuthenticateRequest(req *http.Request) (*Response, bool, error)
}
```

RequestHeader 认证接口定义了 AuthenticateRequest 方法，该方法接收客户端请求。若验证失败，bool 值会为 false；若验证成功，bool 值会为 true，并返回 *authenticator.Response，*authenticator.Response 中携带了身份验证用户的信息，例如 Name、UID、Groups、Extra 等信息。

3. RequestHeader 认证实现

代码路径：vendor/k8s.io/apiserver/pkg/authentication/request/headerrequest/requestheader.go

```
func (a *requestHeaderAuthRequestHandler) AuthenticateRequest(req
*http.Request) (*authenticator.Response, bool, error) {
    name := headerValue(req.Header, a.nameHeaders)
    if len(name) == 0 {
        return nil, false, nil
    }

    groups := allHeaderValues(req.Header, a.groupHeaders)
    extra := newExtra(req.Header, a.extraHeaderPrefixes)

    return &authenticator.Response{
        User: &user.DefaultInfo{
            Name:   name,
            Groups: groups,
            Extra:  extra,
        },
    }, true, nil
}
```

在进行 RequestHeader 认证时，通过 headerValue 函数从请求头中读取所有的用户信息，通过 allHeaderValues 函数读取所有组的信息，通过 newExtra 函数读取所有额外的信息。当用户名无法匹配时，则认证失败返回 false，反之则认证成功返回 true。

7.6.6　WebhookTokenAuth 认证

Webhook 也被称为钩子，是一种基于 HTTP 协议的回调机制，当客户端发送的认证请求到达 kube-apiserver 时，kube-apiserver 回调钩子方法，将验证信息发送给远程的 Webhook 服务器进行认证，然后根据 Webhook 服务器返回的状态码来判断是否认证成功。WebhookTokenAuth 认证如图 7-22 所示。

图 7-22 WebhookTokenAuth 认证

1. 启用 WebhookTokenAuth 认证

kube-apiserver 通过指定如下参数启用 WebhookTokenAuth 认证。

- **--authentication-token-webhook-config-file**：Webhook 配置文件描述了如何访问远程 Webhook 服务。
- **--authentication-token-webhook-cache-ttl**：缓存认证时间，默认值为 2 分钟。

2. WebhookTokenAuth 认证接口定义

代码路径：**vendor/k8s.io/apiserver/pkg/authentication/authenticator/interfaces.go**

```
type Token interface {
    AuthenticateToken(ctx context.Context, token string) (*Response, bool, error)
}
```

WebhookTokenAuth 认证接口定义了 AuthenticateToken 方法，该方法接收 token 字符串。若验证失败，bool 值会为 false；若验证成功，bool 值会为 true，并返回 *authenticator.Response，*authenticator.Response 中携带了身份验证用户的信息，例如 Name、UID、Groups、Extra 等信息。

3. WebhookTokenAuth 认证实现

代码路径：**vendor/k8s.io/apiserver/pkg/authentication/token/cache/cached_token_authenticator.go**

```
func (a *cachedTokenAuthenticator) AuthenticateToken(ctx context.Context, token string) (*authenticator.Response, bool, error) {
    key := keyFunc(auds, token)
    if record, ok := a.cache.get(key); ok {
        return record.resp, record.ok, record.err
    }

    resp, ok, err := a.authenticator.AuthenticateToken(ctx, token)
    ...
    return resp, ok, err
}
```

在进行 WebhookTokenAuth 认证时，首先从缓存中查找是否已有缓存认证，如果有则直接返回，如果没有则通过 a.authenticator.AuthenticateToken 对远程的 Webhook 服务器进行验证。

请求远程的 Webhook 服务器，通过 w.tokenReview.Create（RESTClient）函数发送 Post 请求，并在请求体（Body）中携带认证信息。在验证 Webhook 服务器认证之后，返回的 Status.Authenticated 字段为 true，表示认证成功。代码示例如下：

代码路径：vendor/k8s.io/apiserver/plugin/pkg/authenticator/token/webhook/webhook.go

```go
func (w *WebhookTokenAuthenticator) AuthenticateToken(ctx
context.Context, token string) (*authenticator.Response, bool, error) {
    ...
    result, err = w.tokenReview.Create(r)
    ...
    r.Status = result.Status
    if !r.Status.Authenticated {
        ...
        return nil, false, err
    }
    ...
    return &authenticator.Response{ ... }, true, nil
}
```

7.6.7 Anonymous 认证

Anonymous 认证就是匿名认证，未被其他认证器拒绝的请求都可视为匿名请求。kube-apiserver 默认开启 Anonymous（匿名）认证。

1. 启用 Anonymous 认证

kube-apiserver 通过指定 --anonymous-auth 参数启用 Anonymous 认证，默认该参数值为 true。

2. Anonymous 认证接口定义

代码路径：vendor/k8s.io/apiserver/pkg/authentication/authenticator/interfaces.go

```go
type Request interface {
    AuthenticateRequest(req *http.Request) (*Response, bool, error)
}
```

Anonymous 认证接口定义了 AuthenticateRequest 方法,该方法接收客户端请求。若验证失败,bool 值会为 false;若验证成功,bool 值会为 true,并返回 *authenticator.Response,*authenticator.Response 中携带了身份验证用户的信息,例如 Name、UID、Groups、Extra 等信息。

3. Anonymous 认证实现

代码路径:vendor/k8s.io/apiserver/pkg/authentication/request/anonymous/anonymous.go

```go
func NewAuthenticator() authenticator.Request {
    return authenticator.RequestFunc(func(req *http.Request)
(*authenticator.Response, bool, error) {
        return &authenticator.Response{
            ...
        }, true, nil
    })
}
```

在进行 Anonymous 认证时,直接验证成功,返回 true。

7.6.8 OIDC 认证

OIDC(OpenID Connect)是一套基于 OAuth 2.0 协议的轻量级认证规范,其提供了通过 API 进行身份交互的框架。OIDC 认证除了认证请求外,还会标明请求的用户身份(ID Token)。其中 Toekn 被称为 ID Token,此 ID Token 是 JSON Web Token (JWT),具有由服务器签名的相关字段。OIDC 认证如图 7-23 所示。

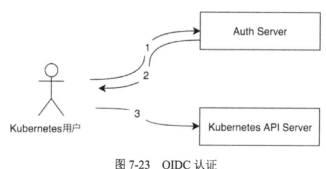

图 7-23 OIDC 认证

OIDC 认证流程介绍如下。

(1)Kubernetes 用户想访问 Kubernetes API Server,先通过认证服务(Auth Server,

例如 Google Accounts 服务）认证自己，得到 access_token、id_token 和 refresh_token。

（2）Kubernetes 用户把 access_token、id_token 和 refresh_token 配置到客户端应用程序（如 kubectl 或 dashboard 工具等）中。

（3）Kubernetes 客户端使用 Token 以用户的身份访问 Kubernetes API Server。

Kubernetes API Server 和 Auth Server 并没有直接进行交互，而是鉴定客户端发送的 Token 是否为合法 Token。下面详细描述 Kubernetes Authentication OIDC Token 的完整过程，OIDC 认证流程如图 7-24 所示。

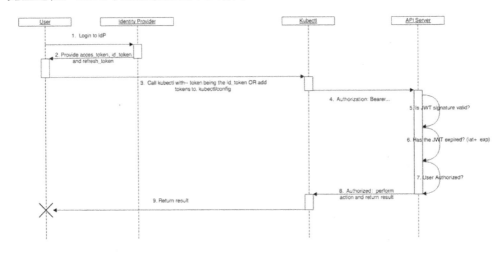

图 7-24　OIDC 认证流程

（1）用户登录到身份提供商（即 Auth Server，例如 Google Accounts 服务）。

（2）用户的身份提供商将提供 access_token、id_token 和 refresh_token。

（3）用户使用 kubectl 工具，通过 --token 参数指定 id_token，或者将 id_token 写入 kubeconfig 文件中。

（4）kubectl 工具将 id_token 设置为 Authorization 的请求头并发送给 Kubernetes API Server。

（5）Kubernetes API Server 将通过检查配置文件中指定的证书来确保 JWT 签名有效。

（6）检查并确保 id_token 未过期。

（7）检查并确保用户已获得授权。

（8）获得授权后，Kubernetes API Server 会响应 kubectl 工具。

（9）kubectl 工具向用户提供反馈。

Kubernetes API Server 不与 Auth Server 交互就能够认证 Token 的合法性，其关键在于第（5）步，所有 JWT Token 都由颁发它的 Auth Service 进行了数字签名，只需在 Kubernetes API Server 中配置信任的 Auth Server 的证书，并用它来验证收到的 id_token 中的签名是否合法，这样就可以验证 Token 的合法性。使用这种基于 PKI 的验证机制，在配置完成并进行认证的过程中，Kubernetes API Server 无须与 Auth Server 有任何交互。

1. 启用 OIDC 认证

kube-apiserver 通过指定如下参数启用 OIDC 认证。

- **--oidc-ca-file**：签署身份提供商的 CA 证书的路径，默认值为主机的根 CA 证书的路径（即/etc/kubernetes/ssl/kc-ca.pem）。
- **--oidc-client-id**：颁发所有 Token 的 Client ID。
- **--oidc-groups-claim**：JWT（JSON Web Token）声明的用户组名称。
- **--oidc-groups-prefix**：组名前缀，所有组都将以此值为前缀，以避免与其他身份验证策略发生冲突。
- **--oidc-issuer-url**：Auth Server 服务的 URL 地址，例如使用 Google Accounts 服务。
- **--oidc-required-claim**：该参数是键值对，用于描述 ID Token 中的必要声明。如果设置该参数，则验证声明是否以匹配值存在于 ID Token 中。重复指定该参数可以设置多个声明。
- **--oidc-signing-algs**：JOSE 非对称签名算法列表，算法以逗号分隔。如果以 alg 开头的 JWT 请求不在此列表中，请求会被拒绝（默认值为[RS256]）。
- **--oidc-username-claim**：JWT（JSON Web Token）声明的用户名称（默认值为 sub）。
- **--oidc-username-prefix**：用户名前缀，所有用户名都将以此值为前缀，以避免与其他身份验证策略发生冲突。如果要跳过任何前缀，请设置该参数值为-。

2. OIDC 认证接口定义

代码路径：vendor/k8s.io/apiserver/pkg/authentication/authenticator/interfaces.go

```
type Token interface {
    AuthenticateToken(ctx context.Context, token string) (*Response,
bool, error)
}
```

OIDC 认证接口定义了 AuthenticateToken 方法，该方法接收 token 字符串。若验证失败，bool 值会为 false；若验证成功，bool 值会为 true，并返回*authenticator.Response，*authenticator.Response 中携带了身份验证用户的信息，例如 Name、UID、Groups、Extra 等信息。

3. OIDC 认证实现

代码路径：vendor/k8s.io/apiserver/plugin/pkg/authenticator/token/oidc/oidc.go

```
func (a *Authenticator) AuthenticateToken(ctx context.Context, token
string) (*authenticator.Response, bool, error) {
    ...
    idToken, err := verifier.Verify(ctx, token)
    if err != nil {
        return nil, false, fmt.Errorf("oidc: verify token: %v", err)
    }
    ...
    return &authenticator.Response{User: info}, true, nil
}
```

在进行 OIDC 认证时，通过 verifier.Verify 函数验证接收到的 id_token 中的签名是否合法，如果不合法则认证失败返回 false，如果合法则认证成功返回 true。

7.6.9　ServiceAccountAuth 认证

ServiceAccountAuth（Service Account Token）也被称为服务账户令牌。在详解 ServiceAccountAuth 认证之前，先了解一下 Kubernetes 的两类用户，如图 7-25 所示。

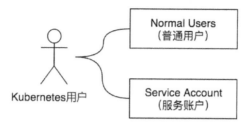

图 7-25　Kubernetes 的两类用户

- **Normal Users**：普通用户，一般由外部独立服务管理，前面介绍的认证机制（如 BasicAuth、OIDC 认证等）都属于普通用户，Kubernetes 没有为这类用户设置用户对象。
- **Service Account**：服务账户，是由 Kubernetes API Server 管理的用户，它们被绑定到指定的命名空间，由 Kubernetes API Server 自动或手动创建。Service Account 是为了 Pod 资源中的进程方便与 Kubernetes API Server 进行通信而设置的。

ServiceAccountAuth 是一种特殊的认证机制，其他认证机制都是处于 Kubernetes 集群外部而希望访问 kube-apiserver 组件，而 ServiceAccountAuth 认证是从 Pod 资源内部访问 kube-apiserver 组件，提供给运行在 Pod 资源中的进程使用，它为 Pod 资源中的进程提供必要的身份证明，从而获取集群的信息。ServiceAccountAuth 认证通过 Kubernetes 资源的 Service Account 实现。

Service Account 包含 3 个主要内容，分别介绍如下。

- **Namespace**：指定了 Pod 所在的命名空间。
- **CA**：kube-apiserver 组件的 CA 公钥证书，是 Pod 中的进程对 kube-apiserver 进行验证的证书。
- **Token**：用作身份验证，通过 kube-apiserver 私钥签发（Sign）经过 Base64 编码的 Bearer Token。

它们都通过 mount 命令的方式挂载在 Pod 的文件系统中。一般情况下，Namespace 存储的路径为/var/run/secrets/kubernetes.io/serviceaccount/namespace，通过 Base64 编码过；CA 存储的路径为/var/run/secrets/kubernetes.io/serviceaccount/ca.crt；Token 存储的路径为/var/run/secrets/kubernetes.io/serviceaccount/token。

1. 启用 ServiceAccountAuth 认证

kube-apiserver 通过指定如下参数启用 ServiceAccountAuth 认证。

- **--service-account-key-file**：包含签名承载 Token 的 PEM 编码密钥的文件，用于验证 Service Account Token。如果未指定该参数，则使用 kube-apiserver 的 TLS 私钥。
- **--service-account-lookup**：用于验证 Service Account Token 是否存在于 Etcd 中（默认值为 true）。

2. ServiceAccountAuth 认证接口定义

代码路径：vendor/k8s.io/apiserver/pkg/authentication/authenticator/interfaces.go

```go
type Token interface {
    AuthenticateToken(ctx context.Context, token string) (*Response, bool, error)
}
```

ServiceAccountAuth 认证接口定义了 AuthenticateToken 方法，该方法接收 token 字符串。若验证失败，bool 值会为 false；若验证成功，bool 值会为 true，并返回 *authenticator.Response，*authenticator.Response 中携带了身份验证用户的信息，例如 Name、UID、Groups、Extra 等信息。

3. ServiceAccountAuth 认证实现

代码路径：pkg/serviceaccount/jwt.go

```go
func (j *jwtTokenAuthenticator) AuthenticateToken(ctx context.
Context, tokenData string) (*authenticator.Response, bool, error) {
    ...
    tok, err := jwt.ParseSigned(tokenData)
    ...
    sa, err := j.validator.Validate(tokenData, public, private)
    ...
    return &authenticator.Response{
        User:      sa.UserInfo(),
        Audiences: auds,
    }, true, nil
}
```

在进行 ServiceAccountAuth 认证时，通过 jwt.ParseSigned 函数解析出 JWT 对象，然后通过 j.validator.Validate 函数验证签名及 Token，验证命名空间是否正确，验证

ServiceAccountName、ServiceAccountUID 是否存在，验证 Token 是否失效等。如果验证不合法，则认证失败并返回 false；如果验证合法，则认证成功并返回 true。

最后，如果 Token 能够通过认证，那么请求的用户名将被设置为 system:serviceaccount:(NAMESPACE):(SERVICEACCOUNT)，而请求的组名有两个，即 system:serviceaccounts 和 system:serviceaccounts:(NAMESPACE)。

7.7 授权

在客户端请求通过认证之后，会来到授权阶段。kube-apiserver 同样也支持多种授权机制，并支持同时开启多个授权功能，如果开启多个授权功能，则按照顺序执行授权器，在前面的授权器具有更高的优先级来允许或拒绝请求。客户端发起一个请求，在经过授权阶段后，只要有一个授权器通过则授权成功。

kube-apiserver 目前提供了 6 种授权机制，分别是 AlwaysAllow、AlwaysDeny、ABAC、Webhook、RBAC、Node，可通过指定 --authorization-mode 参数设置授权机制。

- **AlwaysAllow**：允许所有请求。
- **AlwaysDeny**：阻止所有请求。
- **ABAC**：即 Attribute-Based Access Control，基于属性的访问控制。
- **Webhook**：基于 Webhook 的一种 HTTP 协议回调，可进行远程授权管理。
- **RBAC**：即 Role-Based Access Control，基于角色的访问控制。
- **Node**：节点授权，专门授权给 kubelet 发出的 API 请求。

在 kube-apiserver 中，授权有 3 个概念，分别是 Decision 决策状态、授权器接口、RuleResolver 规则解析器。

1. Decision 决策状态

Decision 决策状态类似于认证中的 true 和 false，用于决定是否授权成功。授权支持 3 种 Decision 决策状态，例如授权成功，则返回 DecisionAllow 决策状态，代码示例如下：

代码路径：vendor/k8s.io/apiserver/pkg/authorization/authorizer/interfaces.go

```
type Decision int
const (
    DecisionDeny Decision = iota
    DecisionAllow
    DecisionNoOpinion
)
```

- **DecisionDeny**：表示授权器拒绝该操作。
- **DecisionAllow**：表示授权器允许该操作。
- **DecisionNoOpionion**：表示授权器对是否允许或拒绝某个操作没有意见，会继续执行下一个授权器。

2. 授权器接口

每一种授权机制都需要实现 authorizer.Authorizer 授权器接口方法、接口定义，代码示例如下：

代码路径：vendor/k8s.io/apiserver/pkg/authorization/authorizer/interfaces.go

```
type Authorizer interface {
    Authorize(a Attributes) (authorized Decision, reason string, err error)
}
```

Authorizer 接口定义了 Authorize 方法，每个授权器都需要实现该方法，该方法会接收一个 Attributes 参数。Attributes 是决定授权器从 HTTP 请求中获取授权信息方法的参数，例如 GetUser、GetVerb、GetNamespace、GetResource 等获取授权信息方法。如果授权成功，Decision 决策状态变为 DecisionAllow；如果授权失败，Decision 决策状态变为 DecisionDeny，并返回授权失败的原因。

3. RuleResolver 规则解析器

授权器通过 RuleResolver 规则解析器去解析规则，接口定义如下：

代码路径：vendor/k8s.io/apiserver/pkg/authorization/authorizer/interfaces.go

```
type RuleResolver interface {
    RulesFor(user user.Info, namespace string) ([]ResourceRuleInfo,
[]NonResourceRuleInfo, bool, error)
}
```

RuleResolver 接口定义了 RulesFor 方法，每个授权器都需要实现该方法，RulesFor 方法通过接收的 user 用户信息及 namespace 命名空间参数，解析出规则列表并返回。规则列表分为如下两种。

- **ResourceRuleInfo**：资源类型的规则列表，例如/api/v1/pods 的资源接口。
- **NonResourceRuleInfo**：非资源类型的规则列表，例如/api 或/health 的资源接口。

以 ResourceRuleInfo 资源类型为例，其中通配符（*）表示匹配所有。Pod 资源规则列表定义如下：

```
resourceRules: []authorizer.ResourceRuleInfo{
    &authorizer.DefaultResourceRuleInfo{
        Verbs:     []string{"*"},
        APIGroups: []string{"*"},
        Resources: []string{"pods"},
    },
},
```

以上，Pod 资源规则列表表示，该用户对所有资源版本的 Pod 资源拥有所有操作（即 get、list、watch、create、update、patch、delete、deletecollection）权限。

每一种授权机制被实例化后会成为授权器（Authorizer），每一个授权器都被封装在 http.Handler 函数中，它们接收组件或客户端的请求并授权请求。当客户端请求到达 kube-apiserver 的授权器，并返回 DecisionAllow 决策状态时，则表示授权成功。授权流程如图 7-26 所示。

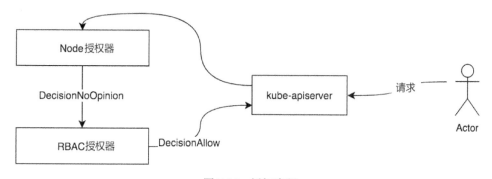

图 7-26　授权流程

假设 kube-apiserver 开启了 Node 授权器和 RBAC 授权器。当客户端发送请求到 kube-apiserver 服务，该请求会进入 Authorization Handler 函数（即处理授权相关的

Handler 函数),在 Authorization Handler 函数中,会遍历已启用的授权器列表,按顺序尝试执行每个授权器,例如在 Node 授权器返回 DecisionNoOpinion 决策状态时,会继续执行下一个 RBAC 授权器,而当 RBAC 授权器返回 DecisionAllow 决策状态时,则表示授权成功。代码示例如下:

代码路径:vendor/k8s.io/apiserver/pkg/endpoints/filters/authorization.go

```
    func WithAuthorization(handler http.Handler, a authorizer.Authorizer,
s runtime.NegotiatedSerializer) http.Handler {
    if a == nil {
        klog.Warningf("Authorization is disabled")
        return handler
    }
    return http.HandlerFunc(func(w http.ResponseWriter, req
*http.Request) {
        ctx := req.Context()
        attributes, err := GetAuthorizerAttributes(ctx)
        ...
        authorized, reason, err := a.Authorize(attributes)
        if authorized == authorizer.DecisionAllow {
            ...
            handler.ServeHTTP(w, req)
            return
        }
        ...
        responsewriters.Forbidden(ctx, attributes, w, req, reason, s)
    })
}
```

上面的 WithAuthorization 函数是 kube-apiserver 的授权 Handler 方法。如果 a 授权器为空,则说明 kube-apiserver 未启用任何授权功能;如果 a 授权器不为空,则通过 GetAuthorizerAttributes 函数从 HTTP 请求中获取客户端信息。a.Authorize 函数对请求进行授权,如果授权失败,则通过 responsewriters.Forbidden 函数返回 HTTP 401 Unauthorized 并返回授权失败的原因。如果返回 DecisionAllow 决策状态,则表示授权成功,并进入准入控制器阶段。

在 a.Authorize 函数对请求进行授权的过程中,遍历已启用的授权器列表并执行授权器,代码示例如下:

代码路径:vendor/src/k8s.io/apiserver/pkg/authorization/union/union.go

```
    func (authzHandler unionAuthzHandler) Authorize(a
authorizer.Attributes) (authorizer.Decision, string, error) {
```

```go
...
for _, currAuthzHandler := range authzHandler {
    decision, reason, err := currAuthzHandler.Authorize(a)
    ...
    switch decision {
    case authorizer.DecisionAllow, authorizer.DecisionDeny:
        return decision, reason, err
    case authorizer.DecisionNoOpinion:
    }
}

return authorizer.DecisionNoOpinion, strings.Join(reasonlist,
"\n"), utilerrors.NewAggregate(errlist)
}
```

7.7.1 AlwaysAllow 授权

AlwaysAllow 授权器会允许所有请求，其也是 kube-apiserver 的默认选项。

1. 启用 AlwaysAllow 授权

kube-apiserver 通过指定 --authorization-mode=AlwaysAllow 参数启用 AlwaysAllow 授权。

2. AlwaysAllow 授权实现

代码路径：vendor/k8s.io/apiserver/pkg/authorization/authorizerfactory/builtin.go

```go
func (alwaysAllowAuthorizer) Authorize(a authorizer.Attributes)
(authorized authorizer.Decision, reason string, err error) {
    return authorizer.DecisionAllow, "", nil
}
```

在进行 AlwaysAllow 授权时，直接授权成功，返回 DecisionAllow 决策状态。另外，AlwaysAllow 的规则解析器会将资源类型的规则列表（ResourceRuleInfo）和非资源类型的规则列表（NonResourceRuleInfo）都设置为通配符（*）匹配所有资源版本、资源及资源操作方法。代码示例如下：

```go
func (alwaysAllowAuthorizer) RulesFor(user user.Info, namespace
string) ([]authorizer.ResourceRuleInfo,
[]authorizer.NonResourceRuleInfo, bool, error) {
    return []authorizer.ResourceRuleInfo{
        &authorizer.DefaultResourceRuleInfo{
            Verbs:         []string{"*"},
```

```
            APIGroups: []string{"*"},
            Resources: []string{"*"},
        },
    }, []authorizer.NonResourceRuleInfo{
        &authorizer.DefaultNonResourceRuleInfo{
            Verbs:           []string{"*"},
            NonResourceURLs: []string{"*"},
        },
    }, false, nil
}
```

7.7.2　AlwaysDeny 授权

AlwaysDeny 授权器会阻止所有请求，该授权器很少单独使用，一般会结合其他授权器一起使用。它的应用场景是先拒绝所有请求，再允许授权过的用户请求。

1. 启用 AlwaysDeny 授权

kube-apiserver 通过指定 --authorization-mode=AlwaysDeny 参数启用 AlwaysDeny 授权。

2. AlwaysDeny 授权实现

代码路径：vendor/k8s.io/apiserver/pkg/authorization/authorizerfactory/builtin.go

```
func (alwaysDenyAuthorizer) Authorize(a authorizer.Attributes)
(decision authorizer.Decision, reason string, err error) {
    return authorizer.DecisionNoOpinion, "Everything is forbidden.", nil
}
```

在进行 AlwaysDeny 授权时，直接返回 DecisionNoOpionion 决策状态。如果存在下一个授权器，会继续执行下一个授权器；如果不存在下一个授权器，则会拒绝所有请求。这就是 kube-apiserver 使用 AlwaysDeny 的应用场景。

另外，AlwaysDeny 的规则解析器会将资源类型的规则列表（ResourceRuleInfo）和非资源类型的规则列表（NonResourceRuleInfo）都设置为空，代码示例如下：

```
func (alwaysDenyAuthorizer) RulesFor(user user.Info, namespace string)
([]authorizer.ResourceRuleInfo, []authorizer.NonResourceRuleInfo, bool,
error) {
    return []authorizer.ResourceRuleInfo{},
[]authorizer.NonResourceRuleInfo{}, false, nil
}
```

7.7.3 ABAC 授权

ABAC 授权器基于属性的访问控制（Attribute-Based Access Control，ABAC）定义了访问控制范例，其中通过将属性组合在一起的策略来向用户授予操作权限。

1. 启用 ABAC 授权

kube-apiserver 通过指定如下参数启用 ABAC 授权。

- **--authorization-mode=ABAC**：启用 ABAC 授权器。
- **--authorization-policy-file**：基于 ABAC 模式，指定策略文件，该文件使用 JSON 格式进行描述，每一行都是一个策略对象。

ABAC 模式策略文件的定义如下：

```
{"apiVersion": "abac.authorization.kubernetes.io/v1beta1", "kind":
"Policy", "spec": {"user": "Derek", "namespace": "*", "resource": "*",
"apiGroup": "*"}}
```

通过如上策略，Derek 用户可以对所有资源做任何操作。

2. ABAC 授权实现

代码路径：pkg/auth/authorizer/abac/abac.go

```go
func (pl policyList) Authorize(a authorizer.Attributes)
(authorizer.Decision, string, error) {
    for _, p := range pl {
        if matches(*p, a) {
            return authorizer.DecisionAllow, "", nil
        }
    }
    return authorizer.DecisionNoOpinion, "No policy matched.", nil
}
```

在进行 ABAC 授权时，遍历所有的策略，通过 matches 函数进行匹配，如果授权成功，返回 DecisionAllow 决策状态。另外，ABAC 的规则解析器会根据每一个策略将资源类型的规则列表（ResourceRuleInfo）和非资源类型的规则列表（NonResourceRuleInfo）都设置为该用户有权限操作的资源版本、资源及资源操作方法。代码示例如下：

```go
func (pl policyList) RulesFor(user user.Info, namespace string)
([]authorizer.ResourceRuleInfo, []authorizer.NonResourceRuleInfo, bool,
error) {
```

```go
var (
    resourceRules    []authorizer.ResourceRuleInfo
    nonResourceRules []authorizer.NonResourceRuleInfo
)
for _, p := range pl {
    ...
    if len(p.Spec.Resource) > 0 {
        r := authorizer.DefaultResourceRuleInfo{
            Verbs:     getVerbs(p.Spec.Readonly),
            APIGroups: []string{p.Spec.APIGroup},
            Resources: []string{p.Spec.Resource},
        }
        ...
    }
    if len(p.Spec.NonResourcePath) > 0 {
        r := authorizer.DefaultNonResourceRuleInfo{
            Verbs:           getVerbs(p.Spec.Readonly),
            NonResourceURLs: []string{p.Spec.NonResourcePath},
        }
        ...
    }
}
return resourceRules, nonResourceRules, false, nil
```

7.7.4　Webhook 授权

Webhook 授权器拥有基于 HTTP 协议回调的机制，当用户授权时，kube-apiserver 组件会查询外部的 Webhook 服务。该过程与 WebhookTokenAuth 认证相似，但其中确认用户身份的机制不一样。

当客户端发送的认证请求到达 kube-apiserver 时，kube-apiserver 回调钩子方法，将授权信息发送给远程的 Webhook 服务器进行认证，根据 Webhook 服务器返回的状态来判断是否授权成功。Webhook 授权如图 7-27 所示。

图 7-27　Webhook 授权

1. 启用 Webhook 授权

kube-apiserver 通过指定如下参数启用 Webhook 授权。

- **--authorization-mode=Webhook**：启用 Webhook 授权器。
- **--authorization-webhook-config-file**：使用 kubeconfig 格式的 Webhook 配置文件。

Webhook 授权器配置文件定义如下：

```
apiVersion: v1
kind: Config
clusters:
  - name: name-of-remote-authz-service
    cluster:
      certificate-authority: /path/to/ca.pem
      server: https://authz.example.com/authorize
users:
  - name: name-of-api-server
    user:
      client-certificate: /path/to/cert.pem
      client-key: /path/to/key.pem

current-context: webhook
contexts:
- context:
    cluster: name-of-remote-authz-service
    user: name-of-api-server
  name: webhook
```

如上配置，文件使用 kubeconfig 格式。在该配置文件中，users 指的是 kube-apiserver 本身，clusters 指的是远程 Webhook 服务。

2. Webhook 授权实现

代码路径：vendor/k8s.io/apiserver/plugin/pkg/authorizer/webhook/webhook.go

```go
func (w *WebhookAuthorizer) Authorize(attr authorizer.Attributes) (decision authorizer.Decision, reason string, err error) {
    ...
    if entry, ok := w.responseCache.Get(string(key)); ok {
        r.Status = entry.(authorization.SubjectAccessReviewStatus)
    } else {
        ...
        webhook.WithExponentialBackoff(w.initialBackoff, func() error {
            result, err = w.subjectAccessReview.Create(r)
            return err
        })
        ...
```

```go
            r.Status = result.Status
            ...
    }
    switch {
    ...
    case r.Status.Allowed:
        return authorizer.DecisionAllow, r.Status.Reason, nil
    default:
        return authorizer.DecisionNoOpinion, r.Status.Reason, nil
    }
}
```

在进行 Webhook 授权时，首先通过 w.responseCache.Get 函数从缓存中查找是否已有缓存的授权，如果有则直接使用该状态（Status），如果没有则通过 w.subjectAccessReview.Create(RESTClient)从远程的 Webhook 服务器获取授权验证，该函数发送 Post 请求，并在请求体（Body）中携带授权信息。在验证 Webhook 服务器授权之后，返回的 Status.Allowed 字段为 true，表示授权成功并返回 DecisionAllow 决策状态。

另外，Webhook 的规则解析器不支持规则列表解析，因为规则是由远程的 Webhook 服务端进行授权的。所以 Webhook 的规则解析器的资源类型的规则列表（ResourceRuleInfo）和非资源类型的规则列表（NonResourceRuleInfo）都会被设置为空。代码示例如下：

```go
func(w *WebhookAuthorizer) RulesFor(user user.Info, namespace string)
([]authorizer.ResourceRuleInfo, []authorizer.NonResourceRuleInfo, bool,
error) {
    var (
        resourceRules    []authorizer.ResourceRuleInfo
        nonResourceRules []authorizer.NonResourceRuleInfo
    )
    incomplete := true
    return resourceRules, nonResourceRules, incomplete,
fmt.Errorf("webhook authorizer does not support user rule resolution")
}
```

7.7.5 RBAC 授权

RBAC 授权器现实了基于角色的权限访问控制（Role-Based Access Control），其也是目前使用最为广泛的授权模型。在 RBAC 授权器中，权限与角色相关联，形成了用户—角色—权限的授权模型。用户通过加入某些角色从而得到这些角色的操作权限，这极大地简化了权限管理。RBAC 授权如图 7-28 所示。

图 7-28　RBAC 授权

1. RBAC 核心数据结构

在 kube-apiserver 设计的 RBAC 授权器中，新增了角色与集群绑定的概念，也就是说，kube-apiserver 可以提供 4 种数据类型来表达基于角色的授权，它们分别是角色（Role）、集群角色（ClusterRole）、角色绑定（RoleBinding）及集群角色绑定（ClusterRoleBinding），这 4 种数据类型定义在 vendor/k8s.io/api/rbac/v1/types.go 中。

（1）角色与集群角色

第 1 种 Kubernetes RBAC 数据结构如图 7-29 所示。

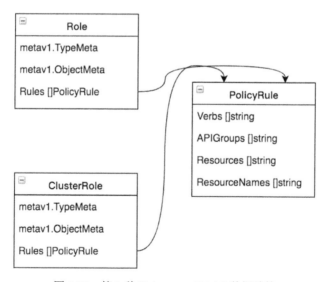

图 7-29　第 1 种 Kubernetes RBAC 数据结构

- **角色（Role）**：角色是一组用户的集合，与规则相关联。角色只能被授予某一个命名空间的权限。
- **集群角色（ClusterRole）**：集群角色是一组用户的集合，与规则相关联。集群角色能够被授予集群范围的权限，例如节点、非资源类型的服务端点

（Endpoint）、跨所有命名空间的权限等。
- 规则：（**PolicyRule**）规则相当于操作权限，权限控制资源的操作方法（即Verbs）。

> 提示：这里有一个概念，Kubernetes API Server 提供了对非资源类型的服务端点（Non-Resource Endpoint）的访问，非资源类型的服务端点有/api 或/health 等接口。

（2）角色绑定与集群角色绑定

第 2 种 Kubernetes RBAC 数据结构如图 7-30 所示。

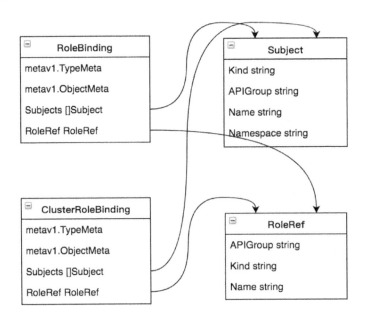

图 7-30　第 2 种 Kubernetes RBAC 数据结构

- **RoleRef**：被授予权限的角色的引用信息。
- 主体（**Subject**）：主体可以是组、用户和服务账户。
- 角色绑定（**RoleBinding**）：将角色中定义的权限授予一个或者一组用户，角色只能被授予某一个命名空间的权限。
- 集群角色绑定（**ClusterRoleBinding**）：将集群角色中定义的权限授予一个或者一组用户，角色能够被授予集群范围的权限。

2. RBAC 授权详解

kube-apiserver 通过表示用户、操作、角色、角色绑定来描述 RBAC 关系。Kubernetes RBAC 授权模型如图 7-31 所示。

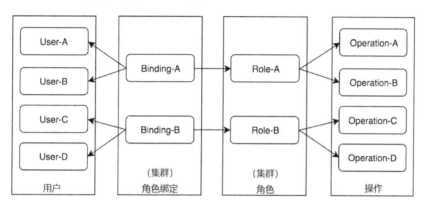

图 7-31　Kubernetes RBAC 授权模型

Role-A 角色拥有访问/操作 Operation-A 和 Operation-B 的权限，将 User-A 用户与 Role-A 角色进行绑定，User-A 用户就有了访问/操作 Operation-A 和 Operation-B 的权限，但 User-A 用户没有访问/操作 Operation-C 和 Operation-D 的权限。RBAC Example 代码示例如下：

```go
package main

import (
    rbacv1 "k8s.io/api/rbac/v1"
    metav1 "k8s.io/apimachinery/pkg/apis/meta/v1"
)

func main() {
    roles := &rbacv1.Role{
        ObjectMeta: metav1.ObjectMeta{Namespace: "default", Name: "PodReader"},
        Rules: []rbacv1.PolicyRule{
            {
                Verbs:     []string{"get", "list", "watch"},
                APIGroups: []string{"v1"},
                Resources: []string{"pods"},
            },
        },
    }
}
```

```go
    roleBindings := &rbacv1.RoleBinding{
        ObjectMeta: metav1.ObjectMeta{Namespace: "default"},
        Subjects: []rbacv1.Subject{
            {APIGroup: rbacv1.GroupName, Kind: rbacv1.UserKind, Name: "Derek"},
        },
        RoleRef: rbacv1.RoleRef{APIGroup: rbacv1.GroupName, Kind: "Role", Name: "PodReader"},
    }
}
```

在 RBAC Example 代码示例中，通过 rbacv1.Role 创建了一个名为 PodReader 的角色，该角色对资源 v1/pods 拥有 get、list、watch 操作权限。然后通过 rbacv1.RoleBinding 将角色与用户绑定，绑定的用户为 Derek 并只被授予 default 命名空间的权限。完成上述操作后，Derek 用户对 default 命名空间下的 v1/pods 资源拥有了 get、list、watch 操作权限，但 Derek 用户并没有其他命名空间下任何资源的操作权限。

RBAC 授权器通过 Authorize 函数匹配规则来验证是否授权成功，代码示例如下：

代码路径：plugin/pkg/auth/authorizer/rbac/rbac.go

```go
func (r *RBACAuthorizer) Authorize(requestAttributes authorizer.Attributes) (authorizer.Decision, string, error) {
    ...
    r.authorizationRuleResolver.VisitRulesFor(requestAttributes.GetUser(), requestAttributes.GetNamespace(), ruleCheckingVisitor.visit)
    if ruleCheckingVisitor.allowed {
        return authorizer.DecisionAllow, ruleCheckingVisitor.reason, nil
    }
    ...
}
```

在进行 RBAC 授权时，首先通过 r.authorizationRuleResolver.VisitRulesFor 函数调用给定的 ruleCheckingVisitor.visit 函数来验证授权，该函数返回的 allowed 字段为 true，表示授权成功并返回 DecisionAllow 决策状态。

ruleCheckingVisitor.visit 函数会调用 RBAC 的 RuleAllows 函数，RuleAllows 函数是实际验证授权规则的函数，该函数的验证授权原理如图 7-32 所示。

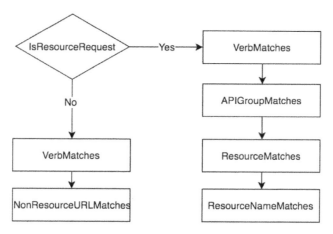

图 7-32 该函数的验证授权原理

RuleAllows 函数验证授权规则的过程如下。首先通过 IsResourceRequest 函数判断请求的资源是资源类型接口（例如/api/v1/nodes）还是非资源类型接口（例如/healthz）。如果是资源类型接口，则执行一系列的 Matches 函数：VerbMatches（匹配操作）→APIGroupMatches（匹配资源组）→ResourceMatches（匹配资源或子资源）→ResourceNameMatches（匹配资源名称），当全部 Matches 函数返回 true 时，授权成功。如果是非资源类型接口，也需要执行一些 Matches 函数：VerbMatches（匹配操作）→NonResourceURLMatches（匹配非资源类型的接口 URL），当全部 Matches 函数返回 true 时，授权成功。

3. 内置集群角色

在介绍内置角色之前，先了解一下 kube-apiserver 的内置权限，内置的角色会引用内置权限，代码示例如下：

代码路径：plugin/pkg/auth/authorizer/rbac/bootstrappolicy/policy.go

```
var (
    Write     = []string{"create", "update", "patch", "delete", "deletecollection"}
    ReadWrite = []string{"get", "list", "watch", "create", "update", "patch", "delete", "deletecollection"}
    Read      = []string{"get", "list", "watch"}
    ReadUpdate = []string{"get", "list", "watch", "update", "patch"}
)
```

kube-apiserver 内置权限说明如下。

- **Write**：只写权限。
- **ReadWrite**：读/写权限。
- **Read**：只读权限。
- **ReadUpdate**：读和更新权限。

kube-apiserver 在启动时会默认创建内置角色。例如 cluster-admin 集群角色，它拥有 Kubernetes 的最高权限。cluster-admin 集群角色的定义如下：

代码路径：plugin/pkg/auth/authorizer/rbac/bootstrappolicy/policy.go

```
ObjectMeta: metav1.ObjectMeta{Name: "cluster-admin"},
Rules: []rbacv1.PolicyRule{
    rbacv1helpers.NewRule("*").Groups("*").Resources("*").RuleOrDie(),
    rbacv1helpers.NewRule("*").URLs("*").RuleOrDie(),
}

rbacv1helpers.NewClusterBinding("cluster-admin").Groups(user.SystemPrivilegedGroup).BindingOrDie()
```

cluster-admin 集群角色的定义中将资源类型和非资源类型都设置为通配符（*），匹配所有资源版本、资源，拥有 Kubernetes 的最高控制权限。然后将 cluster-admin 集群角色与 system:masters 组进行绑定。

> **注意**：不建议擅自改动内置集群角色及内置权限的定义，因为这样可能会造成 Kubernetes 系统中的某些组件因权限问题导致不可以被授权。

默认创建的内置角色定义与 cluster-admin 集群角色定义类似，内置角色定义在 plugin/pkg/auth/authorizer/rbac/bootstrappolicy 目录下。下面介绍 kube-apiserver 默认创建的内置角色分类。

- Discovery Roles 说明，如表 7-14 所示。

表 7-14　Discovery Roles 说明

ClusterRole	ClusterRoleBinding	说　　明
system:basic-user	system:authenticated	允许用户只读访问有关自己的基本信息
system:discovery	system:authenticated	允许只读访问 API discovery endpoints
system:public-info-viewer	system:authenticated , system:unauthenticated	允许以只读方式访问有关群集的非敏感信息

- User-facing Roles 说明，如表 7-15 所示。

面向用户的角色，这些角色中包含超级用户角色（cluster-admin），即在集群范围内授权的角色，以及那些使用 RoleBinding（admin、edit 和 view）在特定命名空间中授权的角色。

表 7-15　User-facing Roles 说明

ClusterRole	ClusterRoleBinding	说　明
cluster-admin	system:masters	超级用户权限，允许对任何资源执行任何操作
admin	None	管理员权限，允许针对命名空间内的大部分资源进行读/写访问，包括在命名空间内创建角色与绑定角色的能力。但不允许对资源配额（Resource Quota）或者命名空间本身进行写访问
edit	None	允许对某一个命名空间内的大部分对象进行读/写访问，但不允许查看或者修改角色/角色绑定
view	None	允许对某一个命名空间内的大部分对象进行只读访问，但不允许查看角色或者角色绑定。由于可扩散性等原因，不允许查看 secret 资源

- Component Roles 说明，如表 7-16 所示。

组件角色，包括核心组件角色和其他组件角色。

表 7-16　Component Roles 说明

ClusterRole	ClusterRoleBinding	说　明
system:kube-scheduler	system:kube-scheduler	允许访问 kube-scheduler 组件所需的资源
system:volume-scheduler	system:kube-scheduler	允许访问 kube-scheduler 组件所需的卷资源
system:node	None in 1.8+	允许对 kubelet 组件所需的资源进行访问，包括读取所有 secret 和对所有的 Pod 资源进行写访问
system:node-proxier	system:kube-proxy	允许对 kube-proxy 组件所需的资源进行访问
system:auth-delegator	None	允许委托认证和授权检查。通常由附加 Kubernetes API Server 统一认证和授权
system:heapster	None	Heapster 组件的角色
system:kube-aggregator	None	kube-aggregator 组件的角色
system:kube-dns	kube-dns	kube-dns 组件的角色
system:kubelet-api-admin	None	允许完全访问 kubelet API
system:node-bootstrapper	None	允许对执行 Kubelet TLS 引导（Kubelet TLS bootstrapping）所需的资源进行访问
system:node-problem-detector	None	node-problem-detector 组件的角色

续表

ClusterRole	ClusterRoleBinding	说明
system:persistent-volume-provisioner	NoneNone	允许对大部分动态存储卷创建组件（dynamic volume provisioner）所需的资源进行访问

- Component Roles 说明。

控制器角色，kube-controller-manager 组件负责运行核心控制循环。当使用 --use-service-account-credentials 参数运行 kube-controller-manager 时，每个控制循环都使用单独的服务账户启动，每一个控制循环都对应控制器角色前缀名 system:controller:。如果不使用 --use-service-account-credentials 参数，kube-controller-manager 将会使用自己的凭证运行所有的控制循环，而这些凭证必须被授予相关的角色，这些角色如下：

```
system:controller:attachdetach-controller
system:controller:certificate-controller
system:controller:clusterrole-aggregation-controller
system:controller:cronjob-controller
system:controller:daemon-set-controller
system:controller:deployment-controller
system:controller:disruption-controller
system:controller:endpoint-controller
system:controller:expand-controller
system:controller:generic-garbage-collector
system:controller:horizontal-pod-autoscaler
system:controller:job-controller
system:controller:namespace-controller
system:controller:node-controller
system:controller:persistent-volume-binder
system:controller:pod-garbage-collector
system:controller:pv-protection-controller
system:controller:pvc-protection-controller
system:controller:replicaset-controller
system:controller:replication-controller
system:controller:resourcequota-controller
system:controller:root-ca-cert-publisher
system:controller:route-controller
system:controller:service-account-controller
system:controller:service-controller
system:controller:statefulset-controller
system:controller:ttl-controller
```

7.7.6 Node 授权

Node 授权器也被称为节点授权，是一种特殊用途的授权机制，专门授权由 kubelet 组件发出的 API 请求。Node 授权器基于 RBAC 授权机制实现，对 kubelet 组件进行基于 system:node 内置角色的权限控制。system:node 内置角色的权限定义在 NodeRules 函数中，代码示例如下：

代码路径：**plugin/pkg/auth/authorizer/rbac/bootstrappolicy/policy.go**

```go
func NodeRules() []rbacv1.PolicyRule {
    rbacv1helpers.NewRule(Read...).Groups(legacyGroup).
Resources("pods").RuleOrDie(),
    rbacv1helpers.NewRule("create",
"delete").Groups(legacyGroup).Resources("pods").RuleOrDie(),
    ...
}
```

NodeRules 函数定义了 system:node 内置角色的权限，它拥有许多资源的操作权限，例如 Configmap、Secret、Service、Pod 等资源。例如，在上面的代码中，针对 Pod 资源的 get、list、watch、create、delete 等操作权限。

1. 启用 Node 授权

kube-apiserver 通过指定如下参数启用 Node 授权。

- --authorization-mode=Node,RBAC：启用 Node 授权器与 RBAC 授权器。

2. Node 授权实现

代码路径：**plugin/pkg/auth/authorizer/node/node_authorizer.go**

```go
func (r *NodeAuthorizer) Authorize(attrs authorizer.Attributes) (authorizer.Decision, string, error) {
    nodeName, isNode := r.identifier.NodeIdentity(attrs.GetUser())
    if !isNode {
        return authorizer.DecisionNoOpinion, "", nil
    }
    ...
    if rbac.RulesAllow(attrs, r.nodeRules...) {
        return authorizer.DecisionAllow, "", nil
    }
    return authorizer.DecisionNoOpinion, "", nil
}
```

在进行 Node 授权时，通过 r.identifier.NodeIdentity 函数获取角色信息，并验证其是否为 system:node 内置角色，nodeName 的表现形式为 system:node:<nodeName>。通过 rbac.RulesAllow 函数进行 RBAC 授权，如果授权成功，返回 DecisionAllow 决策状态。

7.8 准入控制器

准入控制器会在验证和授权请求之后，对象被持久化之前，拦截 kube-apiserver 的请求，拦截后的请求进入准入控制器中处理，对请求的资源对象执行自定义（校验、修改或拒绝等）操作。准入控制器以插件的形式运行在 kube-apiserver 进程中，插件化的好处在于可扩展插件并单独启用/禁用指定插件，也可以将每个准入控制器称为准入控制器插件。

kube-apiserver 支持多种准入控制器机制，并支持同时开启多个准入控制器功能，如果开启了多个准入控制器，则按照顺序执行准入控制器。

kube-apiserver 目前提供了 31 种准入控制器，如表 7-17 所示。

表 7-17 准入控制器说明

准入控制器名称	说明
AlwaysAdmit	该插件已被弃用，允许所有的请求
AlwaysDeny	该插件已被弃用，拒绝所有的请求
AlwaysPullImages	在创建新的容器之前更新最新镜像
DefaultStorageClass	修改 PersistentVolumeClaim 资源对象，并设置默认的 StorageClass
DefaultTolerationSeconds	修改 Pod 资源对象的容忍时间 notready:NoExecute 和 unreachable:NoExecute，默认设置为 5 分钟
DenyEscalatingExec	禁止特权容器（Privileged Container）的 exec 和 attach 命令操作
DenyExecOnPrivileged	该插件已被弃用，功能类似于 DenyEscalatingExec
EventRateLimit	限制将 Kubernetes 事件（Event）提交到 kube-apiserver 的速度，用于缓解 kube-apiserver 的请求压力
ExtendedResourceToleration	Kubernetes 集群中如果存在特殊硬件节点，例如 GPU 节点，我们希望将不使用 GPU 的 Pod 分配给这些特殊节点，以便为这类硬件的 Pod 保留资源。要达到这个目的，可以先给配备了特殊硬件的节点添加 taint（例如，kubectl taint nodes nodename special=true:NoSchedule or kubectl taint nodes nodename special=true:PreferNoSchedule），然后给使用了这类特殊硬件的 Pod 添加一个相匹配的 toleration。建议使用 Extended Resource 来表示特殊硬件，为配置了特殊硬件的节点添加 taint 时包含

续表

准入控制器名称	说明
ExtendedResourceToleration	Extended Resource 名称，之后运行一个 ExtendedResourceToleration admission controller。此时，因为节点已经被 taint 了，所以没有对应 toleration 的 Pod 会被调度到这些节点。但当创建一个使用了 Extended Resource 的 Pod 时，ExtendedResourceToleration admission controller 会自动给 Pod 加上正确的 toleration，这样 Pod 就会被自动调度到这些配置了特殊硬件的节点上
ImagePolicyWebhook	允许 Webhook 服务器设置镜像拉取策略，例如设置镜像仓库的密钥
LimitPodHardAntiAffinityTopology	当使用 Pod 亲和性和反亲和性时，限制 topologyKey（任何合法的标签 Key）只能是 kubernetes.io/hostname
LimitRanger	确保所有资源请求不会超出命名空间的限制（LimitRange）
MutatingAdmissionWebhook	请求 Webhook 服务器，用于变更信息，能够修改用户提交的资源对象信息
NamespaceAutoProvision	检查命名空间资源上的所有请求，并检查引用的命名空间是否存在，如果不存在就创建一个命名空间
NamespaceExists	检查命名空间资源上的所有请求，并检查引用的命名空间是否存在，如果不存在则拒绝该请求
NamespaceLifecycle	强制执行正在终止的命名空间，该命名空间中不能创建新对象，并确保命名空间拒绝不存在的请求
NodeRestriction	限制了 kubelet 可以修改的 Node 和 Pod 资源对象
OwnerReferencesPermissionEnforcement	保护对 metadata.ownerReferences 对象的访问，以便只有对该对象具有删除权限的用户才能对其进行更改
PersistentVolumeClaimResize	当 PVC（PersistentVolumeClaim）所属的 StorageClass 没有被赋予 allowVolumeExpansion 权限时，禁止对这些 PVC 的大小进行调整
PersistentVolumeLabel	该插件已被弃用，用于为 PersistentVolume 资源对象设置标签
PodNodeSelector	通过读取命名空间注释（Annotation）和准入控制器配置文件，来限制 Pod 资源对象可在命名空间内使用的节点选择器
PodPreset	当运行一批容器时，在容器启动的时候注入信息，如 Secret、volume、volume mount 和环境变量等
PodSecurityPolicy	用于创建和修改 Pod 资源对象的安全策略，并根据请求的安全上下文和可用的 Pod 安全策略来确定是否应该允许请求
PodTolerationRestriction	验证容器的容忍度与其命名空间的容忍度之间是否存在冲突，如果存在冲突，则拒绝该容器的请求

续表

准入控制器名称	说明
Priority	使用 priorityClassName 字段填充优先级的值（该值为整数），如果未找到优先级，则拒绝 Pod 资源
ResourceQuota	观察传入的请求，并确保它不违反任何一个命名空间中的 ResourceQuota 对象中枚举的约束。如果在 Kubernetes 系统中使用了 ResourceQuota，必须使用这个插件来强制执行配额限制
SecurityContextDeny	将拒绝任何试图修改某些升级的 SecurityContext 字段的 Pod 资源对象
ServiceAccount	实现了 Service Account 的自动化
StorageObjectInUseProtection	保护正在使用的 PV/PVC 不被误删除
TaintNodesByCondition	基于节点状态自动更新节点 taints 的功能
ValidatingAdmissionWebhook	请求 Webhook 服务器，用于身份验证，能够验证用户提交的资源对象信息

AlwaysAdmit、AlwaysDeny、PersistentVolumeLabel 准入控制器在当前 Kubernetes 系统中已被弃用。可通过 --enable-admission-plugins 参数指定启用的准入控制器列表，通过 --disable-admission-plugins 参数指定禁用的准入控制器列表。

客户端发起一个请求，在请求经过准入控制器列表时，只要有一个准入控制器拒绝了该请求，则整个请求被拒绝（HTTP 403 Forbidden）并返回一个错误给客户端。准入控制器流程如图 7-33 所示。

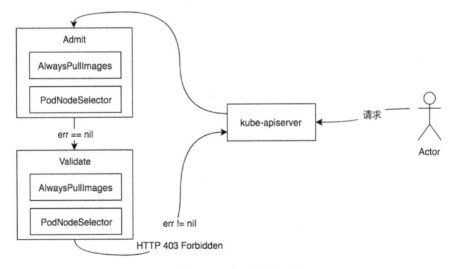

图 7-33　准入控制器流程

kube-apiserver 目前支持如下两种准入控制器。

- **变更准入控制器**（**Mutating Admission Controller**）：用于变更信息，能够修改用户提交的资源对象信息。
- **验证准入控制器**（**Validating Admission Controller**）：用于身份验证，能够验证用户提交的资源对象信息。

> 提示：变更准入控制器运行在验证准入控制器之前。

变更准入控制器和验证准入控制器接口定义分别是 MutationInterface 和 ValidationInterface，代码示例如下：

代码路径：vendor/k8s.io/apiserver/pkg/admission/interfaces.go

```go
type Interface interface {
    Handles(operation Operation) bool
}

type MutationInterface interface {
    Interface
    Admit(a Attributes, o ObjectInterfaces) (err error)
}

type ValidationInterface interface {
    Interface
    Validate(a Attributes, o ObjectInterfaces) (err error)
}
```

变更准入控制器接口拥有 Admit 方法，验证准入控制器接口拥有 Validate 方法。有些准入控制器可能同时实现了 Admit 和 Validate 方法，能够执行变更操作，也能够执行验证操作，例如 AlwaysPullImages 准入控制器。

kube-apiserver 中的所有已启用的准入控制器（Admit 方法及 Validate 方法）由 vendor/k8s.io/apiserver/pkg/admission/chain.go 下的 chainAdmissionHandler []Interface 数据结构管理，chainAdmissionHandler 数据结构如图 7-34 所示。

```
chainAdmissionHandler []Interface{AlwaysPullImages,PodNodeSelector...}
```

图 7-34　chainAdmissionHandler 数据结构

假设 kube-apiserver 开启了 AlwaysPullImages 和 PodNodeSelector 准入控制器，当客户端发送请求给 kube-apiserver 时，该请求会进入 Admission Controller Handler 函数（处理准入控制器相关的 Handler 函数）。在 Admission Controller Handler 中，会遍历已启用的准入控制器列表，按顺序尝试执行每个准入控制器，执行所有的变更操作。代码示例如下：

代码路径：vendor/k8s.io/apiserver/pkg/admission/chain.go

```go
type chainAdmissionHandler []Interface

func (admissionHandler chainAdmissionHandler) Admit(a Attributes, o ObjectInterfaces) error {
    for _, handler := range admissionHandler {
        ...
        if mutator, ok := handler.(MutationInterface); ok {
            err := mutator.Admit(a, o)
            if err != nil {
                return err
            }
        }
    }
    return nil
}
```

Admit 函数会遍历已启用的准入控制器列表，并执行变更操作的准入控制器（即拥有 Admit 方法的准入控制器）。

以同样的方式执行 Validate 函数，Validate 函数会遍历已启用的准入控制器列表，并执行验证操作的准入控制器（即拥有 Validate 方法的准入控制器），代码示例如下：

```go
func (admissionHandler chainAdmissionHandler) Validate(a Attributes, o ObjectInterfaces) error {
    for _, handler := range admissionHandler {
        ...
        if validator, ok := handler.(ValidationInterface); ok {
            err := validator.Validate(a, o)
            if err != nil {
                return err
            }
        }
    }
    return nil
}
```

7.8.1 AlwaysPullImages 准入控制器

AlwaysPullImages 准入控制器在创建新的容器之前更新最新镜像。对拦截的 kube-apiserver 请求中的 Pod 资源对象进行修改，将 Pod 资源对象的镜像拉取策略改为 Always。AlwaysPullImages 准入控制器的实现代码示例如下：

代码路径：plugin/pkg/admission/alwayspullimages/admission.go

```go
func (a *AlwaysPullImages) Admit(attributes admission.Attributes, o admission.ObjectInterfaces) (err error) {
    if shouldIgnore(attributes) {
        return nil
    }
    pod, ok := attributes.GetObject().(*api.Pod)
    ...
    for i := range pod.Spec.InitContainers {
        pod.Spec.InitContainers[i].ImagePullPolicy = api.PullAlways
    }

    for i := range pod.Spec.Containers {
        pod.Spec.Containers[i].ImagePullPolicy = api.PullAlways
    }

    return nil
}
```

AlwaysPullImages 准入控制器在执行变更操作时，shouldIgnore 函数会忽略 Pod 以外的资源对象，因为 AlwaysPullImages 准入控制器只对 Pod 资源对象有效。将当前 Pod 资源对象的 InitContainers 和 Containers 的拉取策略都改为 Always，这样在创建新的容器之前实现了更新最新镜像。在 AlwaysPullImages 准入控制器变更操作以后进行验证操作，代码示例如下：

代码路径：plugin/pkg/admission/alwayspullimages/admission.go

```go
func (*AlwaysPullImages) Validate(attributes admission.Attributes, o admission.ObjectInterfaces) (err error) {
    ...
    for i := range pod.Spec.InitContainers {
        if pod.Spec.InitContainers[i].ImagePullPolicy != api.PullAlways {
            return admission.NewForbidden(...)
        }
    }
    for i := range pod.Spec.Containers {
```

```go
        if pod.Spec.Containers[i].ImagePullPolicy != api.PullAlways {
            return admission.NewForbidden(...)
        }
    }
    return nil
}
```

AlwaysPullImages 准入控制器在执行验证操作时，确保所有容器的拉取策略都被设置为 Always，如果未能将拉取策略全部设置为 Always，则通过 admission.NewForbidden 函数返回 HTTP 403 Forbidden。

7.8.2 PodNodeSelector 准入控制器

PodNodeSelector 准入控制器通过读取命名空间注释和准入控制器配置文件来限制 Pod 资源对象可在命名空间内使用的节点选择器。PodNodeSelector 准入控制器会对拦截的 kube-apiserver 请求中的 Pod 资源对象进行修改，将节点选择器与 Pod 资源对象的节点选择器进行合并并赋值给 Pod 资源对象的节点选择器（即 pod.Spec.NodeSelectore）。

Pod 资源对象的节点选择器（即 pod.Spec.NodeSelector）必须为 true，才能使 Pod 资源对象选择到合适的节点。PodNodeSelector 准入控制器实现代码示例如下：

代码路径：plugin/pkg/admission/podnodeselector/admission.go

```go
func (p *podNodeSelector) Admit(a admission.Attributes, o admission.ObjectInterfaces) error {
    if shouldIgnore(a) {
        return nil
    }
    if !p.WaitForReady() {
        return admission.NewForbidden(a, fmt.Errorf("not yet ready to handle request"))
    }

    resource := a.GetResource().GroupResource()
    pod := a.GetObject().(*api.Pod)
    namespaceNodeSelector, err := p.getNamespaceNodeSelectorMap(a.GetNamespace())
    ...
    if labels.Conflicts(namespaceNodeSelector, labels.Set(pod.Spec.NodeSelector)) {
        return errors.NewForbidden(...)
```

```
    }
    podNodeSelectorLabels := labels.Merge(namespaceNodeSelector,
pod.Spec.NodeSelector)
    pod.Spec.NodeSelector = map[string]string(podNodeSelectorLabels)
    return p.Validate(a, o)
}
```

PodNodeSelector 准入控制器在执行变更操作时，shouldIgnore 函数会忽略 Pod 以外的资源对象，因为 PodNodeSelector 准入控制器只对 Pod 资源对象有效。通过 p.WaitForReady 函数判断该准入控制器是否已完成初始化，通过 p.getNamespaceNodeSelectorMap 函数选择节点选择器（namespaceNodeSelector），它是通过读取命名空间注释和配置文件来选择节点选择器的。其执行过程如下。

- 如果命名空间中具有带键的注释（即 scheduler.alpha.kubernetes.io/node-selector），则将其值用作节点选择器。
- 如果命名空间中没有这样的注释（即 scheduler.alpha.kubernetes.io/node-selector），则使用准入控制器配置文件中定义的 clusterDefaultNodeSelector 作为节点选择器。

通过 labels.Conflicts 函数判断节点选择器与资源对象的节点选择器是否存在冲突。如果存在冲突，则通过 errors.NewForbidden 函数返回 HTTP 403 Forbidden；如果不存在冲突，最后通过 labels.Merge 函数将节点选择器与资源对象的节点选择器进行合并并赋值给 Pod 资源对象的节点选择器（即 pod.Spec.NodeSelectore）。

执行完 PodNodeSelector 准入控制器变更操作以后执行验证操作，代码示例如下：

代码路径：**plugin/pkg/admission/podnodeselector/admission.go**

```
func (p *podNodeSelector) Validate(a admission.Attributes, o
admission.ObjectInterfaces) error {
    ...
    whitelist, err :=
labels.ConvertSelectorToLabelsMap(p.clusterNodeSelectors[a.GetNamespa
ce()])
    if err != nil {
        return err
    }
    if !labels.AreLabelsInWhiteList(pod.Spec.NodeSelector, whitelist)
{
        return errors.NewForbidden(...)
    }
}
```

```
        return nil
    }
```

在进行 PodNodeSelector 准入控制器验证时，验证 pod.Spec.NodeSelector 资源对象的节点选择器是否与准入控制器配置文件中定义的节点选择器存在冲突，如果返回 false，则通过 errors.NewForbidden 函数返回 HTTP 403 Forbidden。

7.9 进程信号处理机制

Kubernetes 基于 UNIX 信号（SIGNAL 信号）来实现常驻进程及进程的优雅退出。例如，当 kube-apiserver 组件进程收到一个 SIGTERM 信号或 SIGINT 信号时，会通知 kube-apiserver 内部的 goroutine 优先退出，最后再退出 kube-apiserver 进程。信号的用处非常广泛，例如在 Prometheus 源码中，会监控 SIGHUP 信号，若该信号被触发，会热加载配置文件（即在不重启进程的情况下重新加载配置文件）。

7.9.1 常驻进程实现

下面以 kube-apiserver 源码为例进行介绍，Kubernetes 系统中的其他组件代码实现类似：

代码路径：cmd/kube-apiserver/apiserver.go

```
    command := app.NewAPIServerCommand(server.SetupSignalHandler())
```

代码路径：vendor/k8s.io/apiserver/pkg/server/signal.go

```
func SetupSignalHandler() <-chan struct{} {
    close(onlyOneSignalHandler)

    shutdownHandler = make(chan os.Signal, 2)

    stop := make(chan struct{})
    signal.Notify(shutdownHandler, shutdownSignals...)
    go func() {
        <-shutdownHandler
        close(stop)
        <-shutdownHandler
        os.Exit(1)
    }()
```

```
        return stop
   }
```

代码路径：**vendor/k8s.io/apiserver/pkg/server/signal_posix.go**

```
var shutdownSignals = []os.Signal{os.Interrupt, syscall.SIGTERM}
```

在 kube-apiserver 组件的 main 函数中，首先执行 SetupSignalHandler 函数，它通过 signal.Notify 函数监控 os.Interrupt 和 syscall.SIGTERM 信号，将监控的信号与 stop chan 绑定。stop chan 返回值被 Run 函数所调用（代码见 7.9.2 节"进程的优雅关闭"）。在 kube-apiserver 组件未触发这两个信号时，stop chan 处于阻塞状态（即实现了常驻进程）；当按下了 Ctrl+C 组合键或发送了 kill -15 信号时，stop chan 处于非阻塞状态（即实现了进程退出）。

7.9.2 进程的优雅关闭

当进程关闭时，kube-apiserver 很可能正在处理很多连接，如果此时直接关闭服务，这些连接将会断掉，影响用户体验，所以需要在关闭进程之前做一些清理操作，以实现进程的优雅关闭。代码示例如下：

代码路径：**vendor/k8s.io/apiserver/pkg/server/genericapiserver.go**

```
func (s preparedGenericAPIServer) Run(stopCh <-chan struct{}) error
{
    err := s.NonBlockingRun(stopCh)
    if err != nil {
        return err
    }

    <-stopCh

    err = s.RunPreShutdownHooks()
    if err != nil {
        return err
    }

    s.HandlerChainWaitGroup.Wait()

    return nil
}
```

Run 函数是真正实现 kube-apiserver 启动 HTTP 服务的函数，并通过 stopCh 阻塞了当前进程,当按下了 Ctrl+C 组合键或发送了 kill -15 信号时,stopCh 会处于非阻塞状态,此时意味着进程需要退出。退出之前需要做进程清理操作,例如关闭 hook 函数,等待当前正在处理的请求完成之后再退出进程。

7.9.3 向 systemd 报告进程状态

早期 Linux 系统使用 initd 进程负责 Linux 的进程管理,后期 Systemd 取代了 initd,成为系统的第一个进程(即 PID 为 1),其他进程都是它的子进程。如果进程被 systemd 管理,需要向该进程报告当前进程的状态。代码示例如下:

```
func (s preparedGenericAPIServer) NonBlockingRun(stopCh <-chan struct{}) error {
    ...
    if _, err := systemd.SdNotify(true, "READY=1\n"); err != nil {
        klog.Errorf("Unable to send systemd daemon successful start message: %v\n", err)
    }
}
```

systemd.SdNotify 用于守护进程向 systemd 报告进程状态的变化,其中一项是向 systemd 报告启动已完成的消息(即 READY=1)。更多详细信息请参考 sd_notify 手册。

第 8 章 kube-scheduler 核心实现

kube-scheduler 组件是 Kubernetes 系统的核心组件之一，主要负责整个集群 Pod 资源对象的调度，根据内置或扩展的调度算法（预选与优选调度算法），将未调度的 Pod 资源对象调度到最优的工作节点上，从而更加合理、更加充分地利用集群的资源。

8.1 kube-scheduler 命令行参数详解

kube-scheduler 的命令行参数较多，它与其他组件的 flags 参数类似，下面进行分类介绍。kube-scheduler 的命令行参数可分为如下几类。

- **Misc flags**：其他参数。
- **Secure serving flags**：HTTPS 服务相关参数。
- **Authentication flags**：认证相关参数。
- **Authorization flags**：授权相关参数。
- **Leader election flags**：多节点领导者选举相关参数。
- **Feature gate flags**：实验性功能相关参数。

kube-scheduler 拥有很多 Deprecated flags（已被弃用）参数，故不再对这些参数进行赘述。

1. 其他参数说明（如表 8-1 所示）

表 8-1 其他参数说明

参　　数	参 数 类 型	说　　明
--config	string	用于设置 kube-scheduler 配置文件路径
--master	--master	用于设置 Kubernetes API Server 地址，该参数会覆盖 kubeconfig 中的相同参数
--write-config-to	string	如果指定该参数，将配置参数写入 kubeconfig 文件并退出

2. HTTPS 服务相关参数说明（如表 8-2 所示）

表 8-2　HTTPS 服务相关参数说明

参　　数	参 数 类 型	说　　明
--bind-address	ip	用于设置监控 HTTPS 服务的 IP 地址（默认值为 0.0.0.0）
--cert-dir	string	用于设置 TLS 证书所在的目录。如果提供了 --tls-cert-file 和 --tls-private-key-file，则将忽略此参数
--http2-max-streams-per-connection	int	用于设置 kube-scheduler 为正处于 HTTP/2 连接中的客户端提供的最大流量限制
--secure-port	int	用于设置要监控的 HTTPS 安全端口，即使用身份验证和授权为 HTTPS 提供服务的端口（默认值为 10259）
--tls-cert-file	string	用于设置 HTTPS 的 x509 证书文件所在的路径
--tls-cipher-suites	strings	用于设置 kube-apiserver 所使用的密码套件列表，密码套件以逗号分隔。如果未指定该参数，则使用默认的 Go 语言密码套件。该参数支持的密码套件如下： TLS_ECDHE_ECDSA_WITH_AES_128_CBC_SHA、 TLS_ECDHE_ECDSA_WITH_AES_128_CBC_SHA256、 TLS_ECDHE_ECDSA_WITH_AES_128_GCM_SHA256、 TLS_ECDHE_ECDSA_WITH_AES_256_CBC_SHA、 TLS_ECDHE_ECDSA_WITH_AES_256_GCM_SHA384、 TLS_ECDHE_ECDSA_WITH_CHACHA20_POLY1305、 TLS_ECDHE_ECDSA_WITH_RC4_128_SHA、 TLS_ECDHE_RSA_WITH_3DES_EDE_CBC_SHA、 TLS_ECDHE_RSA_WITH_AES_128_CBC_SHA、 TLS_ECDHE_RSA_WITH_AES_128_CBC_SHA256、 TLS_ECDHE_RSA_WITH_AES_128_GCM_SHA256、 TLS_ECDHE_RSA_WITH_AES_256_CBC_SHA、 TLS_ECDHE_RSA_WITH_AES_256_GCM_SHA384、 TLS_ECDHE_RSA_WITH_CHACHA20_POLY1305、 TLS_ECDHE_RSA_WITH_RC4_128_SHA、 TLS_RSA_WITH_3DES_EDE_CBC_SHA、 TLS_RSA_WITH_AES_128_CBC_SHA、 TLS_RSA_WITH_AES_128_CBC_SHA256、 TLS_RSA_WITH_AES_128_GCM_SHA256、 TLS_RSA_WITH_AES_256_CBC_SHA、 TLS_RSA_WITH_AES_256_GCM_SHA384、 TLS_RSA_WITH_RC4_128_SHA

续表

参 数	参数类型	说 明
--tls-min-version	string	用于设置 kube-apiserver 支持的最低 TLS 版本，可选的参数值有 VersionTLS10、VersionTLS11、VersionTLS12
--tls-private-key-file	string	该参数指定的文件包含了与--tls-cert-file 参数相匹配的默认 x509 密钥
--tls-sni-cert-key	namedCertKey	用于设置 x509 的证书和密钥文件路径，对于多个密钥/证书对，可以多次使用--tls-sni-cert-key 参数。例如，"example.crt, example.key" 或 "foo.crt, foo.key：*.foo.com, foo.com"（默认值为[]）

3. 认证相关参数说明（如表 8-3 所示）

表 8-3 认证相关参数说明

参 数	参数类型	说 明
--authentication-kubeconfig	string	用于指定 kube-scheduler 的认证 kubeconfig 配置文件，该文件中定义了访问 Kubernetes API Server 的配置信息
--authentication-skip-lookup	bool	如果该参数值为 false，则在--authentication-kubeconfig 参数中跳过身份验证配置
--authentication-token-webhook-cache-ttl	duration	用于设置缓存认证时间（默认值为 10 秒）
--client-ca-file	string	用于启用 ClientCA 认证
--requestheader-allowed-names	strings	用于指定通用名称（Common Name）
--requestheader-client-ca-file	string	用于指定有效的客户端 CA 证书
--requestheader-extra-headers-prefix	strings	用于指定额外的列表，建议使用 X-Remote-Extra-（默认值为[x-remote-extra-]）
--requestheader-group-headers	strings	用于指定组列表，建议使用 X-Remote-Group（默认值为[x-remote-group]）
--requestheader-username-headers	strings	用于指定用户名列表，建议使用 X-Remote-User（默认值为[x-remote-user]）

4. 授权相关参数说明（如表 8-4 所示）

表 8-4 授权相关参数说明

参 数	参数类型	说 明
--authorization-always-allow-paths	strings	用于设置不受授权权限影响的 HTTP 路径（默认值为[/healthz]）

续表

参数	参数类型	说明
--authorization-kubeconfig	string	用于指定 kube-scheduler 的授权 kubeconfig 配置文件，该文件中定义了访问 Kubernetes API Server 的配置信息
--authorization-webhook-cache-authorized-ttl	duration	用于设置从 Webhook 授权服务中缓存已授权响应的缓存时间（默认值为 10 秒）
--authorization-webhook-cache-unauthorized-ttl	duration	用于设置从 Webhook 授权服务中缓存未授权响应的缓存时间（默认值为 10 秒）

5. 多节点领导者选举相关参数说明（如表 8-5 所示）

表 8-5　多节点领导者选举相关参数说明

参数	参数类型	说明
--leader-elect	bool	用于启用多 kube-scheduler 节点（集群运行模式）的选举功能，被选为领导者的节点负责处理工作，其他节点处于阻塞状态（默认值为 true）
--leader-elect-lease-duration	duration	用于设置选举过程中非领导者节点等待选举的时间间隔（默认值 15 秒）
--leader-elect-renew-deadline	duration	用于设置领导者节点重申领导者身份的间隔时间，小于或等于 lease-duration 值（默认值为 10 秒）
--leader-elect-resource-lock	endpoints	用于设置在领导者选举期间用于锁定资源对象的类型（默认值为 endpoints）
--leader-elect-retry-period	duration	用于设置领导者重新选举的等待间隔（默认值为 2 秒）

6. 实验性功能相关参数说明（如表 8-6 所示）

表 8-6　实验性功能相关参数说明

参数	参数类型	说明
--feature-gates	mapStringBool	用于设置一组 Alpha 阶段的特性功能，通过键值对进行描述。针对每个组件，使用--feature-gates 参数来开启或关闭一个特性。当前 Kubernetes 版本支持大约 68 个 feature-gates 特性

8.2　kube-scheduler 架构设计详解

kube-scheduler 是 Kubernetes 的默认调度器，其架构设计本身并不复杂，但 Kubernetes 系统在后期引入了优先级和抢占机制及亲和性调度等功能，kube-scheduler 调度器的整体设计略微复杂。这些内容会在后面详解。

kube-scheduler 调度器在为 Pod 资源对象选择合适节点时，有如下两种最优解。

- **全局最优解**：是指每个调度周期都会遍历 Kubernetes 集群中的所有节点，以便找出全局最优的节点。
- **局部最优解**：是指每个调度周期只会遍历部分 Kubernetes 集群中的节点，找出局部最优的节点。

全局最优解和局部最优解可以解决调度器在小型和大型 Kubernetes 集群规模上的性能问题。目前 kube-scheduler 调度器对两种最优解都支持。当集群中只有几百台主机时，例如 100 台主机，kube-scheduler 使用全局最优解。当集群规模较大时，例如其中包含 5000 多台主机，kube-scheduler 使用局部最优解。具体源码实现请参考 8.7.2 节中"预选调度前的性能优化"部分。

kube-scheduler 组件的主要逻辑在于，如何在 Kubernetes 集群中为一个 Pod 资源对象找到合适的节点。调度器每次只调度一个 Pod 资源对象，为每一个 Pod 资源对象寻找合适节点的过程就是一个调度周期。kube-scheduler 组件的架构设计如图 8-1 所示。

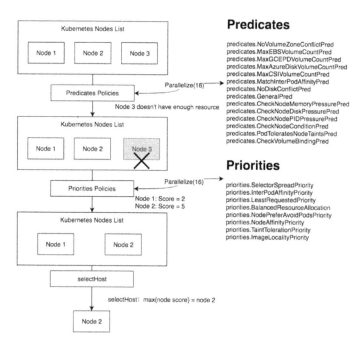

图 8-1　kube-scheduler 组件的架构设计

8.3 kube-scheduler 组件的启动流程

kube-scheduler 组件的启动流程如图 8-2 所示。

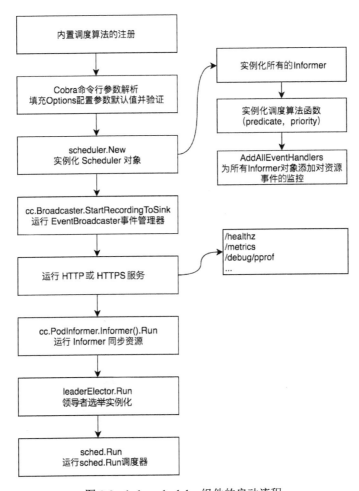

图 8-2 kube-scheduler 组件的启动流程

在 kube-scheduler 组件的启动流程中，代码逻辑可分为 8 个步骤，分别介绍如下。

（1）内置调度算法的注册。

（2）Cobra 命令行参数解析。

（3）实例化 Scheduler 对象。

（4）运行 EventBroadcaster 事件管理器。

（5）运行 HTTP 或 HTTPS 服务。

（6）运行 Informer 同步资源。

（7）领导者选举实例化。

（8）运行 sched.Run 调度器。

8.3.1 内置调度算法的注册

kube-scheduler 组件启动后的第一件事情是，将 Kubernetes 内置的调度算法注册到调度算法注册表中。调度算法注册表与 Scheme 资源注册表类似，都是通过 map 数据结构存放的，调度算法注册表代码示例如下：

代码路径：**pkg/scheduler/factory/plugins.go**

```
var (
    fitPredicateMap        = make(map[string]FitPredicateFactory)
    priorityFunctionMap    = make(map[string]PriorityConfigFactory)
    algorithmProviderMap   =
make(map[string]AlgorithmProviderConfig)
    ...
)
```

调度算法分为两类，第一类是预选调度算法，第二类是优选调度算法。两类调度算法都存储在调度算法注册表中，该表由 3 个 map 数据结构构成，分别介绍如下。

- **fitPredicateMap**：存储所有的预选调度算法。
- **priorityFunctionMap**：存储所有的优选调度算法。
- **algorithmProviderMap**：存储所有类型的调度算法。

内置调度算法的注册过程与 kube-apiserver 资源的注册过程类似，它们都通过 Go 语言的导入和初始化机制触发。当引用 k8s.io/kubernetes/pkg/scheduler/algorithmprovider 包时，就会自动调用包下的 init 初始化函数，代码示例如下：

代码路径：**pkg/scheduler/algorithmprovider/defaults/defaults.go**

```
func init() {
    registerAlgorithmProvider(defaultPredicates(),
defaultPriorities())
```

```go
}

func registerAlgorithmProvider(predSet, priSet sets.String) {
    factory.RegisterAlgorithmProvider(factory.DefaultProvider,
predSet, priSet)
    factory.RegisterAlgorithmProvider(ClusterAutoscalerProvider,
predSet,
        copyAndReplace(priSet, priorities.LeastRequestedPriority,
priorities.MostRequestedPriority))
}
```

registerAlgorithmProvider 函数负责预选调度算法集（defaultPredicates）和优选调度算法集（defaultPriorities）的注册。通过 factory.RegisterAlgorithmProvider 将两类调度算法注册至 algorithmProviderMap 中。

8.3.2 Cobra 命令行参数解析

Cobra 工具的功能强大，是 Kubernetes 系统中统一的命令行参数解析库，所有的 Kubernetes 组件都使用 Cobra 来解析命令行参数。更多关于 Cobra 命令行参数解析的内容，请参考 4.2 节"Cobra 命令行参数解析"。

kube-scheduler 组件通过 Cobra 填充 Options 配置参数默认值并验证参数，代码示例如下：

代码路径：cmd/kube-scheduler/app/server.go

```go
func NewSchedulerCommand() *cobra.Command {
    opts, err := options.NewOptions()
    ...
    cmd := &cobra.Command{
        ...
        Run: func(cmd *cobra.Command, args []string) {
            if err := runCommand(cmd, args, opts); err != nil {
                fmt.Fprintf(os.Stderr, "%v\n", err)
                os.Exit(1)
            }
        },
    }
    ...
}

func runCommand(cmd *cobra.Command, args []string, opts
*options.Options) error {
    ...
```

```
if errs := opts.Validate(); len(errs) > 0 {
    os.Exit(1)
}
...
cc := c.Complete()
...
return Run(cc, stopCh)
}
```

首先 kube-scheduler 组件通过 options.NewOptions 函数初始化各个模块的默认配置，例如 HTTP 或 HTTPS 服务等。然后通过 Validate 函数验证配置参数的合法性和可用性，并通过 Complete 函数填充默认的 options 配置参数。最后将 cc（kube-scheduler 组件的运行配置）对象传入 Run 函数，Run 函数定义了 kube-scheduler 组件启动的逻辑，它是一个运行不退出的常驻进程。至此，完成了 kube-scheduler 组件启动之前的环境配置。

8.3.3 实例化 Scheduler 对象

Scheduler 对象是运行 kube-scheduler 组件的主对象，它包含了 kube-scheduler 组件运行过程中的所有依赖模块对象。Scheduler 对象的实例化过程可分为 3 部分：第 1 部分，实例化所有的 Informer；第 2 部分，实例化调度算法函数；第 3 部分，为所有 Informer 对象添加对资源事件的监控。

1. 实例化所有的 Informer

代码路径：pkg/scheduler/scheduler.go

```
sched, err := scheduler.New(...)
```

kube-scheduler 组件依赖于多个资源的 Informer 对象，用于监控相应资源对象的事件。例如，通过 PodInformer 监控 Pod 资源对象，当某个 Pod 被创建时，kube-scheduler 组件监控到该事件并为该 Pod 根据调度算法选择出合适的节点（Node）。

在 Scheduler 对象的实例化过程中，对 NodeInformer、PodInformer、PersistentVolumeInformer、PersistentVolumeClaimInformer、ReplicationControllerInformer、ReplicaSetInformer、StatefulSetInformer、ServiceInformer、PodDisruptionBudgetInformer、StorageClassInformer 资源通过 Informer 进行监控。

2. 实例化调度算法函数

在前面的章节中，内置调度算法的注册过程中只注册了调度算法的名称，在此处，为已经注册名称的调度算法实例化对应的调度算法函数，有两种方式实例化调度算法函数，它们被称为调度算法源（Scheduler Algorithm Source），代码示例如下：

代码路径：pkg/scheduler/apis/config/types.go

```go
type SchedulerAlgorithmSource struct {
    Policy   *SchedulerPolicySource
    Provider *string
}
```

- **Policy**：通过定义好的 Policy（策略）资源的方式实例化调度算法函数。该方式可通过 --policy-config-file 参数指定调度策略文件。
- **Provider**：通用调度器，通过名称的方式实例化调度算法函数，这也是 kube-scheduler 的默认方式。代码示例如下：

```go
case source.Provider != nil:
    sc, err := configurator.CreateFromProvider(*source.Provider)
    ...
case source.Policy != nil:
    sc, err := configurator.CreateFromConfig(*policy)
    ...
```

3. 为所有 Informer 对象添加对资源事件的监控

代码路径：pkg/scheduler/eventhandlers.go

```go
AddAllEventHandlers(sched, options.schedulerName, nodeInformer,
podInformer, pvInformer, pvcInformer, replicationControllerInformer,
replicaSetInformer, statefulSetInformer, serviceInformer, pdbInformer,
storageClassInformer)
```

AddAllEventHandlers 函数为所有 Informer 对象添加对资源事件的监控并设置回调函数，以 podInformer 为例，代码示例如下：

代码路径：pkg/scheduler/eventhandlers.go

```go
podInformer.Informer().AddEventHandler(
    cache.FilteringResourceEventHandler{
        ...
        Handler: cache.ResourceEventHandlerFuncs{
            AddFunc:    sched.addPodToSchedulingQueue,
            UpdateFunc: sched.updatePodInSchedulingQueue,
            DeleteFunc: sched.deletePodFromSchedulingQueue,
```

```
        },
    },
)
```

podInformer 对象监控 Pod 资源对象，当该资源对象触发 Add（添加）、Update（更新）、Delete（删除）事件时，触发对应的回调函数。例如，在触发 Add 事件后，podInformer 将其放入 SchedulingQueue 调度队列中，等待 kube-scheduler 调度器为该 Pod 资源对象分配节点。

8.3.4 运行 EventBroadcaster 事件管理器

Kubernetes 的事件（Event）是一种资源对象（Resource Object），用于展示集群内发生的情况，kube-scheduler 组件会将运行时产生的各种事件上报给 Kubernetes API Server。例如，调度器做了什么决定，为什么从节点中驱逐某些 Pod 资源对象等。可以通过 kubectl get event 或 kubectl describe pod <podname>命令显示事件，用于查看 Kubernetes 集群中发生了哪些事件，这些命令只会显示最近（1 小时内）发生的事件。更多关于 EventBroadcaster 事件管理器的内容，请参考 5.5 节 "EventBroadcaster 事件管理器"。代码示例如下：

代码路径：cmd/kube-scheduler/app/server.go

```
if cc.Broadcaster != nil && cc.EventClient != nil {
    cc.Broadcaster.StartLogging(klog.V(6).Infof)
    cc.Broadcaster.StartRecordingToSink(&v1core.
EventSinkImpl{Interface: cc.EventClient.Events("")})
}
```

cc.Broadcaster 通过 StartLogging 自定义函数将事件输出至 klog stdout 标准输出，通过 StartRecordingToSink 自定义函数将关键性事件上报给 Kubernetes API Server。

8.3.5 运行 HTTP 或 HTTPS 服务

kube-scheduler 组件也拥有自己的 HTTP 服务，但功能仅限于监控及监控检查等，其运行原理与 kube-apiserver 组件的类似，故不再赘述。kube-apiserver HTTP 服务提供了如下几个重要接口。

- **/healthz**：用于健康检查。
- **/metrics**：用于监控指标，一般用于 Prometheus 指标采集。

- **/debug/pprof**：用于 pprof 性能分析。

8.3.6 运行 Informer 同步资源

运行所有已经实例化的 Informer 对象，代码示例如下：

代码路径：**cmd/kube-scheduler/app/server.go**

```
go cc.PodInformer.Informer().Run(stopCh)
cc.InformerFactory.Start(stopCh)

cc.InformerFactory.WaitForCacheSync(stopCh)
controller.WaitForCacheSync("scheduler", ...,
cc.PodInformer.Informer().HasSynced)
```

通过 Informer 监控 NodeInformer、PodInformer、PersistentVolumeInformer、PersistentVolumeClaimInformer、ReplicationControllerInformer、ReplicaSetInformer、StatefulSetInformer、ServiceInformer、PodDisruptionBudgetInformer、StorageClassInformer 资源。

在正式启动 Scheduler 调度器之前，须通过 cc.InformerFactory.WaitForCacheSync 函数等待所有运行中的 Informer 的数据同步，使本地缓存数据与 Etcd 集群中的数据保持一致。

8.3.7 领导者选举实例化

领导者选举机制的目的是实现 Kubernetes 组件的高可用（High Availability）。在领导者选举实例化的过程中，会定义 Callbacks 函数，代码示例如下：

代码路径：**cmd/kube-scheduler/app/server.go**

```
cc.LeaderElection.Callbacks = leaderelection.LeaderCallbacks{
    OnStartedLeading: run,
    OnStoppedLeading: func() {
        utilruntime.HandleError(fmt.Errorf("lost master"))
    },
}
leaderElector, err :=
leaderelection.NewLeaderElector(*cc.LeaderElection)
...

leaderElector.Run(ctx)
```

```
return fmt.Errorf("lost lease")
```

LeaderCallbacks 中定义了两个回调函数：OnStartedLeading 函数是当前节点领导者选举成功后回调的函数，该函数定义了 kube-scheduler 组件的主逻辑；OnStoppedLeading 函数是当前节点领导者被抢占后回调的函数，在领导者被抢占后，会退出当前的 kube-scheduler 进程。

通过 leaderelection.NewLeaderElector 函数实例化 LeaderElector 对象，通过 leaderElector.Run 函数参与领导者选举，该函数会一直尝试使节点成为领导者。

8.3.8 运行 sched.Run 调度器

在正式运行 kube-scheduler 组件的主逻辑之前，通过 sched.config.WaitForCacheSync 函数再次确认，所有运行中的 Informer 的数据是否已同步到本地，代码示例如下：

代码路径：**pkg/scheduler/scheduler.go**

```
func (sched *Scheduler) Run() {
    if !sched.config.WaitForCacheSync() {
        return
    }

    go wait.Until(sched.scheduleOne, 0, sched.config.StopEverything)
}
```

sched.scheduleOne 是 kube-scheduler 组件的调度主逻辑，它通过 wait.Until 定时器执行，内部会定时调用 sched.scheduleOne 函数，当 sched.config.StopEverything Chan 关闭时，该定时器才会停止并退出。

8.4 优先级与抢占机制

在当前 Kubernetes 系统中，Pod 资源对象支持优先级（Priority）与抢占（Preempt）机制。当 kube-scheduler 调度器运行时，根据 Pod 资源对象的优先级进行调度，高优先级的 Pod 资源对象排在调度队列（SchedulingQueue）的前面，优先获得合适的节点（Node），然后为低优先级的 Pod 资源对象选择合适的节点。

当高优先级的 Pod 资源对象没有找到合适的节点时，调度器会尝试抢占低优先级的 Pod 资源对象的节点，抢占过程是将低优先级的 Pod 资源对象从所在的节点上驱逐走，使高优先级的 Pod 资源对象运行在该节点上，被驱逐走的低优先级的 Pod 资源对象会重新进入调度队列并等待再次选择合适的节点。

通过 Pod 资源对象的优先级可控制 kube-scheduler 的调度决策。在生产环境中，对不同业务进行分级，重要业务可拥有高优先级策略，以提升重要业务的可用性。kube-scheduler 优先级与抢占机制的场景如图 8-3 所示。

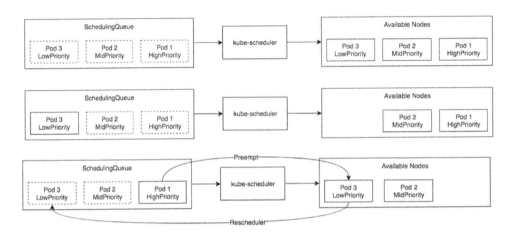

图 8-3　kube-scheduler 优先级与抢占机制的场景

SchedulingQueue 调度队列中拥有高优先级（HighPriority）、中优先级（MidPriority）、低优先级（LowPriority）3 个 Pod 资源对象，它们等待被调度。调度队列中的 Pod 资源对象也被称为待调度 Pod（Pending Pod）资源对象。

场景 1：kube-scheduler 调度器将待调度 Pod 资源对象按照优先级顺序调度到可用节点上。

场景 2：kube-scheduler 调度器将待调度 Pod 资源对象按照优先级顺序调度到可用节点上。当调度 Pod 3 资源对象时，可用节点没有可用资源运行 Pod 3。此时，Pod 3 在调度队列中处于待调度状态。

场景 3：kube-scheduler 调度器将待调度 Pod 资源对象按照优先级顺序调度到可用节点上。可用节点上已经调度了 Pod 2 与 Pod 3 资源对象，当调度 Pod 1 时，可用节点上已经没有资源运行 Pod 1 了，此时高优先级的 Pod 1 将抢占低优先级的 Pod 3，而被抢占后的 Pod 3 重新进入调度队列等待再次选择合适的节点。

> 提示：当集群面对资源短缺的压力时，高优先级的 Pod 将依赖于调度程序抢占低优先级的 Pod 的方式进行调度，这样可以优先保证高优先级的业务运行，因此建议不要禁用抢占机制。

在默认的情况下，若不启用优先级功能，则现有 Pod 资源对象的优先级都为 0，可以通过 PriorityClass 资源对象设置优先级，PriorityClass Example 代码示例如下：

```
apiVersion: scheduling.k8s.io/v1
kind: PriorityClass
metadata:
  name: high-priority
value: 1000000
globalDefault: false
description: "This priority class should be used for XYZ service pods only."
```

上述代码中定义了一个名为 high-priority 的 PriorityClass，其 value 字段表示优先级，值越高则优先级越高；globalDefault 字段表示此 PriorityClass 是否应用于没有 PriorityClassName 的 Pod。需要注意的是，在 Kubernetes 系统中，只能存在一个将 globalDefault 字段设置为 true 的 PriorityClass。可通过 kubectl get priorityclasses 命令查看所有的 PriorityClass 资源对象。

为 Pod 资源对象设置优先级，在 PodSpec 中添加优先级对象名称，代码示例如下：

```
apiVersion: v1
kind: Pod
metadata:
  name: nginx
  labels:
    env: test
spec:
  containers:
  - name: nginx
    image: nginx
    imagePullPolicy: IfNotPresent
  priorityClassName: high-priority
```

8.5 亲和性调度

kube-scheduler 调度器自动为 Pod 资源对象选择全局最优或局部最优节点（即节

点的硬件资源足够多、节点负载足够小等)。在生产环境中，一般希望能够更多地干预、控制 Pod 资源对象的调度策略，例如，将不需要依赖 GPU 硬件资源的 Pod 资源对象分配给没有 GPU 硬件资源的节点，将需要依赖 GPU 硬件资源的 Pod 资源对象分配给具有 GPU 硬件资源的节点，或者如果两个业务联系得很紧密，则可以将它们调度到同一个节点上，以减少因网络传输而带来的性能损耗等问题。

开发者只需要在这些节点上打上相应的标签，然后调度器就可以通过标签进行 Pod 资源对象的调度了。这种调度策略被称为亲和性和反亲和性调度，分别介绍如下。

- 亲和性（Affinity）：用于多业务就近部署，例如允许将两个业务的 Pod 资源对象尽可能地调度到同一个节点上。
- 反亲和性（Anti-Affinity）：允许将一个业务的 Pod 资源对象的多副本实例调度到不同的节点上，以实现高可用性。

Pod 资源对象目前支持两种亲和性和一种反亲和性，代码示例如下：

代码路径：vendor/k8s.io/api/core/v1/types.go

```
type Affinity struct {
    NodeAffinity *NodeAffinity
    PodAffinity *PodAffinity
    PodAntiAffinity *PodAntiAffinity
}
```

- **NodeAffinity**：节点亲和性，Pod 资源对象与节点之间的关系亲和性。
- **PodAffinity**：Pod 资源对象亲和性，Pod 资源对象与 Pod 资源对象的关系亲和性。
- **PodAntiAffinity**：Pod 资源对象反亲和性，Pod 资源对象与 Pod 资源对象的关系反亲和性。

> 注意：Pod 资源对象之间的亲和性和反亲和性需要大量逻辑处理，这在大型 Kubernetes 集群中会大大降低调度性能，因此官方不建议在大于数百个节点的群集中使用它们。

8.5.1 NodeAffinity

NodeAffinity（节点亲和性）将某个 Pod 资源对象调度到特定的节点上，例如，调度到指定机房，调度到具有 GPU 硬件资源的节点上，调度到 I/O 密集型的节点上等场景。代码示例如下：

代码路径：vendor/k8s.io/api/core/v1/types.go

```
type NodeAffinity struct {
    // RequiredDuringSchedulingRequiredDuringExecution
[]PodAffinityTerm
    RequiredDuringSchedulingIgnoredDuringExecution *NodeSelector
    PreferredDuringSchedulingIgnoredDuringExecution
[]PreferredSchedulingTerm
    }
```

NodeAffinity 节点亲和性支持两种调度策略，分别介绍如下。

- **RequiredDuringSchedulingIgnoredDuringExecution**：Pod 资源对象必须被部署到满足条件的节点上，如果没有满足条件的节点，则 Pod 资源对象创建失败并不断重试。该策略也被称为硬（Hard）策略。
- **PreferredDuringSchedulingIgnoredDuringExecution**：Pod 资源对象优先被部署到满足条件的节点上，如果没有满足条件的节点，则从其他节点中选择较优的节点。该策略也被称为软（Soft）模式。

> **注意**：在 Pod 资源对象被调度并运行后，如果节点标签发生了变化，不再满足 Pod 资源对象指定的条件，此时已经运行的 Pod 资源对象还会继续运行在当前的节点上。
>
> 我们如果希望 Pod 资源对象跟随标签发生变化后重新选择合适的节点，则可以使用 RequiredDuringSchedulingRequiredDuringExecution 字段，不过该字段在 Kubernetes 1.14 版本中被官方注释掉了，故不建议使用。

8.5.2 PodAffinity

PodAffinity（Pod 资源对象亲和性）将某个 Pod 资源对象调度到与另一个 Pod 资源对象相邻的位置，例如调度到同一主机，调度到同一硬件集群，调度到同一机房，以缩短网络传输延时。代码示例如下：

代码路径：vendor/k8s.io/api/core/v1/types.go

```
type PodAffinity struct {
```

```
        // RequiredDuringSchedulingRequiredDuringExecution
[]PodAffinityTerm
        RequiredDuringSchedulingIgnoredDuringExecution
[]PodAffinityTerm
        PreferredDuringSchedulingIgnoredDuringExecution
[]WeightedPodAffinityTerm
    }
```

PodAffinity 与 NodeAffinity 类似，同样支持两种调度策略，分别介绍如下。

- **RequiredDuringSchedulingIgnoredDuringExecution**：Pod 资源对象必须被部署到满足条件的节点上（与另一个 Pod 资源对象相邻），如果没有满足条件的节点，则 Pod 资源对象创建失败并不断重试。该策略也被称为硬（Hard）策略。

- **PreferredDuringSchedulingIgnoredDuringExecution**：Pod 资源对象优先被部署到满足条件的节点上（与另一个 Pod 资源对象相邻），如果没有满足条件的节点，则从其他节点中选择较优的节点。该策略也被称为软（Soft）模式。

8.5.3　PodAntiAffinity

PodAntiAffinity（Pod 资源对象反亲和性）一般用于容灾，例如，将一个 Pod 资源对象的多副本实例调度到不同的节点上，调度到不同的硬件集群上等，这样可以降低风险并提升 Pod 资源对象的可用性，代码示例如下：

代码路径：vendor/k8s.io/api/core/v1/types.go

```
    type PodAntiAffinity struct {
        // RequiredDuringSchedulingRequiredDuringExecution
[]PodAffinityTerm
        RequiredDuringSchedulingIgnoredDuringExecution
[]PodAffinityTerm
        PreferredDuringSchedulingIgnoredDuringExecution
[]WeightedPodAffinityTerm
    }
```

PodAntiAffinity 与 NodeAffinity 类似，同样支持两种调度策略，分别介绍如下。

- **RequiredDuringSchedulingIgnoredDuringExecution**：Pod 资源对象必须被部署到满足条件的节点上（与另一个 Pod 资源对象互斥），如果没有满足条件的节点，则 Pod 资源对象创建失败并不断重试。该策略也被称为硬

（Hard）策略。
- **PreferredDuringSchedulingIgnoredDuringExecution**：Pod 资源对象优先被部署到满足条件的节点上（与另一个 Pod 资源对象互斥），如果没有满足条件的节点，则从其他节点中选择较优的节点。该策略也被称为软（Soft）模式。

8.6 内置调度算法

kube-scheduler 调度器默认提供了两类调度算法，分别是预选调度算法和优选调度算法，分别介绍如下。

- **预选调度算法**：检查节点是否符合运行"待调度 Pod 资源对象"的条件，如果符合条件，则将其加入可用节点列表。
- **优选调度算法**：为每一个可用节点计算出一个最终分数，kube-scheduler 调度器会将分数最高的节点作为最优运行"待调度 Pod 资源对象"的节点。

8.6.1 预选调度算法

每一个预选调度算法都需要实现 FitPredicate 的 type func，FitPredicate 接收一个待调度 Pod 资源对象（即 pod *v1.Pod）及一个待选择节点（即 nodeInfo *schedulernodeinfo.NodeInfo），通过预选调度算法计算待选择节点是否符合运行"待调度 Pod 资源对象"的条件，代码示例如下：

代码路径：pkg/scheduler/algorithm/predicates/predicates.go

```
type FitPredicate func(pod *v1.Pod, meta PredicateMetadata, nodeInfo
*schedulernodeinfo.NodeInfo) (bool, []PredicateFailureReason, error)
```

在执行预选调度算法后，如果符合条件，则返回 true；如果不符合条件，则返回 false，并将预选失败的原因记录到[]PredicateFailureReason 中。预选调度算法说明如表 8-7 所示。

表 8-7 预选调度算法说明

预选调度算法	说明
CheckNodeConditionPred	检查节点是否处于就绪状态

预选调度算法	说明
GeneralPred	检查节点上 Pod 资源对象数量的上限,以及 CPU、内存、GPU 等资源是否符合要求
NoDiskConflictPred	检查当前 Pod 资源对象使用的卷是否与节点上其他的 Pod 资源对象使用的卷冲突
PodToleratesNodeTaintsPred	如果当前节点被标记为 Taints,检查 Pod 资源对象是否能容忍 Node Taints
MaxCSIVolumeCountPred	如果设置了 FeatureGate(AttachVolumeLimit)功能,检查 Pod 资源对象挂载的 CSI 卷是否超出了节点上卷的最大挂载数量
CheckVolumeBindingPred	检查节点是否满足 Pod 资源对象的 PVC 挂载需求
NoVolumeZoneConflictPred	检查 Pod 资源对象挂载 PVC 是否属于跨区域挂载,因为 GCE 的 PD 存储或 AWS 的 EBS 卷都不支持跨区域挂载
CheckNodeMemoryPressurePred	检查 Pod 资源对象是否可以调度到 MemoryPressure(可使用内存过低)的节点上
CheckNodePIDPressurePred	检查 Pod 资源对象是否可以调度到 PIDPressure(可使用的 PID 数量过低)的节点上
CheckNodeDiskPressurePred	检查 Pod 资源对象是否可以调度到 DiskPressure(I/O 压力大)的节点上
MatchInterPodAffinityPred	检查 Pod 资源对象与其他 Pod 资源对象是否符合亲和性规则

其中,部分预选调度算法目前已被弃用,例如 MaxEBSVolumeCountPred、MaxGCEPDVolumeCountPred、MaxAzureDiskVolumeCountPred 等预选调度算法。

8.6.2 优选调度算法

优选调度算法的实现基于 Map-Reduce 的方式对节点计算分数,Map-Reduce 的方式分为两步,分别介绍如下。

- **Priority Map**:计算节点的分数。
- **Priority Reduce**:汇总每个节点的分数并根据权重值计算节点的最终分数。

每一种优选调度算法都实现了 Map-Reduce 函数,它们的定义如下:

代码路径:pkg/scheduler/algorithm/priorities/types.go

```
type PriorityMapFunction func(pod *v1.Pod, meta interface{}, nodeInfo
*schedulernodeinfo.NodeInfo) (schedulerapi.HostPriority, error)
```

```go
type PriorityReduceFunction func(pod *v1.Pod, meta interface{},
nodeNameToInfo map[string]*schedulernodeinfo.NodeInfo, result
schedulerapi.HostPriorityList) error
```

针对每一个可用节点,优选调度算法都会为其计算出一个 0 和 10 之间的分数,表示 Pod 资源对象调度到该节点上的适合度,10 分表示节点非常适合运行当前调度的 Pod 资源对象,0 分则表示节点不太适合运行当前调度的 Pod 资源对象。该过程通过 Priority Map 进行计算。

每一种优选调度算法都有一个权重值(也被称为权重因子),它用于计算节点的最终分数。该过程通过 Priority Reduce 进行计算。最终分数通过计算权重值和优选调度算法的乘积获得。例如,假设有两个优选调度算法,分别是 priorityFunc1 和 priorityFunc2,它们分别拥有权重值 weight1 和 weight2,那么某个节点的最终分数的公式如下:

$$\text{finalScoreNodeA} = (\text{weight1} \times \text{priorityFunc1}) + (\text{weight2} \times \text{priorityFunc2})$$

在计算完所有节点的分数后,kube-scheduler 调度器会将分数最高的节点作为运行 Pod 资源对象的节点。如果有多个节点都获得了最高分,则通过 round-robin 轮询方式选择一个最佳节点。

> 提示:所有节点都通过 Map-Reduce 的方式计算分数,但并非所有优选调度算法都实现了 Reduce,它们可以为 nil,例如 LeastRequestedPriority 优选调度算法。

优选调度算法说明如表 8-8 所示。

表 8-8 优选调度算法说明

优选调度算法	说　明	默认权重值
SelectorSpreadPriority	将属于相同 Service、RCs、RSs、StatefulSets 的 Pod 资源对象尽量调度到不同的节点上	1
InterPodAffinityPriority	基于亲和性(Affinity)和反亲和性(Anti-Affinity)计算分数	1
LeastRequestedPriority	计算 Pod 资源对象所需的 CPU 和内存占当前节点可用资源的百分比,百分比最小的节点最优	1
BalancedResourceAllocation	计算节点上 CPU 和内存的使用率,使用率最均衡的节点最优	1

续表

优选调度算法	说　明	默认权重值
NodePreferAvoidPodsPriority	基于节点上定义的注释（Annotation）计分，注释中如果定义了 alpha.kubernetes.io/preferAvoidPods，则会禁用 ReplicationController 或者将 ReplicaSet 的 Pod 资源对象调度在该节点上	10000
NodeAffinityPriority	基于节点亲和性计算分数	1
TaintTolerationPriority	基于污点（Taint）和容忍度（Toleration）是否匹配计算分数	1
ImageLocalityPriority	基于节点上是否已经下拉了运行 Pod 资源对象的镜像计算分数	1

8.7　调度器核心实现

本节将从源码角度详解 kube-apiserver 调度器的核心实现。

8.7.1　调度器运行流程

调度器运行流程如图 8-4 所示。

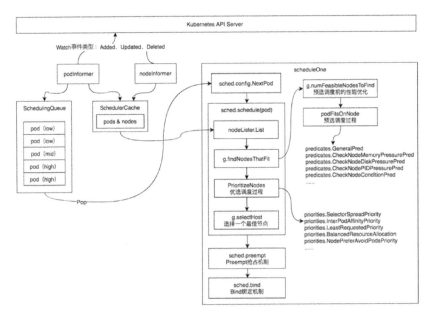

图 8-4　调度器运行流程

kube-scheduler 调度器在启动过程中实例化并运行了多个资源的 Informer，其中 podInformer 和 nodeInformer 用于同步 Kubernetes API Server 上的资源数据。podInformer 将监控到的 Pod 资源事件分别存储至调度队列（SchedulingQueue）和调度缓存（SchedulingCache）中。nodeInformer 将监控到的 Node 资源事件存储至调度缓存（SchedulingCache）中。

- **调度队列（SchedulingQueue）**：存储了待调度 Pod 资源对象。调度队列的实现有两种方式，分别是 FIFO（先进先出队列）和 PriorityQueue（优先级队列）。其中优先级队列根据 Pod 资源对象的优先级进行排序，优先级越高的排得越前。
- **调度缓存（SchedulingCache）**：存储了调度过程中使用到的 Pod 和 Node 资源信息。

scheduleOne 函数实现了 kube-scheduler 调度器的核心逻辑，它的运行过程主要分为如下 4 个部分。

第 1 部分：通过 sched.config.NextPod 函数从优先级队列中获取一个优先级最高的待调度 Pod 资源对象，该过程是阻塞模式的，当优先级队列中不存在任何 Pod 资源对象时，sched.config.NextPod 函数处于等待状态。

第 2 部分：通过 sched.schedule(pod) 调度函数执行预选调度算法和优选调度算法，为 Pod 资源对象选择一个合适的节点。

第 3 部分：当高优先级的 Pod 资源对象没有找到合适的节点时，调度器会通过 sched.preempt 函数尝试抢占低优先级的 Pod 资源对象的节点。

第 4 部分：当调度器为 Pod 资源对象选择了一个合适的节点时，通过 sched.bind 函数将合适的节点与 Pod 资源对象绑定在一起。

8.7.2 调度过程

下面介绍整个调度过程。

1. 预选调度前的性能优化

在早期的 Kubernetes 系统中，kube-scheduler 调度器会将 Kubernetes 集群中所有

的可用节点（Available Node）都加载到预选调度过程中，当 Kubernetes 集群规模非常庞大时，例如其拥有 5000 个以上的节点时，调度器每调度一个 Pod 资源对象都需要尝试 5000 多次节点预选过程，这是非常消耗调度器资源的。

目前，kube-scheduler 调度器通过 PercentageOfNodesToScore 机制优化了预选调度过程中的性能。该机制的原理为：一旦发现一定数量的可用节点（占所有节点的百分比），调度器就停止寻找更多的可用节点，这样可以提升大型 Kubernetes 集群中调度器的性能。

PercentageOfNodesToScore 参数值是一个集群中所有节点的百分比，范围在 1 和 100 之间。如果其被设置为超过 100 的值，则被置为 100%；如果其被设置为 0，则不启用该功能，该参数的默认值为 50%。代码示例如下：

代码路径：pkg/scheduler/core/generic_scheduler.go

```go
func (g *genericScheduler) findNodesThatFit(pod *v1.Pod, nodes []*v1.Node) (...) {
    ...
    allNodes := int32(g.cache.NodeTree().NumNodes())
    numNodesToFind := g.numFeasibleNodesToFind(allNodes)
    filtered = make([]*v1.Node, numNodesToFind)
    ...
}

func (g *genericScheduler) numFeasibleNodesToFind(numAllNodes int32) (numNodes int32) {
    if numAllNodes < minFeasibleNodesToFind || g.percentageOfNodesToScore >= 100 {
        return numAllNodes
    }

    adaptivePercentage := g.percentageOfNodesToScore
    if adaptivePercentage <= 0 {
        adaptivePercentage =
schedulerapi.DefaultPercentageOfNodesToScore - numAllNodes/125
        if adaptivePercentage < minFeasibleNodesPercentageToFind {
            adaptivePercentage = minFeasibleNodesPercentageToFind
        }
    }

    numNodes = numAllNodes * adaptivePercentage / 100
    if numNodes < minFeasibleNodesToFind {
        return minFeasibleNodesToFind
```

```
        }
        return numNodes
}
```

numFeasibleNodesToFind 函数按照 PercentageOfNodesToScore 参数值计算出可参与预选调度的节点数量。该函数可获得当前 Kubernetes 集群的节点数量，PercentageOfNodesToScore 机制根据集群规模的大小计算出一个合理的可用节点数量并返回。

该机制使用一个线性公式，在默认的情况（即 PercentageOfNodesToScore 参数值为 50%）下，对于一个小于或等于 100 个节点规模的集群，所有节点都参与预选调度。对于一个超过 5000 个节点规模的集群，该公式的收益率为 10%，自动值的下限是 5%，那么只有 500 个节点参与预选调度。假设用户设置的 PercentageOfNodesToScore 参数值小于 5%，那么调度器会以集群的至少 5%的节点参与预选调度。

> **注意**：当 Kubernetes 集群只有数百个节点或更少的节点时，不建议降低 PercentageOfNodesToScore 的默认值，因为这样不能提升调度器的性能。建议在集群规模超过上千个节点时，才按需设置该值。

2. 预选调度过程

kube-scheduler 调度器通过 PercentageOfNodesToScore 参数值计算出需要参与预选调度的节点数量，遍历这些节点并执行所有的预选调度算法，代码示例如下：

代码路径：pkg/scheduler/core/generic_scheduler.go

```go
checkNode := func(i int) {
    nodeName := g.cache.NodeTree().Next()
    fits, failedPredicates, err := podFitsOnNode(
        pod,
        meta,
        g.nodeInfoSnapshot.NodeInfoMap[nodeName],
        g.predicates,
        g.schedulingQueue,
        g.alwaysCheckAllPredicates,
    )
    ...
    if fits {
        length := atomic.AddInt32(&filteredLen, 1)
```

```
            if length > numNodesToFind {
                cancel()
                atomic.AddInt32(&filteredLen, -1)
            } else {
                filtered[length-1] =
g.nodeInfoSnapshot.NodeInfoMap[nodeName].Node()
            }
        } else {
            predicateResultLock.Lock()
            failedPredicateMap[nodeName] = failedPredicates
            predicateResultLock.Unlock()
        }
    }
    workqueue.ParallelizeUntil(ctx, 16, int(allNodes), checkNode)
```

通过 workqueue.ParallelizeUntil 并发执行 checkNode 函数，默认启用 16 个 goroutine 并发地匹配节点。一旦找到通过 PercentageOfNodesToScore 机制得到的可用节点数，就停止搜索更多的可用节点，内部执行 cancel 函数退出并发操作。

checkNode 函数用于检查节点是否符合运行 Pod 资源对象的条件。内部通过 g.cache.NodeTree().Next 函数不断地从缓存中获取下一个节点，通过 podFitsOnNode 函数执行所有的预选调度算法，检查当前节点是否符合运行 Pod 资源对象的条件。如果符合条件，则将节点加入 filtered 数组，并为下一次的优选调度过程做准备；如果不符合条件，则将节点加入 failedPredicateMap 数组，并记录失败的原因。

重点介绍一下 podFitsOnNode 函数，它用于运行所有预选调度算法来对节点进行计算。在某种情况下，所有的预选调度算法都会执行两遍，这个问题在后面详解。代码示例如下：

```
func podFitsOnNode(...) (bool, []predicates.PredicateFailureReason,
error) {
    ...
    for _, predicateKey := range predicates.Ordering() {
        ...
        if predicate, exist := predicateFuncs[predicateKey]; exist {
            fit, reasons, err = predicate(pod, metaToUse, nodeInfoToUse)
            ...
            if !fit {
                failedPredicates = append(failedPredicates, reasons...)
                ...
            }
        }
    }
}
```

```
        return len(failedPredicates) == 0, failedPredicates, nil
    }
```

podFitsOnNode 函数遍历了所有的预选调度算法（即 predicates.Ordering 对象），预选调度算法默认是经过排序的，执行时会按照顺序执行。执行已注册的预选调度算法对节点进行计算。当所有的预选调度算法对节点返回 true 时，则节点完成预选调度过程，该节点会进入下一个优选调度过程。如果预选调度算法返回 false，则将节点加入预选失败的 failedPredicates 数组。

以 CheckNodeConditionPred 预选调度算法为例，代码示例如下：

代码路径：pkg/scheduler/algorithm/predicates/predicates.go

```go
func CheckNodeConditionPredicate(...) (bool,
[]PredicateFailureReason, error) {
    ...
    node := nodeInfo.Node()
    for _, cond := range node.Status.Conditions {
        ...
        if cond.Type == v1.NodeReady && cond.Status != v1.ConditionTrue {
            reasons = append(reasons, ErrNodeNotReady)
        }
        ...
    }
    ...
    return len(reasons) == 0, reasons, nil
}
```

Node 资源对象的 Status.Conditions 字段可用于描述节点状态，节点状态可以是 NodeReady、NodeOutOfDisk、NodeMemoryPressure、NodeDiskPressure、NodePIDPressure、NodeNetworkUnavailable 等。其中，如果 NodeReady 为 true，则表示节点运行状况良好并准备好接收及运行 Pod 资源对象；如果其为 false，则表示节点运行状态不佳。

CheckNodeConditionPred 预选调度算法会检查节点是否处于就绪状态，该算法返回后继续执行下一个预选调度算法。

回到 podFitsOnNode 函数，在某种情况下，所有的预选调度算法都会执行两遍，代码示例如下：

```go
func podFitsOnNode(...) (bool, []predicates.PredicateFailureReason,
error) {
    ...
```

```
        for i := 0; i < 2; i++ {
            metaToUse := meta
            nodeInfoToUse := info
            if i == 0 {
                podsAdded, metaToUse, nodeInfoToUse = addNominatedPods(pod,
meta, info, queue)
            } else if !podsAdded || len(failedPredicates) != 0 {
                break
            }
            // 运行预选调度算法的逻辑……
        }
        ...
    }
```

在正常的情况下，kube-scheduler 调度器只运行一次所有预选调度算法对节点进行计算的过程，但在一种情况下需要计算两次，这跟 Pod 资源对象亲和性有关。

addNominatedPods 函数从调度队列中找到节点上优先级大于或等于当前 Pod 资源对象的 NominatedPods，如果节点上存在 NominatedPods，则将当前 Pod 资源对象和 NominatedPods 加入相同的 nodeInfo 对象中。其中，NominatedPods 表示已经分配到节点上但还没有真正运行起来的 Pod 资源对象，它们在其他 Pod 资源对象从节点中被删除后才可以进行实际调度。

假设当前调度 Pod 资源对象的亲和性策略依赖的是 NominatedPods，此时问题就来了，NominatedPods 不能保证一定可以调度到对应的节点上。例如，在抢占机制中，NominatedPods 有可能被从调度队列中清理。

3. 优选调度过程

优选调度算法为每一个可用节点计算出一个最终分数，kube-scheduler 调度器会将分数最高的节点作为运行 Pod 资源对象的节点。每个节点的分数可通过 HostPriorityList 进行描述，代码示例如下：

代码路径：pkg/scheduler/api/types.go

```
type HostPriority struct {
    Host string
    Score int
}

type HostPriorityList []HostPriority
```

HostPriorityList 结构体是记录节点分数的列表，其中 Host 字段表示节点名称，

Score 字段表示节点分数。优选调度过程通过 PrioritizeNodes 函数完成，每个优选调度算法都通过 Map-Reduce 的方式来计算节点分数。Map-Reduce 的方式如图 8-5 所示。

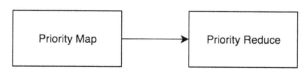

图 8-5　Map-Reduce 的方式

（1）Priority Map 计算节点的分数

代码路径：pkg/scheduler/core/generic_scheduler.go

```
    results := make([]schedulerapi.HostPriorityList,
len(priorityConfigs), len(priorityConfigs))
    workqueue.ParallelizeUntil(context.TODO(), 16, len(nodes),
func(index int) {
        nodeInfo := nodeNameToInfo[nodes[index].Name]
        for i := range priorityConfigs {
            ...
            var err error
            results[i][index], err = priorityConfigs[i].Map(pod, meta,
nodeInfo)
            if err != nil {
                appendError(err)
                results[i][index].Host = nodes[index].Name
            }
        }
    })
```

优选调度算法的 Priority Map 过程用于计算节点的分数，其过程跟预选调度过程类似，它通过 workqueue.ParallelizeUntil 并发执行 func 匿名函数，默认启用 16 个 goroutine 并发地计算节点。内部通过 nodeNameToInfo 数组不断地获取下一个节点，通过已注册的 priorityConfigs[i].Map 优选调度算法对每个节点执行计算过程，将节点的分数存储至 results 对象中。如果在优选调度算法的计算过程中发生错误，则记录失败的原因。

（2）Priority Reduce 汇总每个节点的分数并根据权重值计算节点的最终分数

代码路径：pkg/scheduler/core/generic_scheduler.go

```
    for i := range priorityConfigs {
        ...
        wg.Add(1)
```

```go
        go func(index int) {
            defer wg.Done()
            if err := priorityConfigs[index].Reduce(pod, meta,
nodeNameToInfo, results[index]); err != nil {
                appendError(err)
            }
            ...
        }(i)
    }
    wg.Wait()
    ...
    result := make(schedulerapi.HostPriorityList, 0, len(nodes))
    for i := range nodes {
        ...
        for j := range priorityConfigs {
            result[i].Score += results[j][i].Score *
priorityConfigs[j].Weight
        }
    }
```

优选调度算法的 Priority Reduce 过程用于计算节点的最终分数，其也是通过并发实现计算过程的。通过已注册的 priorityConfigs[index].Reduce 优选调度算法对每个节点的分数进行汇总，通过 wg.Wait 函数等待计算结果。

最后，根据优选调度算法的权重值计算出每个节点的最终分数。最终分数通过计算权重值和优选调度算法的乘积（即 results[j][i].Score × priorityConfigs[j].Weight）获得。

以 LeastRequestedPriority 优选调度算法为例，代码示例如下：

代码路径：pkg/scheduler/algorithm/priorities/least_requested.go

```go
    func leastResourceScorer(...) int64 {
        return (leastRequestedScore(requested.MilliCPU,
allocable.MilliCPU) +
            leastRequestedScore(requested.Memory, allocable.Memory)) / 2
    }

    func leastRequestedScore(requested, capacity int64) int64 {
        ...
        return ((capacity - requested) * int64(schedulerapi.MaxPriority))
/ capacity
    }
```

LeastRequestedPriority 优选调度算法会计算 Pod 资源对象所需的 CPU 和内存占

当前节点可用资源的百分比，百分比最小的节点最优，它的默认权重值为 1。其计算公式为：

(cpu((capacity - sum(requested)) × 10/capacity) + memory((capacity - sum(requested)) × 10/capacity))/2

即(cpu(总资源−已使用资源) × 10/总资源 + memory(总资源−已使用资源) × 10/总资源) / 2

4. 选择一个最佳节点

在计算完所有节点的分数后，kube-scheduler 调度器会通过 selectHost 函数将分数最高的节点作为运行 Pod 资源对象的节点。如果多个节点都获得了最高分，则通过 round-robin 轮询方式选择一个最佳节点。代码示例如下：

代码路径：**pkg/scheduler/core/generic_scheduler.go**

```go
func (g *genericScheduler) selectHost(priorityList
schedulerapi.HostPriorityList) (string, error) {
    ...
    maxScores := findMaxScores(priorityList)
    ix := int(g.lastNodeIndex % uint64(len(maxScores)))
    g.lastNodeIndex++

    return priorityList[maxScores[ix]].Host, nil
}
```

首先，findMaxScores 函数得到 priorityList 中具有最高分的节点索引列表，如果分数最高的节点有多个，则根据最高分节点的个数进行 round-robin 轮询选择（即以轮询的方式依次选择）一个最佳节点。

8.7.3 Preempt 抢占机制

当高优先级的 Pod 资源对象没有找到合适的节点时，kube-scheduler 调度器会尝试抢占低优先级的 Pod 资源对象的节点。抢占过程是将低优先级的 Pod 资源对象从所在的节点上驱逐走，再让高优先级的 Pod 资源对象运行在该节点上，被驱逐走的低优先级的 Pod 资源对象会重新进入调度队列并等待再次选择合适的节点。Preempt 抢占机制的实现代码在 pkg/scheduler/scheduler.go 文件中，Preempt 抢占流程如图 8-6 所示。

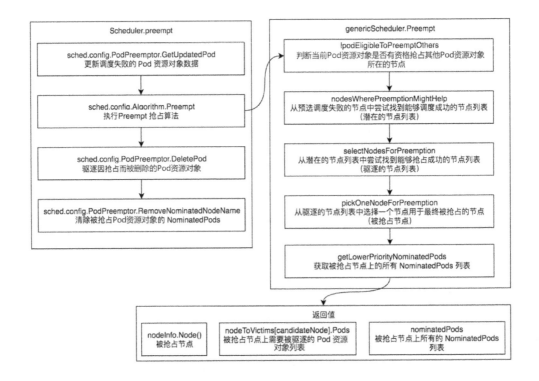

图 8-6　Preempt 抢占流程

抢占只会发生在 Pod 资源对象没有调度成功，sched.schedule 函数返回 FitError 错误时。

sched.config.PodPreemptor.GetUpdatedPod 函数通过 ClientSet 向 Kubernetes API Server 发起请求，更新调度失败的 Pod 资源对象数据。

sched.config.Algorithm.Preempt 函数执行 Preempt 抢占算法，返回值为 node（被抢占的节点）、victims（被抢占节点上需要被驱逐的 Pod 资源对象列表）、nominatedPodsToClear（被抢占节点上所有的 NominatedPods 列表）。

sched.config.PodPreemptor.DeletePod 函数驱逐 victims（被抢占节点上需要被驱逐的 Pod 资源对象列表）。驱逐过程通过 ClientSet 向 Kubernetes API Server 发起删除 Pod 资源对象的请求。

sched.config.PodPreemptor.RemoveNominatedNodeName 函数清除 nominatedPodsToClear（被抢占节点上所有的 NominatedPods 列表）上的 NominatedNodeName 字段，因为被

抢占的 Pod 资源对象已经不再适合此节点。

重点介绍一下 genericScheduler.Preempt 抢占算法函数，代码示例如下。

1. 判断当前 Pod 资源对象是否有资格抢占其他 Pod 资源对象所在的节点

代码路径：pkg/scheduler/core/generic_scheduler.go

```go
func podEligibleToPreemptOthers(pod *v1.Pod, nodeNameToInfo
map[string]*schedulernodeinfo.NodeInfo) bool {
    nomNodeName := pod.Status.NominatedNodeName
    if len(nomNodeName) > 0 {
        if nodeInfo, found := nodeNameToInfo[nomNodeName]; found {
            for _, p := range nodeInfo.Pods() {
                if p.DeletionTimestamp != nil && util.GetPodPriority(p)
< util.GetPodPriority(pod) {
                    return false
                }
            }
        }
    }
    return true
}
```

遍历节点上的所有 Pod 资源对象，如果发现节点上有 Pod 资源对象的优先级小于待调度 Pod 资源对象并处于终止状态，则返回 false，不会发生抢占。

2. 从预选调度失败的节点中尝试找到能够调度成功的节点列表（潜在的节点列表）

代码路径：pkg/scheduler/core/generic_scheduler.go

```go
func nodesWherePreemptionMightHelp(nodes []*v1.Node,
failedPredicatesMap FailedPredicateMap) []*v1.Node {
    potentialNodes := []*v1.Node{}
    for _, node := range nodes {
        unresolvableReasonExist := false
        failedPredicates, _ := failedPredicatesMap[node.Name]
        for _, failedPredicate := range failedPredicates {
            switch failedPredicate {
            case
                predicates.ErrNodeSelectorNotMatch,
                predicates.ErrPodAffinityRulesNotMatch,
                predicates.ErrPodNotMatchHostName,
                predicates.ErrTaintsTolerationsNotMatch,
                predicates.ErrNodeLabelPresenceViolated,
```

```
                predicates.ErrNodeNotReady,
                predicates.ErrNodeNetworkUnavailable,
                predicates.ErrNodeUnderDiskPressure,
                predicates.ErrNodeUnderPIDPressure,
                predicates.ErrNodeUnderMemoryPressure,
                predicates.ErrNodeUnschedulable,
                predicates.ErrNodeUnknownCondition,
                predicates.ErrVolumeZoneConflict,
                predicates.ErrVolumeNodeConflict,
                predicates.ErrVolumeBindConflict:
                unresolvableReasonExist = true
                break
            }
        }
        if !unresolvableReasonExist {
            ...
            potentialNodes = append(potentialNodes, node)
        }
    }
    return potentialNodes
}
```

在预选调度过程中，所有已注册的预选调度算法对节点进行计算，如果预选调度算法返回 false，则将节点加入预选调度失败的数组（即 failedPredicatesMap）并记录预选调度失败的原因。

nodesWherePreemptionMightHelp 函数做的是从 failedPredicatesMap 数组中尝试找到能够再次调度成功的节点列表，也称之为潜在的节点列表（potentialNodes）。遍历 failedPredicatesMap 数组，如果节点预选调度失败的原因是 predicates.ErrNodeSelectorNotMatch、predicates.ErrPodAffinityRulesNotMatch、predicates.ErrPodNotMatchHostName、predicates.ErrTaintsTolerationsNotMatch、predicates.ErrNodeLabelPresenceViolated、predicates.ErrNodeNotReady、predicates.ErrNodeNetworkUnavailable、predicates.ErrNodeUnderDiskPressure、predicates.ErrNodeUnderPIDPressure、predicates.ErrNodeUnderMemoryPressure、predicates.ErrNodeUnschedulable、predicates.ErrNodeUnknownCondition、predicates.ErrVolumeZoneConflict、predicates.ErrVolumeNodeConflict、predicates.ErrVolumeBindConflict 等，则节点无法加入潜在的节点列表。

排除以上节点预选调度失败的原因，如在以下节点预选调度失败的原因下，节点才有可能再次被调度并加入潜在的节点列表中。

```
predicates.ErrDiskConflict
predicates.ErrPodAffinityNotMatch
predicates.ErrPodAntiAffinityRulesNotMatch
predicates.ErrExistingPodsAntiAffinityRulesNotMatch
predicates.ErrPodNotFitsHostPorts
predicates.ErrServiceAffinityViolated
predicates.ErrMaxVolumeCountExceeded
algorithmpredicates.InsufficientResourceError（即节点资源不足）
```

例如 predicates.ErrPodAffinityNotMatch 预选调度失败的原因是由 Pod 资源对象亲和性/反亲和性导致的，节点可以被再次调度并加入潜在的节点列表中。

另外，还有一部分在预选阶段被 PercentageOfNodesToScore 机制过滤掉的节点，也会被加入潜在的节点列表中。

3. 从潜在的节点列表中尝试找到能够抢占成功的节点列表（驱逐的节点列表）

代码路径：**pkg/scheduler/core/generic_scheduler.go**

```
func selectNodesForPreemption(...)
(map[*v1.Node]*schedulerapi.Victims, error) {
    ...
    checkNode := func(i int) {
        nodeName := potentialNodes[i].Name
        ...
        pods, numPDBViolations, fits := selectVictimsOnNode(pod,
metaCopy, nodeNameToInfo[nodeName], fitPredicates, queue, pdbs)
        if fits {
            ...
            nodeToVictims[potentialNodes[i]] = &victims
        }
    }
    workqueue.ParallelizeUntil(context.TODO(), 16,
len(potentialNodes), checkNode)
    return nodeToVictims, nil
}
```

selectNodesForPreemption 函数并发地计算所有潜在节点中可能被抢占的节点。通过 selectVictimsOnNode 函数遍历节点上所有的 Pod 资源对象，并筛选出优先级低于当前待调度 Pod 资源对象的 Pod 资源对象作为被驱逐的对象。

4. 从驱逐的节点列表中选择一个节点用于最终被抢占的节点（被抢占节点）

pickOneNodeForPreemption 函数代码量较多，故此处不再展示，该函数根据以下标准选择一个节点作为最终被抢占的节点。

（1）PDB 中断次数最少的节点。PDB（PodDisruptionBudget）能够限制同时中断的 Pod 资源对象的数量，以保证集群的高可用性。

（2）具有最少高优先级 Pod 资源对象的节点。

（3）具有优先级 Pod 资源对象总数最少的节点。

（4）具有被驱逐 Pod 资源对象总数最少的节点。

（5）最后，多个节点具有相同的分数，直接返回第一个节点。

5. 获取被抢占节点上的所有 NominatedPods 列表

代码路径：pkg/scheduler/core/generic_scheduler.go

```go
func (g *genericScheduler) getLowerPriorityNominatedPods(pod *v1.Pod,
nodeName string) []*v1.Pod {
    pods := g.schedulingQueue.NominatedPodsForNode(nodeName)
    ...
    var lowerPriorityPods []*v1.Pod
    podPriority := util.GetPodPriority(pod)
    for _, p := range pods {
        if util.GetPodPriority(p) < podPriority {
            lowerPriorityPods = append(lowerPriorityPods, p)
        }
    }
    return lowerPriorityPods
}
```

getLowerPriorityNominatedPods 函数从调度队列中获取被抢占节点上所有优先级低于待调度 Pod 资源对象的 NominatedPods 列表。在驱逐被抢占节点上的 Pod 资源对象列表后，还需要清除被抢占 Pod 资源对象的 NominatedPods。

8.7.4　bind 绑定机制

bind（绑定）操作是将通过调度算法计算出来的最佳节点与 Pod 资源对象进行绑定，该过程是异步操作，无须等待 bind 操作完成即可进入下一轮的调度周期。由 kube-scheduler 调度器通过 ClientSet 向 Kubernetes API Server 发送 v1.Binding 资源对象，如果绑定失败，则执行回滚操作；如果绑定成功，则当前调度周期完成，后面运行 Pod 资源对象的工作交给绑定节点上的 kubelet 组件。代码示例如下：

代码路径：pkg/scheduler/scheduler.go

```
err := sched.bind(assumedPod, &v1.Binding{
    ObjectMeta: metav1.ObjectMeta{...},
    Target: v1.ObjectReference{
        Kind: "Node",
        Name: scheduleResult.SuggestedHost,
    },
})
func (sched *Scheduler) bind(assumed *v1.Pod, b *v1.Binding) error {
    bindingStart := time.Now()
    err := sched.config.GetBinder(assumed).Bind(b)
    ...
    if err != nil {
        if err := sched.config.SchedulerCache.ForgetPod(assumed); err != nil {
            klog.Errorf("scheduler cache ForgetPod failed: %v", err)
        }
        ...
    }
    ...
    return nil
}
```

8.8　领导者选举机制

领导者选举要解决什么问题呢？首先，一个分布式集群中运行了多个组件，每个组件负责自身重要的功能。其中有一个组件因为某些原因而退出，此时整个集群的运作都受到了影响。领导者选举就是要保证每个组件的高可用性，例如，在 Kubernetes 集群中，允许同时运行多个 kube-scheduler 节点，其中正常工作的只有一个 kube-scheduler 节点（即领导者节点），其他 kube-scheduler 节点为候选（Candidate）节点并处于阻塞状态。在领导者节点因某些原因而退出后，其他候选节点则通过领导者选举机制竞选，有一个候选节点成为领导者节点并接替之前领导者节点的工作。领导者选举机制如图 8-7 所示。

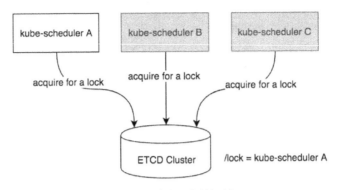

图 8-7　领导者选举机制

领导者选举机制是分布式锁机制的一种，实现分布式锁有多种方式，例如可通过 ZooKeeper、Redis、Etcd 等存储服务。Kubernetes 系统依赖于 Etcd 做存储服务，系统中其他组件也是通过 Etcd 实现分布式锁的。kube-scheduler 组件在 Etcd 上实现分布式锁的原理如下。

（1）分布式锁依赖于 Etcd 上的一个 key，key 的操作都是原子操作。将 key 作为分布式锁，它有两种状态——存在和不存在。

（2）key（分布式锁）不存在时：多节点中的一个节点成功创建该 key（获得锁）并写入自身节点的信息，获得锁的节点被称为领导者节点。领导者节点会定时更新（续约）该 key 的信息。

（3）key（分布式锁）存在时：其他节点处于阻塞状态并定时获取锁，这些节点被称为候选节点。候选节点定时获取锁的过程如下：定时获取 key 的数据，验证数据中领导者租约是否到期，如果未到期则不能抢占它，如果已到期则更新 key 并写入自身节点的信息，更新成功则成为领导者节点。

> 注意：如果领导者节点因某些原因续约失败或被其他节点抢占，则当前的 kube-scheduler 进程退出。

8.8.1　资源锁

Kubernetes 支持 3 种资源锁，资源锁的意思是基于 Etcd 集群的 key 在依赖于 Kubernetes 的某种资源下创建的分布式锁。3 种资源锁介绍如下。

- **EndpointsResourceLock**：依赖于 Endpoints 资源，默认资源锁为该类型。
- **ConfigMapsResourceLock**：依赖于 Configmaps 资源。
- **LeasesResourceLock**：依赖于 Leases 资源。

可通过 --leader-elect-resource-lock 参数指定使用哪种资源锁，如不指定则 EndpointsResourceLock 为默认资源锁。它的 key（分布式锁）存在于 Etcd 集群的 /registry/services/endpoints/kube-system/kube-scheduler 中。该 key 中存储的是竞选为领导者节点的信息，它通过 LeaderElectionRecord 结构体进行描述：

代码路径：**vendor/k8s.io/client-go/tools/leaderelection/resourcelock/interface.go**

```go
type LeaderElectionRecord struct {
    HolderIdentity       string
    LeaseDurationSeconds int
    AcquireTime          metav1.Time
    RenewTime            metav1.Time
    LeaderTransitions    int
}
```

- **HolderIdentity**：领导者身份标识，通常为 Hostname_<hash 值>。
- **LeaseDurationSeconds**：领导者租约的时长。
- **AcquireTime**：领导者获得锁的时间。
- **RenewTime**：领导者续租的时间。
- **LeaderTransitions**：领导者选举切换的次数。

每种资源锁实现了对 key（资源锁）的操作方法，它的接口定义如下：

代码路径：**vendor/k8s.io/client-go/tools/leaderelection/resourcelock/interface.go**

```go
type Interface interface {
    Get() (*LeaderElectionRecord, error)
    Create(ler LeaderElectionRecord) error
    Update(ler LeaderElectionRecord) error
    RecordEvent(string)
    Identity() string
    Describe() string
}
```

Get 方法用于获取资源锁的所有信息，Create 方法用于创建资源锁，Update 方法用于更新资源锁信息，RecordEvent 方法通过 EventBroadcaster 事件管理器记录事件，Identity 方法用于获取领导者身份标识，Describe 方法用于获取资源锁的信息。

8.8.2 领导者选举过程

领导者选举过程如图 8-8 所示。

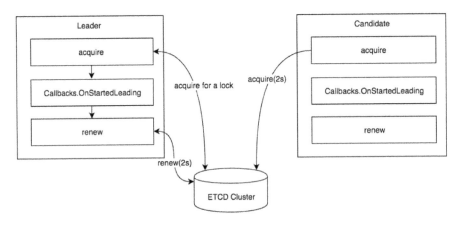

图 8-8 领导者选举过程

le.acquire 函数尝试从 Etcd 中获取资源锁，领导者节点获取到资源锁后会执行 kube-scheduler 的主要逻辑（即 le.config.Callbacks.OnStartedLeading 回调函数），并通过 le.renew 函数定时（默认值为 2 秒）对资源锁续约。候选节点获取不到资源锁，它不会退出并定时（默认值为 2 秒）尝试获取资源锁，直到成功为止。代码示例如下：

代码路径：vendor/k8s.io/client-go/tools/leaderelection/leaderelection.go

```go
func (le *LeaderElector) Run(ctx context.Context) {
    defer func() {
        runtime.HandleCrash()
        le.config.Callbacks.OnStoppedLeading()
    }()
    if !le.acquire(ctx) {
        return
    }
    ...
    go le.config.Callbacks.OnStartedLeading(ctx)
    le.renew(ctx)
}
```

1. 资源锁获取过程

```go
func (le *LeaderElector) acquire(ctx context.Context) bool {
    ...
    wait.JitterUntil(func() {
```

```
        succeeded = le.tryAcquireOrRenew()
        le.maybeReportTransition()
        if !succeeded {
            return
        }
        ...
        cancel()
    }, le.config.RetryPeriod, JitterFactor, true, ctx.Done())
    return succeeded
}
```

获取资源锁的过程通过 wait.JitterUntil 定时器定时执行，它接收一个 func 匿名函数和一个 stopCh Chan，内部会定时调用匿名函数，只有当 stopCh 关闭时，该定时器才会停止并退出。

执行 le.tryAcquireOrRenew 函数来获取资源锁。如果其获取资源锁失败，会通过 return 等待下一次定时获取资源锁。如果其获取资源锁成功，则说明当前节点可以成为领导者节点，退出 acquire 函数并返回 true。le.tryAcquireOrRenew 代码示例如下。

（1）首先，通过 le.config.Lock.Get 函数获取资源锁，当资源锁不存在时，当前节点创建该 key（获取锁）并写入自身节点的信息，创建成功则当前节点成为领导者节点并返回 true。

```
oldLeaderElectionRecord, err := le.config.Lock.Get()
if err != nil {
    if !errors.IsNotFound(err) {
        return false
    }
    if err = le.config.Lock.Create(leaderElectionRecord); err != nil {
        return false
    }
    le.observedRecord = leaderElectionRecord
    le.observedTime = le.clock.Now()
    return true
}
```

（2）当资源锁存在时，更新本地缓存的租约信息。

```
if !reflect.DeepEqual(le.observedRecord, *oldLeaderElectionRecord) {
    le.observedRecord = *oldLeaderElectionRecord
    le.observedTime = le.clock.Now()
}
```

（3）候选节点会验证领导者节点的租约是否到期，如果尚未到期，暂时还不能抢占并返回 false。

```
if len(oldLeaderElectionRecord.HolderIdentity) > 0 &&
    le.observedTime.Add(le.config.LeaseDuration).After(now.Time) &&
    !le.IsLeader() {
    ...
    return false
}
```

（4）如果是领导者节点，那么 AcquireTime（资源锁获得时间）和 LeaderTransitions（领导者进行切换的次数）字段保持不变。如果是候选节点，则说明领导者节点的租约到期，给 LeaderTransitions 字段加 1 并抢占资源锁。

```
if le.IsLeader() {
    leaderElectionRecord.AcquireTime = oldLeaderElectionRecord.AcquireTime
    leaderElectionRecord.LeaderTransitions = oldLeaderElectionRecord.LeaderTransitions
} else {
    leaderElectionRecord.LeaderTransitions = oldLeaderElectionRecord.LeaderTransitions + 1
}
```

（5）通过 le.config.Lock.Update 函数尝试去更新租约记录，若更新成功，函数返回 true。

```
if err = le.config.Lock.Update(leaderElectionRecord); err != nil {
    klog.Errorf("Failed to update lock: %v", err)
    return false
}
...
return true
```

2. 领导者节点定时更新租约过程

在领导者节点获取资源锁以后，会定时（默认值为 2 秒）循环更新租约信息，以保持长久的领导者身份。若因网络超时而导致租约信息更新失败，则说明被候选节点抢占了领导者身份，当前节点会退出进程。代码示例如下：

代码路径：vendor/k8s.io/client-go/tools/leaderelection/leaderelection.go

```
func (le *LeaderElector) renew(ctx context.Context) {
    ...
    wait.Until(func() {
        ...
```

```go
            err := wait.PollImmediateUntil(le.config.RetryPeriod, func()
(bool, error) {
            done := make(chan bool, 1)
            go func() {
                defer close(done)
                done <- le.tryAcquireOrRenew()
            }()
            ...
        }, timeoutCtx.Done())
        ...
        if err == nil {
            klog.V(5).Infof("successfully renewed lease %v", desc)
            return
        }
        ...
        cancel()
    }, le.config.RetryPeriod, ctx.Done())

    if le.config.ReleaseOnCancel {
        le.release()
    }
}
```

领导者节点续约的过程通过 wait.PollImmediateUntil 定时器定时执行，它接收一个 func 匿名函数（条件函数）和一个 stopCh，内部会定时调用条件函数，当条件函数返回 true 或 stopCh 关闭时，该定时器才会停止并退出。

执行 le.tryAcquireOrRenew 函数来实现领导者节点的续约，其原理与资源锁获取过程相同。le.tryAcquireOrRenew 函数返回 true 说明续约成功，并进入下一个定时续约；返回 false 则退出并执行 le.release 函数且释放资源锁。

> 提示：对于 Etcd v3 版本，在 Etcd 客户端中提供了 concurrency 包，该包实现了分布式锁和领导者选举机制，感兴趣的读者可参考 Etcd Concurrency。

反侵权盗版声明

电子工业出版社依法对本作品享有专有出版权。任何未经权利人书面许可，复制、销售或通过信息网络传播本作品的行为；歪曲、篡改、剽窃本作品的行为，均违反《中华人民共和国著作权法》，其行为人应承担相应的民事责任和行政责任，构成犯罪的，将被依法追究刑事责任。

为了维护市场秩序，保护权利人的合法权益，我社将依法查处和打击侵权盗版的单位和个人。欢迎社会各界人士积极举报侵权盗版行为，本社将奖励举报有功人员，并保证举报人的信息不被泄露。

举报电话：（010）88254396；（010）88258888

传　　真：（010）88254397

E-mail: dbqq@phei.com.cn

通信地址：北京市万寿路173信箱　电子工业出版社总编办公室

邮　　编：100036